高等学校计算机专业规划教材

计算机组成与设计实验教程（第3版）

王炜 曾光裕 李清宝 何红旗 编著

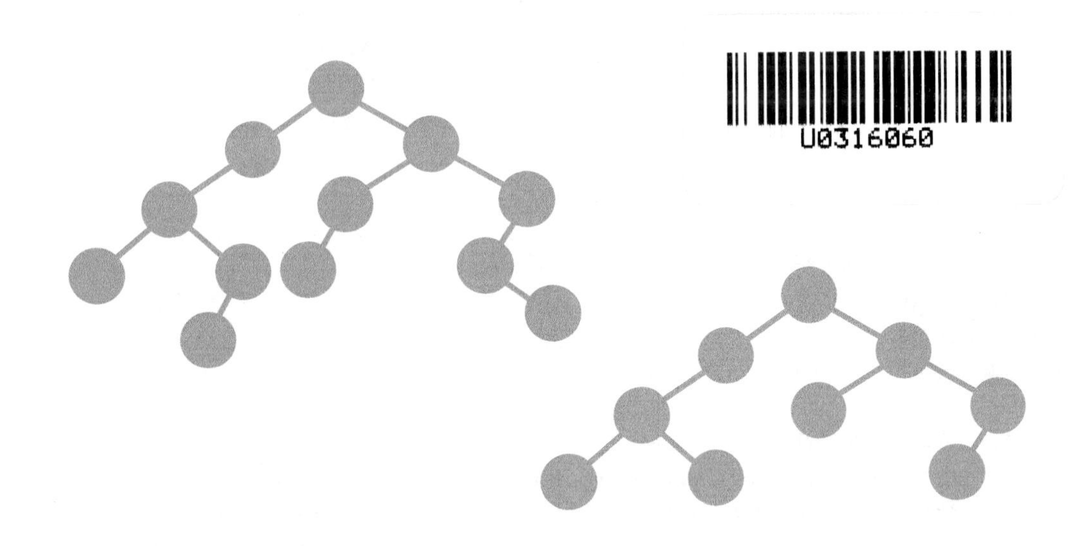

清华大学出版社
北 京

内容简介

本书以TEC-8计算机硬件综合实验系统为实验平台，全面介绍了计算机组成原理及数字逻辑实验。全书共8章，第1章详细介绍了TEC-8计算机硬件综合实验系统；第2章和第3章介绍了计算机组成与结构部分的实验，第2章给出6个基本实验，第3章给出4个综合设计实验；第4章和第5章介绍了数字逻辑与数字系统的实验，第4章给出10个基本实验，其中的部分实验同时可作为计算机组成的基本实验，第5章给出4个综合设计实验，这些实验同时可作为EDA技术的基本实验；第6～8章主要介绍了EDA设计的相关基础技术，第6章和第7章分别对VHDL和Verilog HDL进行简单介绍，第8章介绍了Quartus Ⅱ的使用方法。

本书可作为高等院校计算机科学与技术及相关专业的计算机组成原理及数字逻辑实验课程的教材，也可供计算机硬件技术领域的设计人员自学参考。

图书在版编目(CIP)数据

计算机组成与设计实验教程/王炜等编著. —3版. —北京：清华大学出版社，2017(2020.8重印)
(高等学校计算机专业规划教材)
ISBN 978-7-302-46423-5

Ⅰ. ①计… Ⅱ. ①王… Ⅲ. ①计算机体系结构—高等学校—教材 Ⅳ. ①TP303

中国版本图书馆CIP数据核字(2017)第017907号

责任编辑：龙启铭　张爱华
封面设计：何凤霞
责任校对：梁　毅
责任印制：杨　艳

出版发行：清华大学出版社
网　　址：http://www.tup.com.cn，http://www.wqbook.com
地　　址：北京清华大学学研大厦A座　　**邮　　编**：100084
社 总 机：010-62770175　　**邮　　购**：010-62786544
投稿与读者服务：010-62776969，c-service@tup.tsinghua.edu.cn
质量反馈：010-62772015，zhiliang@tup.tsinghua.edu.cn
课件下载：http://www.tup.com.cn,010-83470236
印 装 者：北京九州迅驰传媒文化有限公司
经　　销：全国新华书店
开　　本：185mm×260mm　**印　　张**：17　**插页**：1　**字　　数**：407千字
版　　次：2012年8月第1版　2017年3月第3版　**印　　次**：2020年8月第2次印刷
定　　价：39.00元

产品编号：073039-01

前言

“计算机原理”是计算机科学与技术专业的重要专业基础课之一，也是一门实践性很强的课程。“计算机组成原理实验”是计算机科学与技术学科的必修环节，主要目的是通过自己动手，进一步融会贯通理论教学的内容，掌握计算机各功能模块的工作原理、相互联系，完整地建立计算机的整机概念，同时，培养独立分析问题、解决问题的能力。

本书是为采用 TEC-8 计算机硬件综合实验系统开展计算机组成原理以及数字逻辑实验的师生而编写的教材。TEC-8 计算机硬件综合实验系统由清华科教仪器厂研发，它是一个 8 位计算机模型实验系统，可用于**数字逻辑与数字系统**、**计算机组成原理**的实验教学，也可用于数字系统的研究开发，为提高学生的动手能力、培养学生的创新精神提供了一个良好的舞台。TEC-8 计算机硬件综合实验系统采用了数据总线和指令总线双总线结构，能够实现流水控制；控制器有微程序控制器和硬连线控制器两种类型，每种类型又有流水和非流水两种方案。通过该实验系统，既能完成元件级、部件级的实验，又能完成系统实验，使实验者透彻地剖析计算机的基本组成与工作原理，了解计算机的内部运行机理，掌握计算机系统设计的基本技术，培养独立分析、解决问题的能力，特别是硬件设计与调试方面问题的能力。同时，通过与计算机相连，实验者在完成相关实验的同时，能够深入地学习 EDA 技术，提高数字系统设计的能力。

全书共分 8 章，从内容上看大体分为 4 个部分：第一部分包括第 1 章，对 TEC-8 计算机硬件综合实验系统进行详细介绍。第二部分包括第 2 章和第 3 章，这一部分介绍计算机组成与结构部分实验，其中第 2 章给出了 6 个基本实验，第 3 章列出了 4 个计算机组成与结构的综合设计实验。第三部分包括第 4 章和第 5 章，这一部分主要是数字逻辑实验部分，其中第 4 章给出了 10 个数字逻辑与数字系统的基本实验，其中的部分实验同时可作为计算机组成的基本实验项目；第 5 章给出了 4 个数字逻辑与数字系统的综合设计实验项目，这些项目同时可作为 EDA 技术的基本实验项目。第四部分包括第 6～8 章，这一部分主要介绍 EDA 设计的相关基础技术，其中第 6 章、第 7 章分别对 VHDL 和 Verilog HDL 进行简要介绍，第 8 章介绍了 Quartus Ⅱ 的使用方法。另外，为了便于实验调试，书中以附录的形式给出了 TEC-8 计算机硬件综合实验系统用到的所有 74 系列芯片的相关资料以及 TEC-8 计算机硬件综合实验系统实验箱的器件布局图。

希望本书对于计算机组成原理以及数字逻辑的学习和教学实践工作有一定的帮助。

全书由王炜统筹、策划，曾光裕、李清宝、何红旗参与了部分章节的编写，信息工程大学王玉龙同学和清华大学科教仪器厂刘敬晗、张改革参与了部分实验项目的设计、调试与仿真、验证工作。本书编写过程中得到信息工程大学各部门和清华大学科教仪器厂的大力支持，清华大学科教仪器厂杨春武参与了本书部分实验项目的设计、规划，信息工程大学赵荣彩教授审订了书稿，并提出许多宝贵意见，在此一并表示感谢。

本书于2006年初次出版，当时是基于TEC-4计算机组成原理实验系统，2013年出版的第2版则基于TEC-8计算机硬件综合实验系统。根据教材使用过程中的反馈意见，第3版对实验项目进行了部分改进，修正了一些错误，特别是提供了“第3章计算机组成原理课程综合设计”相关实验项目的参考设计方案，它将有利于相应实验项目的顺利开设。

由于作者水平有限，错误和疏漏在所难免，敬请读者批评指正。

编著者

2016年10月

目录

图　索　引

表　索　引

第1章 TEC-8计算机硬件综合实验系统

1.1 TEC-8实验系统的用途

TEC-8计算机硬件综合实验系统，以下简称TEC-8实验系统，用于**数字逻辑与数字系统**、**计算机组成原理**的实验教学，也可用于数字系统的研究开发，为提高学生的动手能力、培养学生的创新精神提供了一个良好的舞台。

1.2 TEC-8实验系统技术特点

TEC-8实验系统技术的特点如下。

(1) 模型计算机采用8位字长、简单而实用，有利于学生掌握模型计算机整机的工作原理。通过8位数据开关用手动方式输入二进制测试程序，有利于学生从最底层开始了解计算机工作原理。

(2) 指令系统采用4位操作码，可容纳16条指令。已实现加法、减法、逻辑与、加1、存数、取数、C条件转移、Z条件转移、无条件转移、输出、中断返回、开中断、关中断和停机共14条指令，指令功能非常典型。

(3) 采用双端口存储器(RAM)作为主存，实现数据总线和指令总线双总线体制，实现指令流水功能，体现出现代CPU设计思想。

(4) 控制器采用微程序控制器和硬连线控制器两种类型，体现了当代计算机控制器技术的完备性。

(5) 微程序控制器和硬连线控制器之间的转换采用独创的一次全切换方式，切换不用关掉电源，切换简单、安全可靠。

(6) 控制存储器中的微代码可用PC下载，省去了E^2PROM器件的专用编辑器和对器件的插、拔。

(7) 运算器中ALU采用2片74181实现，4个8位寄存器组用一片EPM7064实现，设计新颖。

(8) 一条机器指令的时序采用不定长机器周期方式，符合现代计算机设计思想。

(9) 通用区提供了若干双列直插的器件插座，用于“数字逻辑和数字系统”课程的基本实验。

(10) 一片在系统可编程器件Altera EPM7128S CPLD既可用于作为硬连线控制器

使用，又可用于“数字逻辑与数字系统”课程的大型设计实验。为了安排大型设计实验，提供了用发光二极管代表的按东、西、南、北方向安排的12个交通灯、6个数码管、一个喇叭和一个VGA接口。

1.3 TEC-8实验系统组成

TEC-8计算机硬件综合实验系统由下列部分构成。

1. 电源

电源安装在实验箱的下部，输出+5V，最大电流为3A。220V交流电源开关安装在实验箱的右侧。220V交流电源插座安装在实验箱的背面。实验台上有一个+5V电源指示灯。

2. 实验台

实验台安装在实验箱的上部，由一块印制电路板构成。TEC-8模型计算机安装在这块印制电路板上。学生在实验台上进行实验。

3. 下载电缆

下载电缆用于将新设计的硬连线控制器或者其他电路下载到Altera EPM7128S CPLD器件中。下载前必须将下载电缆的一端和PC连接，另一端和实验台上的下载插座(J7)连接。

4. 通信线

通信线用于在PC上在线修改控制存储器中的微代码。TEC-8计算机硬件综合实验系统使用一片89S52单片机将新设计的微程序写入E^2PROM。通信线一端接实验台上的COM口(RS232,J3)，另一端直接连PC的COM口，或通过USB转COM接头接PC的USB口。

1.4 逻辑测试笔

在数字电路实验中，对信号的测量是一个重要问题。常用的测试工具有示波器、万用表和逻辑测试笔。示波器的好处是直观、准确，用波形显示信号的状态，常用于对连续的周期波形进行测量。数字示波器对非周期信号的测量也很有效，缺点是造价较高。万用表价格便宜，使用方便，对信号电压能进行精确测量，缺点是不能测量脉冲信号。逻辑测试笔常用于测量信号的电平，判断一个较窄的脉冲是否发生以及发生了几个脉冲，缺点是无法对信号的电压作精确测量。数字电路实验中，关心的不是信号的具体电压而是信号的电平，逻辑测试笔作为一种方便、直观的测试工具，得到了广泛应用。TEC-8实验台上许多信号都连接发光二极管作为指示灯，指示信号的电平，同时配备了逻辑测试笔。TEC-8实验系统上配置的逻辑测试笔在测试信号的电平时，红灯亮表示高电平，绿灯亮表示低电平，红灯和绿灯都不亮表示高阻态。在测试脉冲个数时，首先按一次Reset按钮，使2个黄灯D1、D0灭，处于测试初始状态。TEC-8实验台上的逻辑测试笔最多能够测试3个连续脉冲。测试信号的状态显示如表1.1所示。

表 1.1　指示灯对应的信号状态

电平指示			脉冲计数		
红灯	绿灯	测试结果	D1(黄灯)	D0(黄灯)	测试结果
0	0	高阻态	0	0	没有脉冲
1	0	高电平	0	1	1个脉冲
0	1	低电平	1	0	2个脉冲
			1	1	3个脉冲

数字电路的测试大体上分为静态测试和动态测试两部分。静态测试指的是给定数字电路若干静态输入值,测量输出是否正确。在静态测试基础上,给数字电路输入端加脉冲信号,用示波器或者逻辑测试笔测试数字电路输出是否正确。一般地,时序电路应当进行动态测试。

1.5　TEC-8实验系统结构和操作

1.5.1　模型计算机时序信号

TEC-8模型计算机主时钟MF的频率为1MHz,执行一条微指令需要3个节拍脉冲T1、T2、T3。TEC-8模型计算机时序采用不定长机器周期,绝大多数指令采用2个机器周期W1、W2,少数指令采用一个机器周期W1或者3个机器周期W1、W2、W3。

图1.1是TEC-8模型计算机3个机器周期的时序图。

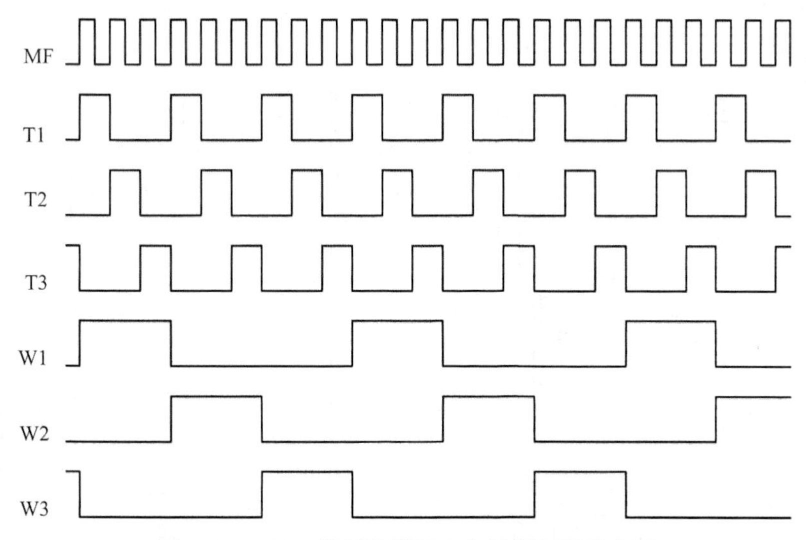

图 1.1　TEC-8模型计算机3个机器周期时序图

1.5.2　模型计算机组成

图1.2是TEC-8模型计算机电路框图。下面介绍主要组成模块。

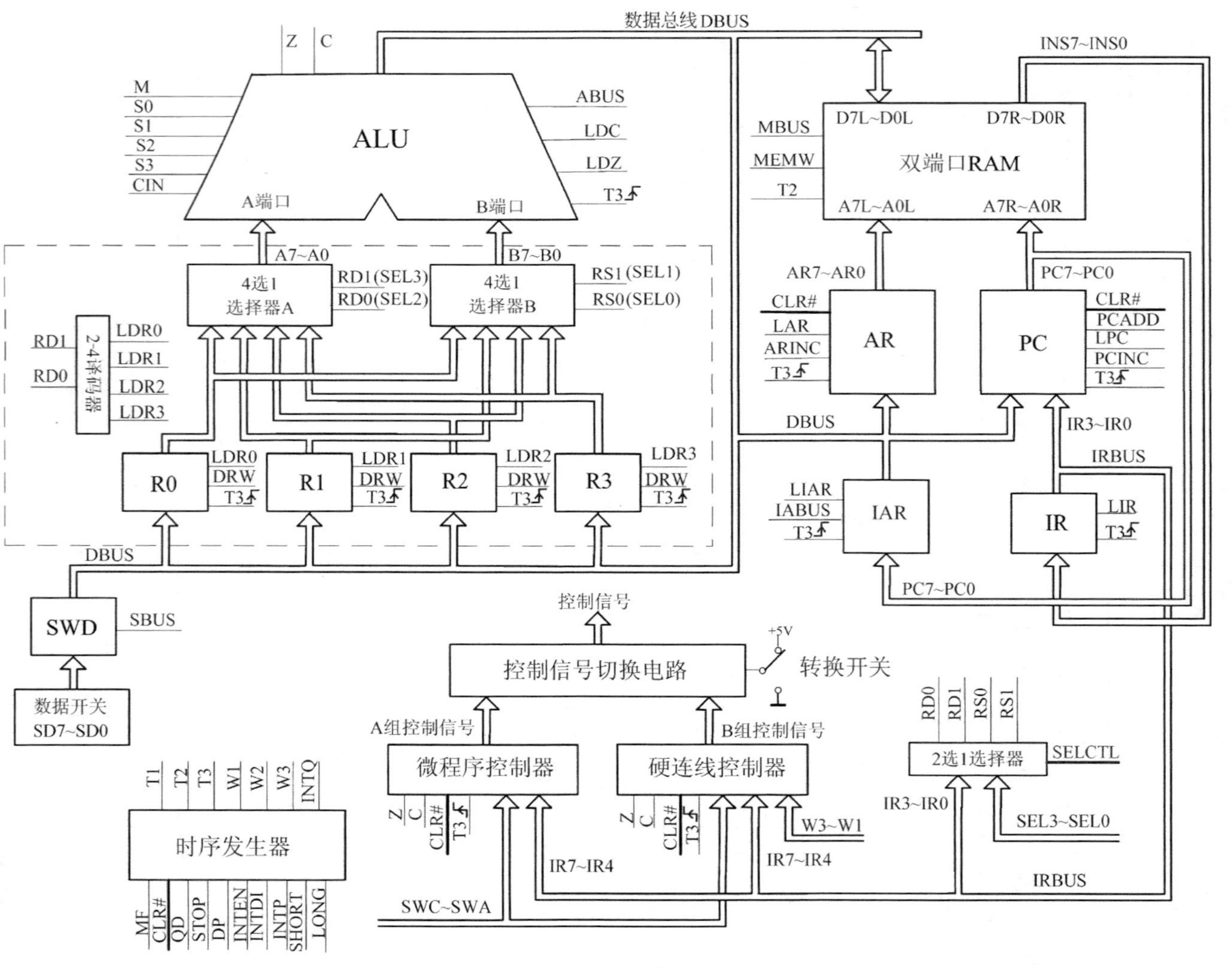

图 1.2 TEC-8 模型计算机电路框图

1. 时序发生器

时序发生器由2片GAL22V10(U70、U71)组成，产生节拍脉冲T1、T2、T3，节拍电位W1、W2、W3，以及中断请求信号ITNQ。主时钟MF采用石英晶体振荡器产生的1MHz时钟信号。T1、T2、T3的脉宽为1微秒。一个机器周期包含一组T1、T2、T3。

2. 算术逻辑单元ALU

算术逻辑单元由2片74181(U41、U42)加1片7474、1片74244、1片74240、1片7430组成，进行算术逻辑运算。74181是一个4位的算术逻辑器件，2个74181级联构成一个8位的算术逻辑单元。在TEC-8模型计算机中，算术逻辑单元ALU对A端口的8位数和B端口的8位数进行加、减、与、或和数据传送5种运算，产生8位数据结果、进位标志C和结果为0标志Z。当信号ABUS为1时，将运算的数据结果送数据总线DBUS。

3. 双端口寄存器组

双端口寄存器组由Altera公司的1片可编程器件EPM7064S组成，向ALU提供两个运算操作数A和B，保存运算结果。EPM7064S里面包含4个8位寄存器R0、R1、R2、R3，4选1选择器A，4选1选择器B，2-4译码器。在图1.2中，用虚线围起来的部分全部放在一个EPM7064S中。4个寄存器通过4选1选择器A(受RD1、RD0控制)向ALU的A端口提供A操作数，通过4选1选择器B(受RS1、RS0控制)向ALU的B端口提供B操作数，2-4译码器(受RD1、RD0控制)产生信号LDR0、LDR1、LDR2和LDR3，选择保存运算数据结果的寄存器。

4. 数据开关SD7～SD0

8位数据开关SD7～SD0是双位开关，拨到朝上位置时表示“1”，拨到朝下位置时表示“0”。用于编制程序并把程序放入存储器，设置寄存器R3～R0的值。通过拨动数据开关SD7～SD0得到的程序或者数据通过SWD送往数据总线DBUS。SWD是1片74244。

5. 双端口RAM

双端口RAM由1片IDT7132及少许附加电路组成，存放程序和数据。双端口RAM是一种2个端口可同时进行读、写的存储器，2个端口各有独立的存储器地址、数据总线和读、写控制信号。在TEC-8中，双端口存储器的左端口是个真正的读、写端口，用于程序的初始装入操作，从存储器中取数到数据总线DBUS，将数据总线DBUS上的数写入存储器；右端口设置成只读方式，从右端口读出的指令INS7～INS0被送往指令寄存器IR。

6. 程序计数器、地址寄存器和中断地址寄存器

程序计数器(PC)由2片GAL22V10和1片74244组成，向双端口RAM的右端口提供存储器地址PC7～PC0。程序计数器具有PC复位功能，从数据总线DBUS上装入初始PC功能，PC加1功能，PC和转移偏量相加功能。

地址寄存器(AR)由1片GAL22V10组成，向双端口RAM的左端口提供存储器地址AR7～AR0。它具有从数据总线DBUS上装入初始AR功能和AR加1功能。

中断地址寄存器(IAR)是1片74374，它保存中断时的程序地址PC。

7. 指令寄存器

指令寄存器(IR)是1片74273，用于保存从双端口RAM中读出的指令。它的输出

IR7～IR4 送往硬连线控制器、微程序控制器，IR3～IR0 送往 2 选 1 选择器。

8. 微程序控制器

微程序控制器产生 TEC-8 模型计算机所需的各种控制信号。它由 5 片 HN58C65、1 片 74174、3 片 7432 和 2 片 7408 组成。5 片 HN58C65 组成控制存储器，存放微程序代码；1 片 74174 是微地址寄存器；3 片 7432 和 2 片 7408 组成微地址转移逻辑。

9. 硬连线控制器

硬连线控制器由 1 片可编程器件 Altera EPM7128S CPLD 组成，产生 TEC-8 模型计算机所需的各种控制信号。

10. 控制信号切换电路

控制信号切换器由 7 片 74244 和 1 个转换开关 SW9 组成。拨动一次转换开关，就能够实现一次控制信号的切换。当转换开关拨到朝上位置时，TEC-8 模型计算机使用硬连线控制器产生的控制信号；当转换开关拨到朝下位置时，TEC-8 模型计算机使用微程序控制器产生的控制信号。

11. 2 选 1 选择器

2 选 1 选择器由 1 片 74244 组成，受信号 SELCTL 控制，用于在指令中的操作数 IR3～IR0 和控制信号 SEL3～SEL0 之间进行选择，产生目的寄存器编码 RD1、RD0，产生源寄存器编码 RS1、RS0：SELCTL 为 1 时，执行控制台操作，由控制信号 SEL3～SEL0 控制产生源/目的寄存器编码；反之，由操作数 IR3～IR0 控制产生源/目的寄存器编码。

1.6 模型计算机指令系统

TEC-8 模型计算机是个 8 位机，字长是 8 位。指令使用 4 位操作码，最多容纳 16 条指令。已实现加法、减法、逻辑与、加 1、存数、取数、Z 条件转移、C 条件转移、无条件转移、输出、中断返回、开中断、关中断和停机 14 条指令。指令系统如表 1.2 所示。

表 1.2 TEC-8 模型计算机指令系统

名称	助记符	功能	指令格式		
			IR7 IR6 IR5 IR4	IR3 IR2	IR1 IR0
加法	ADD Rd, Rs	Rd←Rd+Rs	0001	Rd	Rs
减法	SUB Rd, Rs	Rd←Rd−Rs	0010	Rd	Rs
逻辑与	AND Rd, Rs	Rd←Rd and Rs	0011	Rd	Rs
加 1	INC Rd	Rd←Rd+1	0100	Rd	XX
取数	LD Rd, [Rs]	Rd←[Rs]	0101	Rd	Rs
存数	ST Rs, [Rd]	Rs → [Rd]	0110	Rd	Rs
C 条件转移	JC offset	若 C=1，则 PC←@+offset	0111	offset	
Z 条件转移	JZ offset	若 Z=1，则 PC←@+offset	1000	offset	

续表

名　称	助 记 符	功　　能	指 令 格 式		
			IR7 IR6 IR5 IR4	IR3 IR2	IR1 IR0
无条件转移	JMP Rd	PC←Rd	1001	Rd	XX
输出	OUT Rs	DBUS←Rs	1010	XX	Rs
中断返回	IRET	返回断点	1011	XX	XX
关中断	DI	禁止中断	1100	XX	XX
开中断	EI	允许中断	1101	XX	XX
停机	STP	暂停运行	1110	XX	XX

表 1.2 中，XX 代表随意值。Rs 代表源寄存器号，Rd 代表目的寄存器号。在条件转移指令中，@代表当前 PC 的值，offset 是一个 4 位的有符号数(**补码表示**)，第 3 位是符号位，0 代表正数，1 代表负数。**注意：@不是当前指令的 PC 值，是当前指令的 PC 值加 1**。

指令系统中，指令操作码 0000B 没有对应的指令，实际上指令操作码 0000B 对应一条 nop 指令，即什么也不做的指令。当复位信号为 0 时，**对指令寄存器 IR 复位，使 IR 的值为 00000000B**，对应一条 nop 指令。这样设计的目的是适应指令流水的初始状态要求。

1.7　指示灯、按钮、开关

1.7.1　指示灯

为了在实验过程中观察各种数据，TEC-8 实验系统设置了大量的指示灯。

1. 与运算器有关的指示灯

D7～D0　　数据总线指示灯。

A7～A0　　运算器 A 端口指示灯。

B7～B0　　运算器 B 端口指示灯。

C　　进位信号指示灯。

Z　　结果为 0 信号指示灯。

2. 与存储器有关的指示灯

PC7～PC0　　程序计数器指示灯。

AR7～AR0　　地址指示灯。

IR7～IR0　　指令寄存器指示灯。

INS7～INS0　　双端口存储器右端口数据指示灯。

3. 与微程序控制器有关的信号指示灯

μA5～μA0　　微地址指示灯，指示当前的微地址。

NμA5～NμA0　　后继微地址指示灯，指示当前微指令的**默认**后继微地址。

P4～P0　　判别位指示灯，指示形成后继微地址需判别的条件。

上述指示灯仅在使用微程序控制器时有效；在**使用硬连线控制器时**，微地址指示灯

μA5～μA0、后继微地址指示灯 NμA4～NμA0 和判别位指示灯 P4～P0 **没有实际意义**。

4. 节拍脉冲信号和节拍电位信号指示灯

按下启动按钮 QD 后,至少产生一组节拍脉冲 T1、T2、T3,无法用指示灯显示 T1、T2、T3 的状态,因此设置了 T1、T2、T3 观测插孔,使用 TEC-8 实验台上提供的逻辑测试笔能够观测 T1、T2、T3 是否产生。

硬连线控制器产生的节拍电位信号 W1、W2 和 W3 有对应的指示灯。

5. 其他指示灯

控制台操作指示灯	当它亮时,表明进行控制台操作;当它不亮时,表明运行测试程序。
硬连线控制器指示灯	当它亮时,表明使用硬连线控制器;当它不亮时,表明使用微程序控制器。
+5V 指示灯	指示+5V 电源的状态。

1.7.2 按钮

TEC-8 实验平台上有下列按钮。

1. 启动按钮 QD

按一次启动按钮 QD,则产生 2 个脉冲 QD 和 QD#。QD 为正脉冲,QD#为负脉冲,脉冲的宽度与按下 QD 按钮的时间相同。**正脉冲 QD 启动节拍脉冲信号 T1、T2 和 T3**。

2. 复位按钮 CLR

按一次复位按钮 CLR,则产生 2 个脉冲 CLR 和 CLR#。CLR 为正脉冲,CLR#为负脉冲,脉冲的宽度与按下 CLR 按钮的时间相同。**负脉冲 CLR#使 TEC-8 模型计算机复位,处于初始状态**。

3. 中断按钮 PULSE

按一次中断按钮 PULSE,则产生 2 个脉冲 PULSE 和 PULSE#。PULSE 为正脉冲,PULSE#为负脉冲,脉冲的宽度与按下 PULSE 按钮的时间相同。**正脉冲 PULSE 向 TEC-8 模型计算机发出中断请求**。

1.7.3 开关

TEC-8 实验台上有下列开关。

1. 数据开关 SD7～SD0

这 8 个双位开关用于向寄存器中写入数据、向存储器中写入程序或者用于设置存储器初始地址。当开关拨到朝上位置时为 1,拨到向下位置时为 0。

2. 电平开关 S15～S0

这 16 个双位开关用于在实验时设置信号的电平。每个开关上方都有对应的接插孔,供接线使用。开关拨到朝上位置时为 1,拨到向下位置时为 0。

3. 单微指令开关 DP

单微指令开关控制节拍脉冲信号 T1、T2、T3 的数目。当单微指令开关 DP 朝上时,处于单微指令运行方式,每按一次 QD 按钮,只产生一组 T1、T2、T3;当单微指令开关 DP

朝下时，处于连续运行方式，每按一次 QD 按钮，开始连续产生 T1、T2、T3，直到按一次 CLR 按钮或者控制器产生 STOP 信号为止。

4. 控制器转换开关

当控制器转换开关朝上时，使用硬连线控制器；当控制器转换开关朝下时，使用微程序控制器。

5. 编程开关

当编程开关朝下时，TEC-8 模型计算机处于正常工作状态；当编程开关朝上时，TEC-8 模型计算机处于编程状态。在编程状态下，修改控制存储器中的微代码状态。

6. 操作模式开关 SWC、SWB、SWA

操作模式开关 SWC、SWB、SWA 确定的 TEC-8 模型计算机操作模式如表 1.3 所示。

表 1.3　TEC-8 模型计算机操作模式

SWC	SWB	SWA	工 作 模 式
0	0	0	启动程序运行
0	0	1	写存储器
0	1	0	读存储器
0	1	1	读寄存器
1	0	0	写寄存器
1	0	1	运算器组成实验（基本实验一）
1	1	0	双端口存储器实验（基本实验二）
1	1	1	数据通路实验（基本实验三）

1.8　数字逻辑和数字系统实验部分

TEC-8 实验系统能够满足“数字逻辑和数字系统”课程的实验要求，既可以进行基本实验，也可以进行大型综合性设计实验。

1.8.1　基本实验通用区

基本实验通用区位于 TEC-8 实验台的左上部，里面安排了 2 个 14 芯、2 个 16 芯、2 个 20 芯、1 个 24 芯、1 个 28 芯双列直插插座，供使用中、小规模数字集成器件做基本实验。另外，在实验台的中下部还有 1 个 500Ω 的电位器，当电位器的一端接+5V、另一端接地后，旋转电位器可以改变电位器中间抽头的电压。它可以作为数字器件的输入电压，供测试器件的输入、输出特性使用。

1.8.2　大型综合设计实验装置

为了进行大型综合设计实验，TEC-8 上安排了如下实验装置。

（1）**6 个数码管及驱动电路、1 个喇叭及驱动电路、1 个 VGA 接口及驱动电路。**

（2）**12 个发光二极管及驱动电路。**

12 个发光二极管按东、西、南、北方向设置，每个方向安排红、黄、绿 3 种颜色的发光二极管，模仿交通灯。

（3）**1个同时可产生7路时钟的信号发生器。**

这7路时钟的频率分别是1MHz、100kHz、10kHz、1kHz、100Hz、10Hz、1Hz，占空比为50%。其中1MHz信号就是TEC-8的主时钟MF；100kHz、10kHz信号可以通过短路子DZ3和DZ4进行二选一选择，产生信号CP1；1kHz、100Hz信号可以通过短路子DZ5和DZ6进行二选一选择，产生信号CP2；10Hz、1Hz信号可以通过短路子DZ7和DZ8进行二选一选择，产生信号CP3。**注意：短路子DZ3和DZ4不能同时短接；短路子DZ5和DZ6不能同时短接；短路子DZ7和DZ8不能同时短接。**时钟信号MF、CP1、CP2和CP3通过插孔输出，或者通过扁平电缆连接到EPM7128S的引脚。

（4）一条扁平电缆。

当进行大型综合设计实验时，有些实验需要通过扁平电缆将需要的信号和器件Altera EPM7128S CPLD的引脚连接。扁平电缆的一端接34芯插座J6（J6和Altera EPM7128S CPLD的引脚相连）；另一端分为3部分，第一部分接16芯插座J8（J8和开关S15～S0相连）；第二部分接12芯插座J4（J4和12个发光二极管L11～L0相连）或者接12芯插座J1（J1和数码管LG2、LG1的驱动相连）；第三部分接6芯插座J5（J5和5中的时钟信号以及正脉冲QD、PULSE相连）。

1.9 E²PROM中微代码的修改

1. E²PROM的两种工作方式

TEC-8模型计算机中的5片E²PROM（CM4～CM0）有2种工作方式，一种叫“正常”工作方式，作为控制存储器使用；另一种叫“**编程**”工作方式，用于修改E²PROM的微代码。当编程开关拨到“正常”位置时，TEC-8可以正常做实验，CM4～CM0作为控制存储器使用，里面的微代码正常读出，供数据通路使用。当编程开关拨到“编程”位置时，CM4～CM0只受TEC-8实验系统中的单片机的控制，用来对5片E²PROM编程。在编程状态下，不进行正常实验。**特别提示：正常实验时编程开关的位置必须拨到“正常”位置，否则可能破坏E²PROM原先的内容。**

2. 安装Prolific USB-to-Serical Comm Prot驱动程序

如果通信线不是COM对COM，而是COM对USB，则需要安装驱动。PC通过RS232串行通信方式和TEC-8实验系统中的单片机89S52通信，从而达到修改控制存储器E²PROM的目的。如果TEC-8实验系统上的编程线采用USB对COM通信线，需要一个驱动程序，将USB通信方式转换为RS232通信方式，这个驱动程序就是PL2303_Prolific_ DriverInstalle。出厂时提供的光盘上有这个驱动程序。

安装完驱动程序后，当第一次用出厂时提供的编程电缆将PC的一个USB口和TEC-8实验系统上的USB口连接时，PC自动检测出安装了新硬件，并自动启动“安装新硬件驱动程序”服务，在PC屏幕上弹出“找到新的硬件向导”对话框，如图1.3所示。

直接单击“找到新的硬件向导”对话框右下角的“取消”按钮，采用其他方式安装，直接安装驱动即可。安装完毕后如图1.4所示。

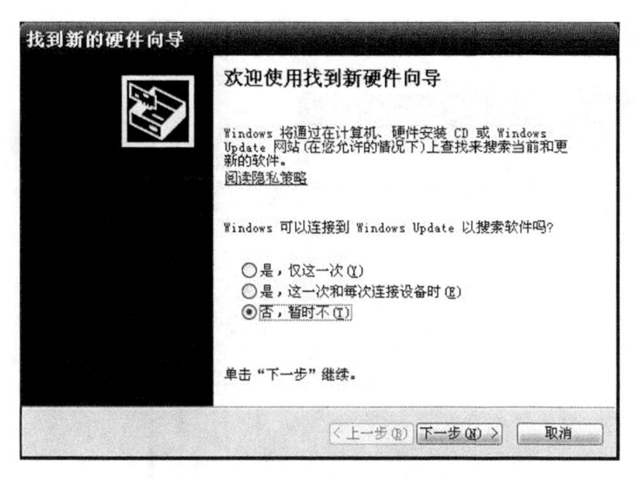

图1.3　"找到新的硬件向导"对话框

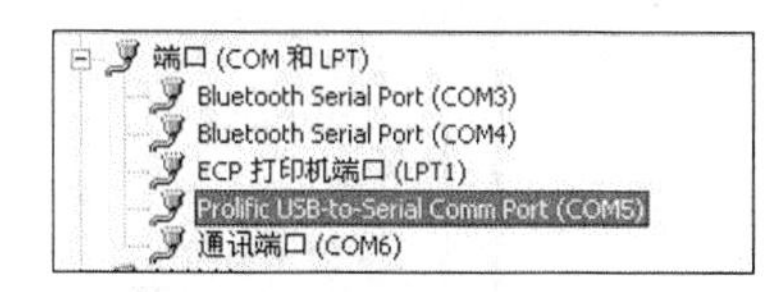

图1.4　初安装完后串口状态

现在串口的端口号为COM5，如果需要调整，则进行如下操作。

(1) 在COM5上右击，在弹出的快捷菜单中单击"属性"弹出如图1.5所示的对话框。

(2) 选择"端口设置"选项卡，如图1.6所示。

图1.5　端口属性

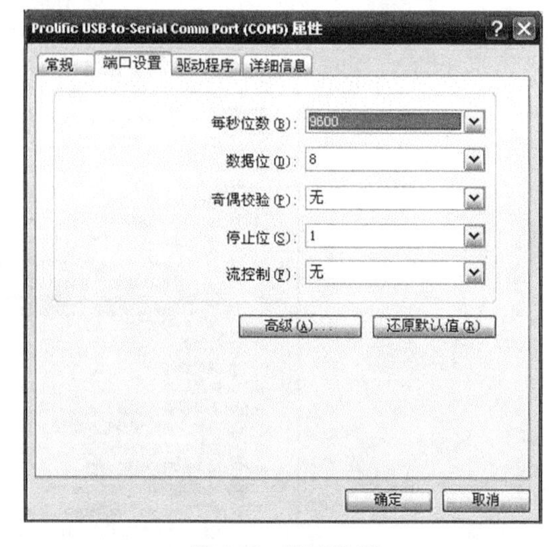

图1.6　端口设置

(3) 单击"高级"按钮，弹出如图1.7所示的对话框，更改端口号，单击"确定"按钮后在计算机管理中刷新即可得到需要的端口号，如图1.8所示。

3. 串口调试助手2.2介绍

顾名思义，串口调试助手是一个调试PC串口的程序，在TEC-8实验系统中，首先在PC上通过串口调试程序将新的E^2PROM数据下载到单片机中，由单片机完成对E^2PROM的编程。串口调试助手就是一种串口调试程序。**特别提醒：下面介绍的利用串口调试助手2.2实现E^2PROM数据下载的方法只在Windows XP环境有效，在Windows 7等环境下可能不成功。**

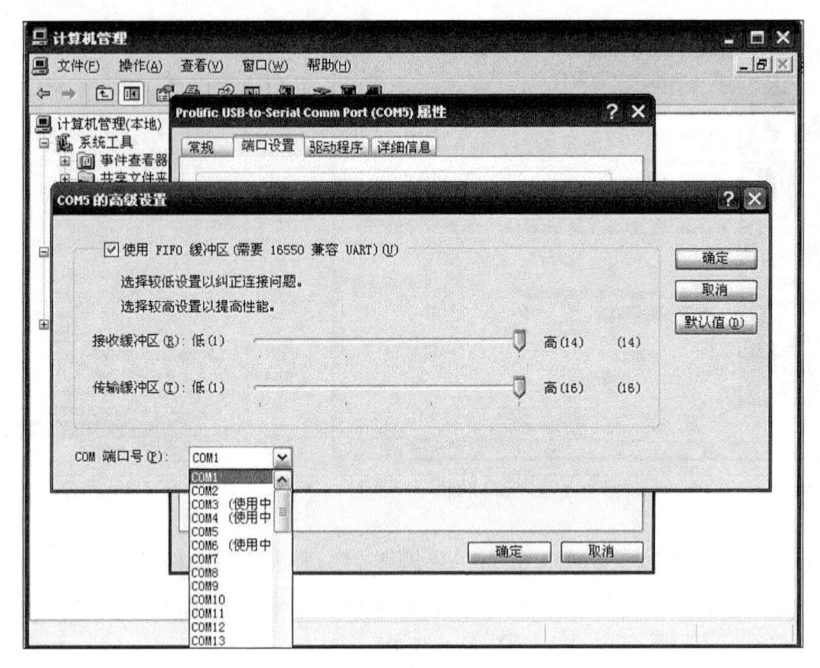

图 1.7　更改端口号

图 1.8　设置完成的串口

串口调试助手使用极其简单。通过双击出厂时提供的该软件的图标，PC 屏幕上出现如图 1.9 所示的窗口。

(1) 选择串口号。

选择和 TEC-8 通信使用的串口号，在 COM1～COM4 中选择一个。串口的设置要与 CP2102 USB to UART Bridge Controller 驱动程序将 USB 转换的 RS232 串口号一致。

图 1.9 串口调试助手窗口

该串口号可用下列方式得到。

在用编程电缆将 PC 的一个 USB 口和 TEC-8 实验系统连接的情况下，右击 PC 桌面上的“我的电脑”图标，弹出一个快捷菜单，如图 1.10 所示。

单击“属性”，弹出“系统属性”对话框，如图 1.11 所示。

图 1.10 “我的电脑”快捷菜单

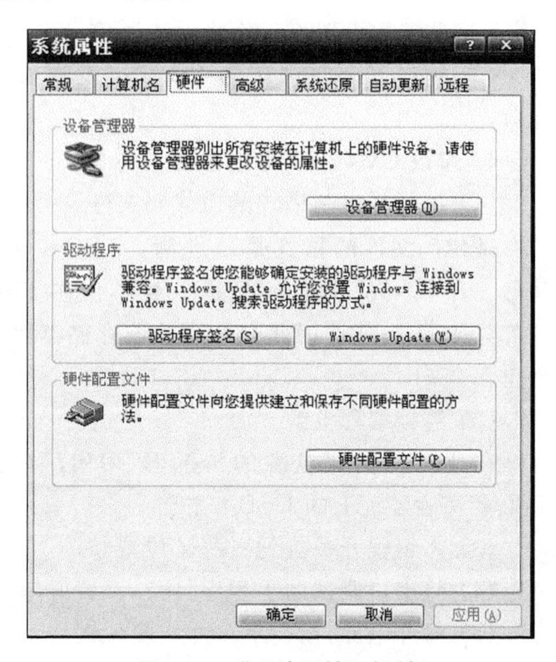

图 1.11 “系统属性”对话框

单击“硬件”→“设备管理器”，弹出“设备管理器”窗口，如图 1.12 所示。

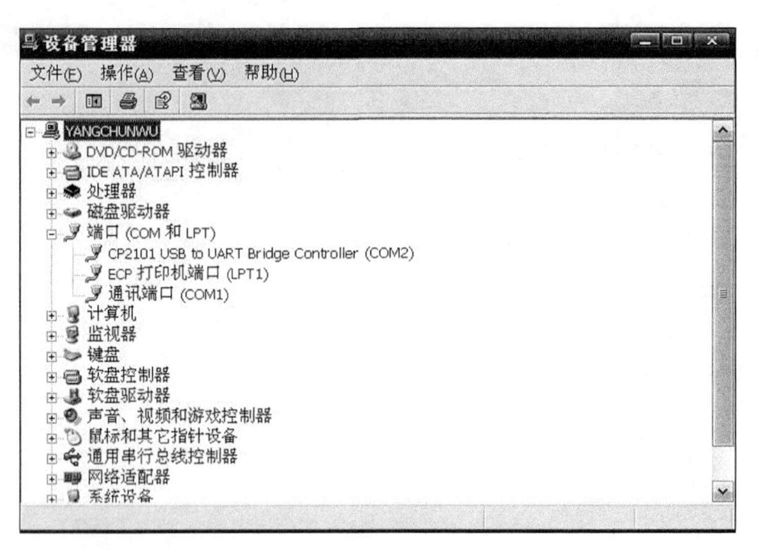

图 1.12 “设备管理器”窗口

在“设备管理器”窗口中可以找到该 USB 口代替的串口号。图 1.12 中是 COM2。具体的串口号根据 PC 的具体环境而定。

(2) 设置波特率等参数。

由于串口调试助手需要和 TEC-8 实验系统上的单片机通信，因此它设置的串口参数需要和单片机内设置的参数一致，即波特率为 2400Baud，数据位 8 位，无校验位，停止位 1 位。这些参数设置不正确将无法通信。

(3) 窗口下部空白区为 PC 数据发送窗口，其上面较大的空白区为 PC 数据接收窗口。

4. 修改 CM4～CM0 的步骤

(1) 编写二进制格式的微代码文件。

微代码文件的格式是二进制。TEC-8 使用的 E^2PROM 的器件型号是 HN58C65。虽然一片 HN58C65 的容量是 2048B，但在 TEC-8 实验系统中作为控制存储器使用时，每片都只使用 256B。因此在改写控制存储器内容时，首先需生成 5 个二进制文件，每个文件包含 256B。

(2) 连接编程电缆。

在 TEC-8 关闭电源的情况下，用出厂时提供的编程电缆将 PC 的一个 USB 口和 TEC-8 实验系统上的 USB 口相连。

(3) 将编程开关拨到“编程”位置。

(4) 将串口调试助手程序打开，设置好串口号和参数。

(5) 打开电源，按一下单片机复位键。

(6) 发送微代码。

串口调试助手的接收区此时会显示信息“WAITING FOR COMMAND ...”，提示等待命令。这个等待命令的提示信息是 TEC-8 实验系统发送给串口调试助手的，表示

TEC-8 实验系统已准备好接收命令。

一共有 5 个命令，分别是 0、1、2、3 和 4，分别对应被编程的 CM0、CM1、CM2、CM3 和 CM4。

如果准备修改 CM0，则在数据发送区写入“0”，按“手动发送”按钮，将命令“0”发送给 TEC-8 实验系统，通知它要写 CM0 文件了。

数据接收区会出现“PLEASE CHOOSE A CM FILE”。通过单击“选择发送文件”按钮选择要写入 CM0 的二进制文件，然后单击“发送文件”按钮将文件发往 TEC-8 实验系统。

TEC-8 实验系统接收数据并对 CM0 编程，然后它读出 CM0 的数据和从 PC 接收到的数据比较，不管正确与否，TEC-8 实验系统都向串口调试助手发回结果信息，在数据接收窗口显示出来。

对一个 E^2PROM 编程完成后，根据需要可对其他 E^2PROM 编程，全部完成后，按一次 TEC-8 实验系统上的“单片机复位”按钮结束编程，最后将编程开关拨到“正常”位置。

注意：对 CM0、CM1、CM2、CM3 和 CM4 的编程顺序无规定，只要在发出器件号后紧跟着发送该器件的编程数据(文件)即可。也可以只对一个或者几个 E^2PROM 编程，不一定对 5 个 E^2PROM 全部编程。

第2章 计算机组成原理基本实验

2.1 运算器组成实验

一、实验类型

原理性+分析性

二、实验目的

(1) 熟悉逻辑测试笔的使用方法。

(2) 熟悉 TEC-8 模型计算机的节拍脉冲 T1、T2、T3。

(3) 熟悉双端口通用寄存器组的读写操作。

(4) 熟悉运算器的数据传送通路。

(5) 完成几种指定的算术、逻辑运算,验证 74181 的加、减、与、或功能。

三、实验设备

(1) TEC-8 实验系统	1 台
(2) 双踪示波器	1 台
(3) 直流万用表	1 块
(4) 逻辑测试笔(在 TEC-8 实验台上)	1 支

四、实验原理

为进行本实验,首先需要了解 TEC-8 模型计算机的基本时序。在 TEC-8 中,执行一条微指令(或者在硬连线控制器中完成 1 个机器周期)需要连续的 3 个节拍脉冲 T1、T2 和 T3。它们的时序关系如图 2.1 所示。

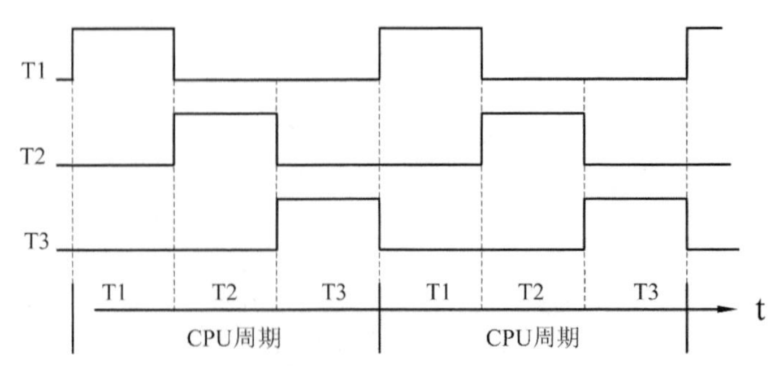

图 2.1 机器周期与 T1、T2、T3 时序关系图

对于运算器操作来说，在T1期间，产生2个8位参与运算的数：被加数A和加数B；产生控制运算类型的信号M、S3、S2、S1、S0和CIN；产生控制写入Z标志寄存器的信号LDZ和控制写入C标志寄存器的信号LDC，产生将运算的数据结果送往数据总线DBUS的控制信号ABUS。这些控制信号保持到T3结束；在T2期间，根据控制信号，完成某种运算功能；在T3的上升沿，保存运算的数据结果到一个8位寄存器中，同时保存进位标志C和结果为0标志Z。

图2.2是运算器组成实验的电路图。

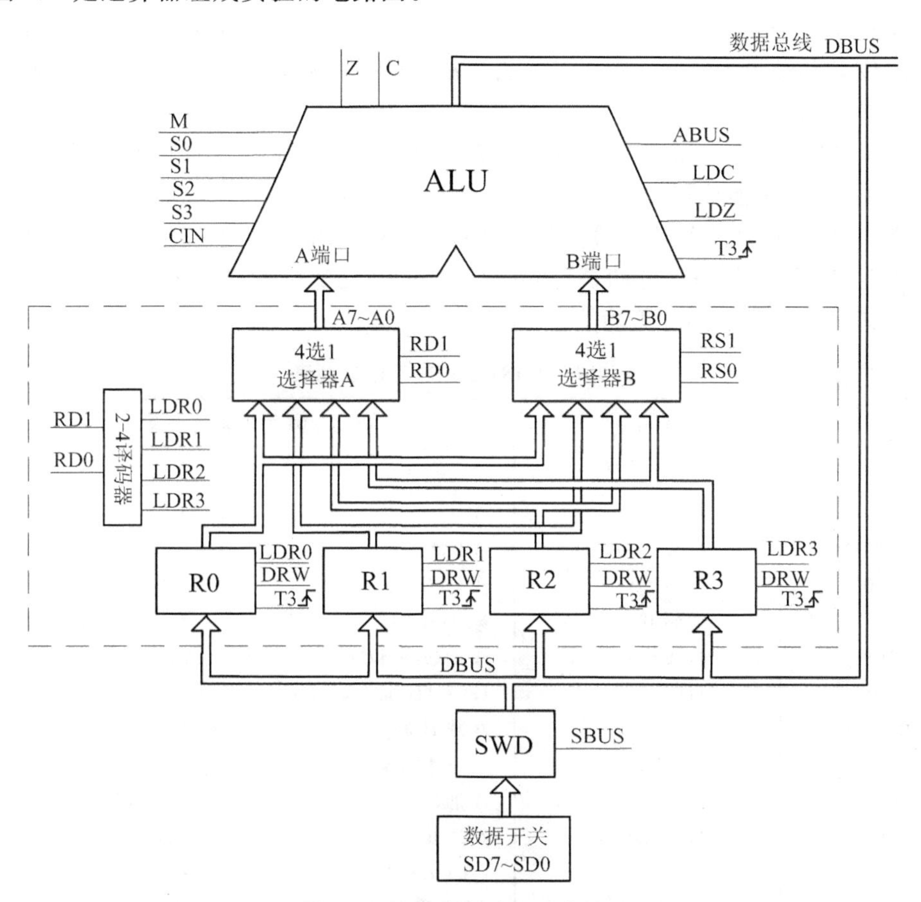

图2.2　运算器组成实验电路图

双端口寄存器组由1片EPM7064S(U40)(图2.2中用虚线围起来的部分)组成，内部包含4个8位寄存器R0、R1、R2、R3，4选1选择器A，4选1选择器B和1个2-4译码器。根据信号RD1、RD0的值，4选1选择器A从4个寄存器中选择1个寄存器送往ALU的A端口。根据信号RS1、RS0的值，4选1选择器B从4个寄存器中选择1个寄存器送往ALU的B端口。2-4译码器对信号RD1、RD0进行译码，产生信号LDR0、LDR2、LDR2、LDR3，任何时刻这4个信号中只有一个为1，其他信号为0。LDR3～LDR0指示出被写的寄存器。当DRW信号为1时，如果LDR0为1，则在T3的上升沿，将数据总线DBUS上的数写入R0寄存器，其余类推。

数据开关 SD7～SD0 是 8 个双位开关。用手拨动这些开关，能够生成需要的 SD7～SD0 的值。数据开关驱动器 SWD 是 1 片 74244(U50)。在信号 SBUS 为 1 时，SD7～SD0 通过 SWD 送往数据总线 DBUS。在本实验中，使用数据开关 SD7～SD0 设置寄存器 R0、R1、R2 和 R3 的值。

ALU 由 2 片 74181(U41 和 U42)、1 片 7474、1 片 74244、1 片 74245 和 1 片 7430 构成。74181 完成算术逻辑运算，74245 和 7430 产生 Z 标志，7474 保存标志 C 和标志 Z。ALU 对 A7～A0 和 B7～B0 上的 2 个 8 位数据进行算术逻辑运算，运算后的数据结果在信号 ABUS 为 1 时送数据总线 DBUS(D7～D0)，运算后的标志结果在 T3 的上升沿保存进位标志位 C 和结果为 0 标志位 Z。加法和减法**同时影响** C 标志和 Z 标志，与操作和或操作**只影响** Z 标志。

表 2.1 给出了 74181 正逻辑下的功能表，其中，“＋”表示逻辑加（即“按位或”），“加”表示算术加。74181 能执行 16 种算术运算和 16 种逻辑运算，状态控制端 M 为高时执行逻辑运算；M 为低时执行算术运算。运算选择控制端 S3S2S1S0 决定 ALU 具体执行哪一种算术或逻辑运算。值得注意的是，部分运算功能并无实际意义。表 2.1 中**黑色部分给出的是 TEC-8 实际用到的运算功能**。

表 2.1　74181 正逻辑下的功能表

S3S2S1S0	M 为高 逻辑运算	M 为低算术运算	
		$C_n=1$	$C_n=0$
0000	!A	A	**A 加 1**
0001	!(A+B)	A+B	(A+B)加 1
0010	!A·B	A+!B	(A+!B)加 1
0011	逻辑 0	减 1(全“1”)	0(全“0”)
0100	!(A·B)	A 加(A·!B)	A 加(A·!B)加 1
0101	!B	(A·!B)加(A+B)	(A·!B)加(A+B)加 1
0110	A⊕B	A 减 B 减 1	**A 减 B**
0111	A·!B	(A·!B)减 1	A·!B
1000	!A+B	A 加(A·B)	A 加(A·B)加 1
1001	!(A⊕B)	**A 加 B**	A 加 B 加 1
1010	**B**	(A·B)加(A+!B)	(A·B)加(A+!B)加 1
1011	**A·B**	(A·B)减 1	A·B
1100	逻辑 1	A 加 A	A 加 A 加 1
1101	A+!B	A 加(A+B)	A 加(A+B)加 1
1110	**A+B**	A 加(A+!B)	A 加(A+!B)加 1
1111	**A**	A 减 1	A

应当指出，74181 是许多种能做算术逻辑运算器件中的一种器件，这里它仅作为一个例子使用。

74181 能够进行 4 位算术逻辑运算，2 片 74181 级联在一起能够进行 8 位运算，3 片 74181 级联在一起能够进行 12 位运算，其余类推。所谓级联方式，就是将低 4 位 74LS181 的进位输出引脚$\overline{C_{n+4}}$与高 4 位 74LS181 的进位输入引脚$\overline{C_n}$连接。在 TEC-8 模型计算机中，U42 完成低 4 位运算，U41 完成高 4 位运算，二者级联在一起，完成 8 位运算。在 ABUS 为 1 时，运算得到的数据结果送往数据总线 DBUS。数据总线 DBUS 有 4 个信号来源：运算器、存储器、数据开关和中断地址寄存器，在每一时刻只允许其中一个信号源送数据总线。

本实验中用到的信号归纳如表 2.2 所示。

表 2.2　实验中用到的信号

信　号	说　明
M、S3、S2、S1、S0	控制 74181 的算术逻辑运算类型
CIN	低位 74181 的进位输入
SEL3、SEL2	相当于图 2.2 中的 RD1、RD0 SEL3、SEL2 选择送 ALU 的 A 端口的寄存器
SEL1、SEL0	相当于图 2.2 中的 RS1、RS0，SEL1、SEL0 选择送 ALU 的 B 端口的寄存器
DRW	为 1 时，在 T3 上升沿对 RD1、RD0 选中的寄存器进行写操作，将数据总线 DBUS 上的数 D7～D0 写入选定的寄存器
LDC	为 1 时，在 T3 的上升沿将运算得到的进位保存到 C 标志寄存器
LDZ	当它为 1 时，如果运算结果为 0，在 T3 的上升沿将 1 写入到 Z 标志寄存器；如果运算结果不为 0，在 T3 的上升沿将 0 保存到 Z 标志寄存器(**即无论结果是否为 0，均需改写 Z 标志寄存器**)
ABUS	当它为 1 时，将 ALU 运算结果送数据总线 DBUS；当它为 0 时，禁止 ALU 运算结果送数据总线 DBUS
SBUS	当它为 1 时，将数据开关的值送数据总线 DBUS；当它为 0 时，禁止将数据开关的值送数据总线 DBUS
SETCTL	当它为 1 时，TEC-8 实验系统处于实验台状态；当它为 0 时，TEC-8 实验系统处于运行程序状态
A7～A0	送往 ALU 的 A 端口的数
B7～B0	送往 ALU 的 B 端口的数
D7～D0	数据总线 DBUS 上的 8 位数
C	进位标志
Z	结果为 0 标志

上述信号都有对应的指示灯。当指示灯亮时，表示对应的信号为 1；当指示灯不亮时，对应的信号为 0。实验过程中，对每一个实验步骤，都要记录上述信号(可以不记录 SETCTL)的值。另外 μA5～μA0 指示灯指示当前微地址。

应当指出，**74181 对减法运算采用的是补码运算方式**，即先求得[－减数]的补码(**按位取反，末位加 1**)，然后和被减数的补码相加的方式完成。因此**一个较大的数减去一个较小的数，或者 2 个相等的数相减时产生进位**。

值得说明的是，一般在进行计算机组成原理学习时，已经学习了数字逻辑的相关知识，因此 TEC-8 减少了诸如连线等硬件基本调试技能的训练内容，而将训练重点放在对计算机基本结构与工作原理的了解和设计上，因此，TEC-8 将运算器组成实验中的运算器功能测试相关步骤“固化”，写成了微代码存放于控存中，只需将模型机的操作模式开关设置为 SWC=1、SWB=0、SWA=1，按一下 QD 按钮进入相应操作模式，即可**根据微操作控制信号**进行相关操作，并完成本实验项目。

类似地，2.2 节的双端口存储器实验对应的操作模式开关设置为 SWC=1、SWB=1、SWA=0，2.3 节的数据通路实验对应的操作模式开关设置为 SWC=1、SWB=1、SWA=1。

五、实验任务

(1) 用双踪示波器和逻辑测试笔测试节拍脉冲信号 T1、T2、T3。

(2) 对如表 2.3 所示的 7 组数据进行加、减、与、或运算。

表 2.3 运算器实验测试数据

序 号	A	B	序 号	A	B
(1)	0F0H	10H	(5)	0FFH	0AAH
(2)	10H	0F0H	(6)	55H	0AAH
(3)	03H	05H	(7)	0C5H	61H
(4)	0AH	0AH			

六、实验步骤

1. 实验准备

将控制器转换开关拨到微程序位置，将编程开关设置为正常位置，将开关 DP 拨到向上位置。打开电源。

2. 用逻辑测试笔测试节拍脉冲信号 T1、T2、T3

(1) 将逻辑测试笔的一端插入 TEC-8 实验台上的“逻辑测试笔”上面的插孔中，另一端插入 T1 上方的插孔中。

(2) 按复位按钮 CLR，使时序信号发生器复位。

(3) 按一次逻辑测试笔框内的 Reset 按钮，使逻辑测试笔上的脉冲计数器复位，2 个黄灯 D1、D0 均灭。

(4) 按一次启动按钮 QD，这时指示灯 D1、D0 的状态应为 01B，指示产生了一个 T1 脉冲；如果再按一次 QD 按钮，则指示灯 D1、D0 的状态应当为 10B，表示又产生了一个 T1 脉冲；继续按 QD 按钮，可以看到在单周期运行方式下，每按一次 QD 按钮，就产生一个 T1 脉冲。

(5) 用同样的方法测试 T2、T3。

3. 进行加、减、与、或实验

(1) 设置加、减、与、或实验模式。

按复位按钮 CLR，使 TEC-8 实验系统复位。指示灯 μA5～μA0 显示 00H。将操作模式开关设置为 SWC=1、SWB=0、SWA=1，准备进入加、减、与、或实验。

按一次 QD 按钮，产生一组节拍脉冲信号 T1、T2、T3，进入加、减、与、或实验。

(2) 设置数 A。

指示灯 μA5～μA0 显示 0BH。在数据开关 SD7～SD0 上设置数 A。在数据总线 DBUS 指示灯 D7～D0 上可以看到数据设置的是否正确，发现错误需及时改正。设置数据正确后，按一次 QD 按钮，将 SD7～SD0 上的数据写入 R0，进入下一步。

(3) 设置数 B。

指示灯 μA5～μA0 显示 15H。这时 R0 已经写入，在指示灯 B7～B0 上可以观察到 R0 的值。在数据开关 SD7～SD0 上设置数 *B*。设置数据正确后，按一次 QD 按钮，将 SD7～SD0 上的数据写入 R1，进入下一步。

(4) 进行加法运算。

指示灯 μA5～μA0 显示 16H。指示灯 A7～A0 显示被加数 *A*(R0)，指示灯 B7～B0 显示加数 *B*(R1)，D7～D0 指示灯显示运算结果 *A*＋*B*。按一次 QD 按钮，进入下一步。

(5) 进行减法运算。

指示灯 μA5～μA0 显示 17H。这时指示灯 C(红色)显示加法运算得到的进位 *C*，指示灯 Z(绿色)显示加法运算得到的结果为 0 信号。指示灯 A7～A0 显示被减数 *A*(R0)，指示灯 B7～B0 显示减数 *B*(R1)，指示灯 D7～D0 显示运算结果 *A*－*B*。按一次 QD 按钮，进入下一步。

(6) 进行与运算。

指示灯 μA5～μA0 显示 18H。这时指示灯 C(红色)显示减法运算得到的进位 *C*，指示灯 Z(绿色)显示减法运算得到的结果为 0 信号。

指示灯 A7～A0 显示数 *A*(R0)，指示灯 B7～B0 显示数 *B*(R1)，指示灯 D7～D0 显示运算结果 *A* and *B*。按一次 QD 按钮，进入下一步。

(7) 进行或运算。

指示灯 μA5～μA0 显示 19H。这时指示灯 Z(绿色)显示与运算得到的结果为 0 信号。指示灯 C 保持不变。指示灯 A7～A0 显示数 *A*(R0)，指示灯 B7～B0 显示数 *B*(R1)，指示灯 D7～D0 显示运算结果 *A* or *B*。按一次 QD 按钮，进入下一步。

(8) 结束运算。

指示灯 μA5～μA0 显示 00H。这时指示灯 Z(绿色)显示或运算得到的结果为 0 信号。指示灯 C 保持不变。

按照上述步骤，对要求的 7 组数据进行运算。

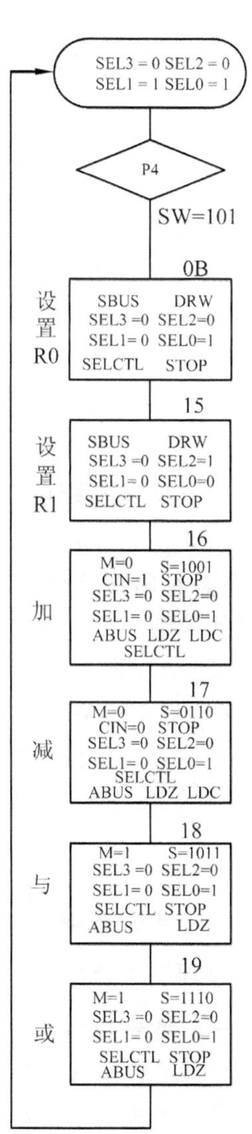

图 2.3　运算器组成实验微程序流程图

七、实验要求

(1) 做好实验预习，掌握运算器的数据传输通路及其功能特性。

(2) 按照实验步骤完成实验操作。在每一次按下 QD 按钮之前**注意观察此时的各种微操作控制信号的值以及各种状态信号的值，分析出现这些信号表明模型计算机将要做什么操作**；在每一次按下 QD 按钮之后**注意分析哪些信号发生了改变**。

(3) 根据实验步骤与实验结果，分析微程序地址 μA5～μA0 与当前各种微操作控制信号之间的关系，结合图 2.3 所示的微程序流程图分析每一步操作的功能。

(4) 写出实验报告，内容如下。

① 实验目的。

② 根据实验结果填写表2.4。

表2.4 运算器组成实验结果

实验数据		实验结果									
数 *A*	数 *B*	加			减			与		或	
		数据结果	C	Z	数据结果	C	Z	数据结果	Z	数据结果	Z

③ 描述微程序流程图每一步的数据流向。

④ 结合实验现象，每一实验步骤中，对下述信号所起的作用进行解释：M、S0、S1、S2、S3、CIN、ABUS、LDC、LDZ、SEL3、SEL2、SEL1、SEL0、DRW、SBUS。并说明在该步骤中，哪些信号是必需的，哪些信号不是必需的，哪些信号必须采用实验中使用的值，哪些信号可以不采用实验中使用的值。

八、可探索和研究的问题

(1) 进行算术运算时，参与运算的数含符号位吗？如果含符号，该数是用原码表示的，还是补码表示的？符号位是几位？如果运算结果有进位，进位与运算结果如何共同表示最终的值？

(2) ALU具有记忆功能吗？如果有，如何设计？

(3) 为什么在ALU的A端口和B端口的数据确定后，在数据总线DBUS上能够直接观测运算的数据结果，而标志结果却在下一步才能观测到？

2.2 双端口存储器实验

一、实验类型

原理性+分析性

二、实验目的

(1) 了解双端口静态存储器IDT7132的工作特性及其使用方法。

(2) 了解半导体存储器怎样存储和读取数据。

(3) 了解双端口存储器怎样并行读写。

(4) 熟悉TEC-8模型计算机中存储器部分的数据通路。

三、实验设备

(1) TEC-8 实验系统 1台

(2) 双踪示波器 1台

(3) 直流万用表 1块

(4) 逻辑测试笔(在 TEC-8 实验台上) 1支

四、实验原理

图 2.4 是双端口存储器实验的电路图。

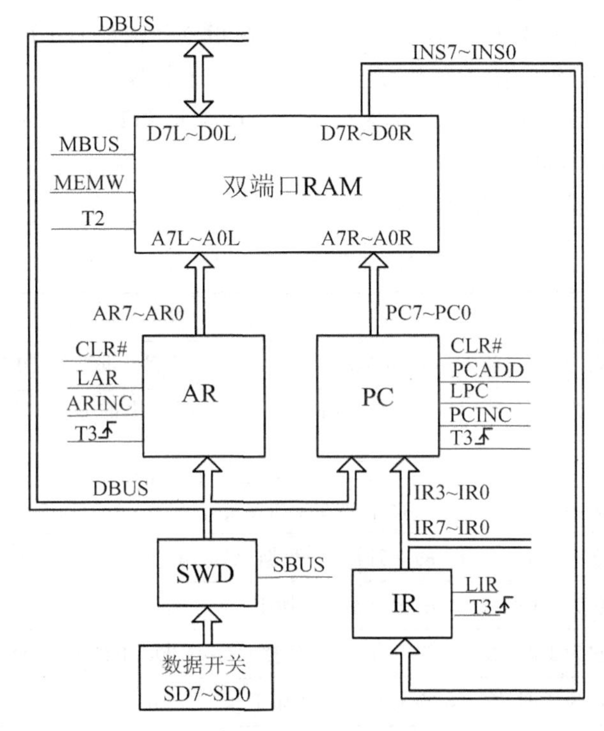

图 2.4 双端口存储器实验电路图

双端口 RAM 电路由 1 片 IDT7132 及少许附加电路组成，存放程序和数据。IDT7132 有 2 个端口，一个称为左端口，一个称为右端口。2 个端口各有独立的存储器地址线、数据线和 3 个读、写控制信号：CE＃、R/W＃和 OE＃，可以同时对器件内部的同一存储体同时进行读、写。IDT7132 容量为 2048B，TEC-8 实验系统只使用 256B。

在 TEC-8 实验系统中，左端口配置成读、写端口，用于程序的初始装入操作，从存储器中取数到数据总线 DBUS，将数据总线 DBUS 上的数写入存储器。当信号 MEMW 为 1 时，在 T2 为 1 时，将数据总线 DBUS 上的数 D7～D0 写入 AR7～AR0 指定的存储单元；当 MBUS 信号为 1 时，AR7～AR0 指定的存储单元的数送数据总线 DBUS。右端口设置成只读方式，当 LIR 为 1 时，在 T3 上升沿从 PC7～PC0 指定的存储单元读出指令 INS7～INS0，送往指令寄存器 IR。

程序计数器 PC 由 2 片 GAL22V10(U53 和 U54)组成，向双端口 RAM 的右端口提供存储器地址。当复位信号CLR#为0时，程序计数器复位，PC7～PC0为00H。当信号LPC为1时，在T3的上升沿，将数据总线DBUS上的数D7～D0写入PC。当信号PCINC为1时，在T3的上升沿，完成PC加1。当PCADD信号为1时，PC和IR中的转移偏量(IR3～IR0)相加，在T3的上升沿，将相加得到的和写入PC程序计数器。

地址寄存器AR由1片GAL22V10(U58)组成，向双端口RAM的左端口提供存储器地址AR7～AR0。当复位信号CLR#为0时，地址寄存器复位，AR7～AR0为00H。当信号LAR为1时，在T3的上升沿将数据总线DBUS上的数D7～D0写入AR。当信号ARINC为1时，在T3的上升沿完成AR加1。

指令寄存器IR是1片74273(U47)，用于保存指令。当信号LIR为1时，在T3的上升沿，将从双端口RAM右端口读出的指令写入指令寄存器IR。

数据开关SD7～SD0用于设置双端口RAM的地址和数据。当信号SBUS为1时，数SD7～SD0送往数据总线DBUS。

本实验中用到的信号归纳如表2.5所示。

表2.5 实验中用到的信号

信　号	说　明
MBUS	当它为1时，将双端口RAM的左端口数据送到数据总线DBUS
MEMW	当它为1时，在T2为1期间将数据总线DBUS上的D7～D0写入双端口RAM，写入的存储器单元由AR7～AR0指定
LIR	当它为1时，在T3的上升沿将从双端口RAM的右端口读出的指令INS7～INS0写入指令寄存器IR。读出的存储器单元由PC7～PC0指定
LPC	当它为1时，在T3的上升沿，将数据总线DBUS上的D7～D0写入程序计数器PC
PCINC	当它为1时，在T3的上升沿PC加1
LAR	当它为1时，在T3的上升沿，将数据总线DBUS上的D7～D0写入地址寄存器AR
ARINC	当它为1时，在T3的上升沿AR加1
SBUS	当它为1时，数据开关SD7～SD0的数送数据总线DBUS
AR7～AR0	双端口RAM左端口存储器地址
PC7～PC0	双端口RAM右端口存储器地址
INS7～INS0	从双端口RAM右端口读出的指令，本实验中做数据使用
D7～D0	数据总线DBUS上的数

上述信号都有对应的指示灯。当指示灯亮时，表示对应的信号为1；当指示灯不亮时，对应的信号为0。实验过程中，对每一个实验步骤，都要记录上述信号(可以不记录SETCTL)的值。另外，μA5～μA0指示灯指示当前微地址。

五、实验任务

(1) 从存储器地址10H开始，通过左端口连续向双端口RAM中写入3个数：85H，60H，38H。在写的过程中，在右端口检测写的数据是否正确。

（2）从存储器地址10H开始，连续从双端口RAM的左端口和右端口同时读出存储器的内容。

六、实验步骤

1. 实验准备

将控制器转换开关拨到微程序位置、编程开关设置为正常位置。打开电源。

2. 进行存储器读、写实验

（1）设置双端口存储器实验模式。

（2）设置存储器地址。

（3）写入第1个数。

（4）写入第2个数。

（5）写入第3个数。

（6）重新设置存储器地址。

（7）左、右两2个端口同时显示同一个存储器单元的内容。

七、实验要求

（1）做好实验预习，掌握双端口存储器的使用方法和TEC-8模型计算机存储器部分的数据通路。

（2）按照实验步骤完成实验操作。在每一次按下QD按钮之前**注意观察此时的各种微操作控制信号的值以及各种状态信号的值，分析出现这些信号表明模型计算机将要做什么操作**；在每一次按下QD按钮之后**注意分析哪些信号发生了改变**。

（3）根据实验步骤，结合图2.5给出的微程序流程图，分析每一步的功能。

（4）写出实验报告，内容如下。

① 实验目的。

② 根据实验结果填写表2.6。

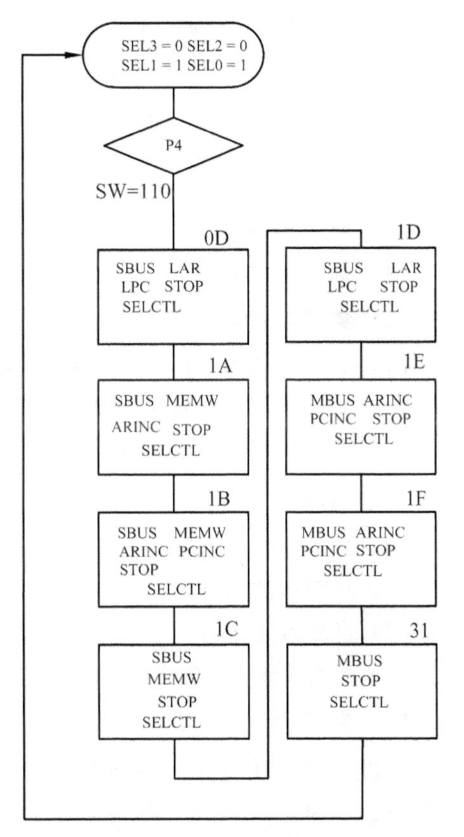

图2.5　双端口存储器实验微程序流程图

表2.6　双端口存储器实验结果

实验数据		实验结果					
左端口存储器地址	通过左端口写入的数	第一次从右端口读出的数		同时读出时的读出结果			
		右端口存储器地址	读出的数	左端口存储器地址	读出的数	右端口存储器地址	读出的数

③ 描述每一步实验操作的数据(指令)流向，分析数据流(指令流)与相关操作信号的关系。

④ 结合实验现象，在每一实验步骤中，对下述信号所起的作用进行解释：SBUS、MBUS、LPC、PCINC、LAR、ARINC、MEMW。并说明在该步骤中，哪些信号是必需的，哪些不是必需的，哪些信号必须采用实验中使用的值，哪些信号可不采用实验中使用的值。

八、可探索和研究的问题

通过左端口向双端口 RAM 写数时，在右端口可以同时观测到左端口写入的数吗？为什么？

2.3 数据通路实验

一、实验类型

原理性＋分析性

二、实验目的

(1) 进一步熟悉 TEC-8 模型计算机的数据通路的结构。

(2) 进一步掌握数据通路中各个控制信号的作用和用法。

(3) 掌握数据通路中数据流动的路径。

三、实验设备

(1) TEC-8 实验系统　1 台

(2) 双踪示波器　1 台

(3) 直流万用表　1 块

(4) 逻辑测试仪(在 TEC-8 实验台上)　1 支

四、实验原理

数据通路实验电路图如图 2.6 所示。它由运算器部分、双端口 ARM 部分加上数据开关 SD7～SD0 连接在一起构成。

数据通路中各个部分的作用和工作原理在 2.1 节和 2.2 节已经做过详细说明，不再重复。这里主要说明 TEC-8 模型计算机的数据流动路径和方式。

在进行数据运算操作时，由 RD1、RD0 选中的寄存器通过 4 选 1 选择器 A 送往 ALU 的 A 端口，由 RS1、RS0 选中的寄存器通过 4 选 1 选择器 B 送往 ALU 的 B 端口；信号 M、S3、S2、S1 和 S0 决定 ALU 的运算类型，ALU 对 A 端口和 B 端口的两个数连同 CIN 的值进行算术逻辑运算，得到的数据运算结果在信号 ABUS 为 1 时送往数据总线 DBUS；在 T3 的上升沿，数据总线 DBUS 上的数据结果写入由 RD1、RD0 选中的寄存器。

在寄存器之间进行数据传送操作时，由 RS1、RS0 选中的寄存器通过 4 选 1 选择器 B 送往 ALU 的 B 端口；ALU 将 B 端口的数在信号 ABUS 为 1 时送往数据总线 DBUS；在 T3 的上升沿，将数据总线上的数写入由 RD1、RD0 选中的寄存器。ALU 进行的数据传送操作由一组特定的 M、S3、S2、S1、S0、CIN 值确定。

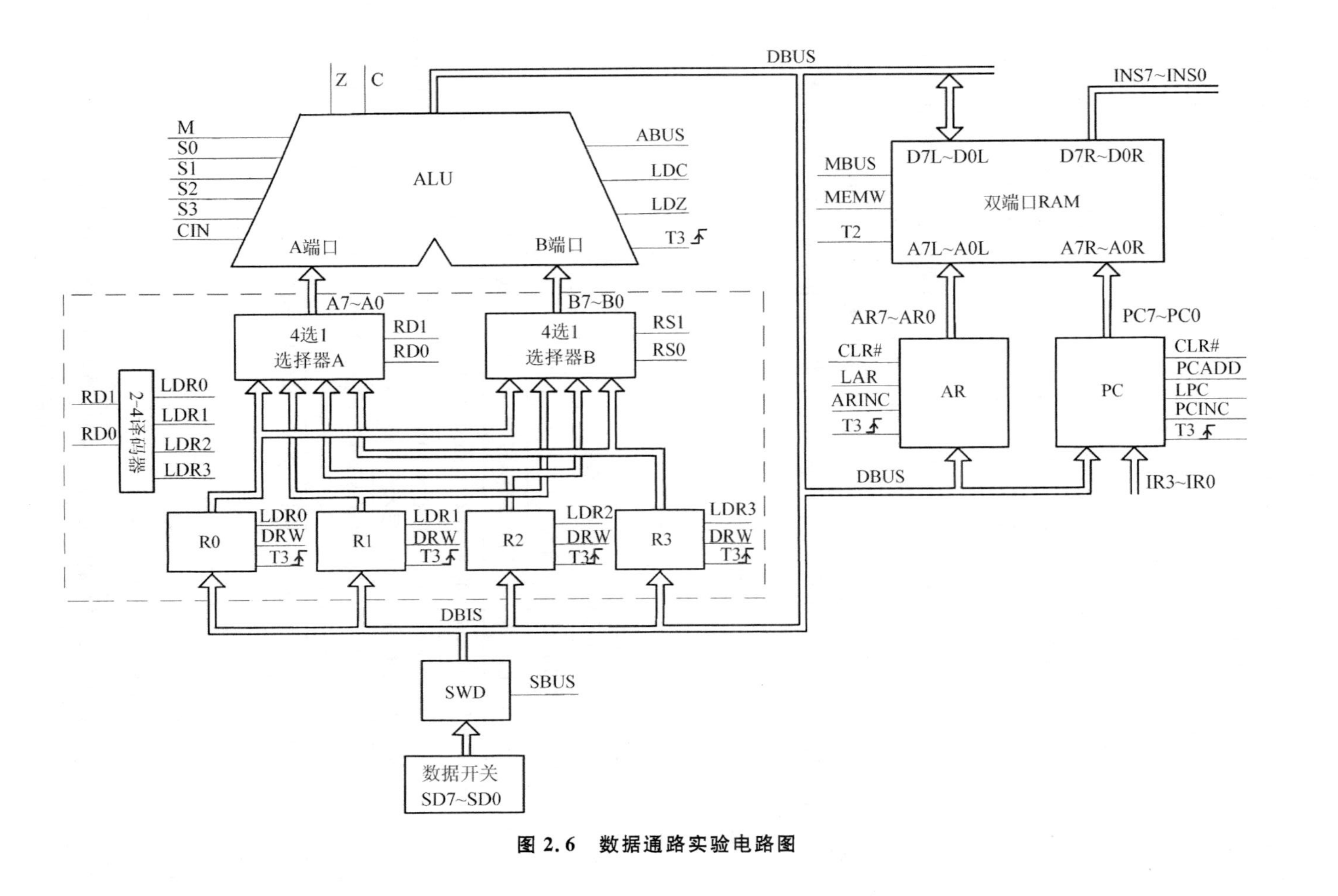

图 2.6　数据通路实验电路图

在进行运算操作时，由RS1、RS0选中的寄存器通过4选1选择器B送往ALU的B端口；由RD1、RD0选中的寄存器通过4选1选择器A送往ALU的A端口；ALU对数A和B进行运算，运算的数据结果在信号ABUS为1时送往数据总线DBUS；在T3的上升沿，将数据总线上的数写入由RD1、RD0选中的寄存器。ALU进行何种运算操作由M、S3、S2、S1、S0、CIN的值确定。

在从存储器中取数的操作中，由地址AR7～AR0指定的存储器单元中的数在信号MEMW为0时被读出；在MBUS为1时送数据总线DBUS；在T3的上升沿写入由RD1、RD0选中的寄存器。

在写存储器操作中，由RS1、RS0选中的寄存器过4选1选择器B送ALU的B端口；ALU将B端口的数在信号ABUS为1时送往数据总线DBUS；在MEMW为1且MBUS为0时，通过左端口将数据总线DBUS上的数在T2为1期间写入由AR7～AR0指定的存储器单元。

在读指令操作时，通过存储器右端口读出由PC7～PC0指定的存储器单元的内容送INS7～INS0，当信号LIR为1时，在T3的上升沿写入指令寄存器IR。

数据开关SD7～SD0上的数在SBUS为1时送到数据总线DBUS上，用于给寄存器R0、R1、R2和R3，地址寄存器AR，程序计数器PC设置初值，用于通过存储器左端口向存储器写入测试程序。

数据通路实验中涉及的信号如表2.7所示。

表2.7　数据通路实验中涉及的信号

信　　号	说　　明
M、S3、S2、S1、S0	控制74181的算术逻辑运算类型
CIN	低位74181的进位输入
SEL3、SEL2	相当于图2.6中的RD1、RD0，SEL3、SEL2选择送ALU的A端口的寄存器
SEL1、SEL0	相当于图2.6中的RS1、RS0，SEL1、SEL0选择送ALU的B端口的寄存器
DRW	当它为1时，在T3上升沿对RD1、RD0选中的寄存器进行写操作，将数据总线DBUS上的数D7～D0写入选定的寄存器
ABUS	当它为1时，将ALU运算结果送数据总线DBUS，当它为0时，禁止ALU运算结果送数据总线DBUS
SBUS	当它为1时，将数据开关上的值送数据总线DBUS，当它为0时，禁止数据开关上的值送数据总线DBUS
A7～A0	送往ALU的A端口的数
B7～B0	送往ALU的B端口的数
D7～D0	数据总线DBUS上的8位数
MBUS	当它为1时，将双端口RAM的左端口数据送到数据总线DBUS
MEMW	当它为1时，在T2为1期间将数据总线DBUS上的D7～D0写入双端口RAM，写入的存储器单元由AR7～AR0指定

续表

信　号	说　明
LPC	当它为 1 时,在 T3 的上升沿,将数据总线 DBUS 上的 D7～D0 写入程序计数器 PC
PCINC	当它为 1 时,在 T3 的上升沿 PC 加 1
LAR	当它为 1 时,在 T3 的上升沿,将数据总线 DBUS 上的 D7～D0 写入地址寄存器 AR
ARINC	当它为 1 时,在 T3 的上升沿 AR 加 1
SBUS	当它为 1 时,数据开关 SD7～SD0 的数送数据总线 DBUS
AR7～AR0	双端口 RAM 左端口存储器地址
PC7～PC0	双端口 RAM 右端口存储器地址
INS7～INS0	从双端口 RAM 右端口读出的指令,本实验中作为数据使用
SETCTL	当它为 1 时,TEC-8 实验系统处于实验台状态;当它为 0 时,TEC-8 实验系统处于运行程序状态

上述信号都有对应的指示灯。当指示灯亮时,表示对应的信号为 1;当指示灯不亮时,对应的信号为 0。实验过程中,对每一个实验步骤,都要记录上述信号的值。另外,μA5～μA0 指示灯指示当前微地址。

五、实验任务

(1) 将数 75H 写到寄存器 R0,数 28H 写到寄存器 R1,数 89H 写到寄存器 R2,数 32H 写到寄存器 R3。

(2) 将寄存器 R0 中的数写入存储器 20H 单元,将寄存器 R1 中的数写入存储器 21H 单元,将寄存器 R2 中的数写入存储器 22H 单元,将寄存器 R3 中的数写入存储器 23H 单元。

(3) 从存储器 20H 单元读出数到存储器 R3,从存储器 21H 单元读出数到存储器 R2,从存储器 22H 单元读出数到存储器 R1,从存储器 23H 单元读出数到存储器 R0。

(4) 显示 4 个寄存器 R0、R1、R2、R3 的值,检查数据传送是否正确。

六、实验步骤

1. 实验准备

将控制器转换开关拨到微程序位置、编程开关设置为正常位置。打开电源。

2. 进行数据通路实验

(1) 设置数据通路实验模式。

(2) 将数 75H 写到寄存器 R0、数 28H 写到 R1、数 89H 写到 R2、数 32H 写到 R3。

(3) 设置存储器地址 AR 和程序计数器 PC。

(4) 将寄存器 R0、R1、R2、R3 中的数依次写入存储器 20H、21H、22H 和 23H 单元。

(5) 重新设置存储器地址 AR 和程序计数器 PC。

（6）将存储器 20H、21H、22H 和 23H 单元中的数依次写入寄存器 R3、R2、R1 和 R0。

（7）观测 R0 的值。

七、实验要求

（1）做好实验预习，掌握 TEC-8 模型计算机的数据通路及各种操作情况下的数据流动路径和流动方向。

（2）按照实验步骤完成实验操作。在每一次按下 QD 按钮之前**注意观察此时的各种微操作控制信号的值以及各种状态信号的值，分析出现这些信号表明模型计算机将要做什么操作**；在每一次按下 QD 按钮之后**注意分析哪些信号发生了改变**。

（3）根据实验步骤，结合图 2.7 所示的微程序流程图分析数据流向。

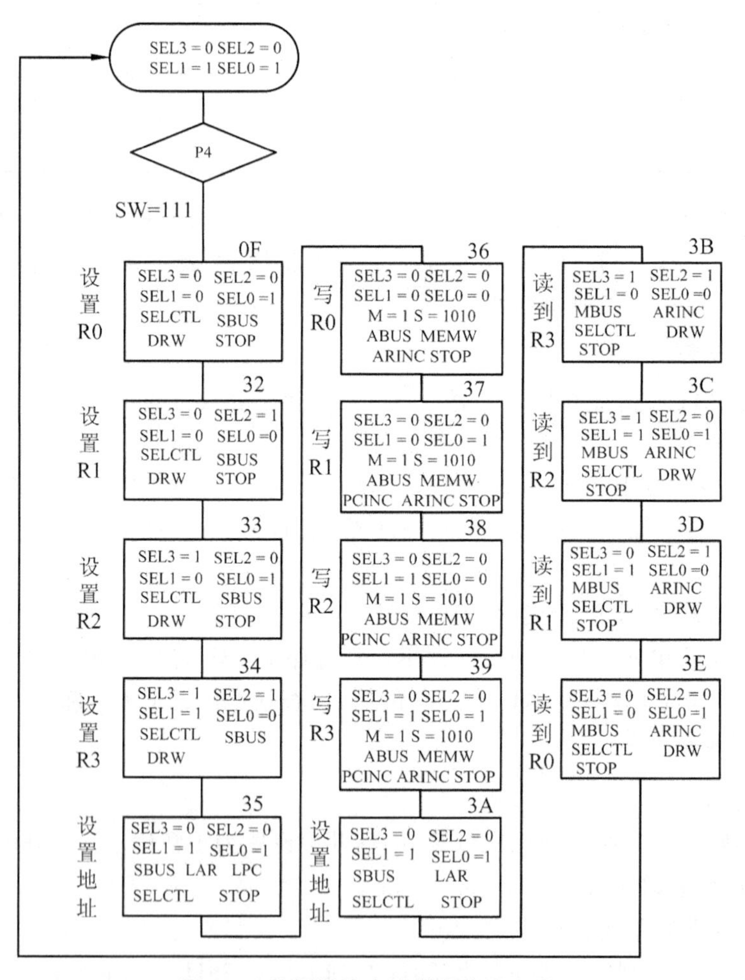

图 2.7 数据通路实验微程序流程图

（4）写出实验报告，内容如下。

① 实验目的。

② 根据实验结果填写表 2.8。

表 2.8　数据通路实验结果

$\mu A_5 \sim \mu A_0$	$A_7 \sim A_0$	$B_7 \sim B_0$	$D_7 \sim D_0$	$AR_7 \sim AR_0$	$PC_7 \sim PC_0$	$INS_7 \sim INS_0$	R0	R1	R2	R3
0FH										
32H										
33H										
34H										
35H										
36H										
37H										
38H										
39H										
3AH										
3BH										
3CH										
3DH										
3EH										
00H										

③ 写出下列操作时，数据的流动路径和流动方向：给寄存器置初值、设置存储器地址、将寄存器中的数写到存储器中，从存储器中读数到寄存器。

④ 结合实验现象，在每一实验步骤中，对下述信号所起的作用进行解释：SBUS、MBUS、LPC、PCINC、LAR、ARINC、MEMW、M、S0、S1、S2、S3、CIN、ABUS、SEL3、SEL2、SEL1、SEL0、DRW、SBUS。并说明在该步骤中，哪些信号是必需的，哪些信号不是必需的，哪些信号必须采用实验中使用的值，哪些信号可以不采用实验中使用的值。

八、可探索和研究的问题

如果用 I-cache 和 D-cache 来代替双端口 RAM，请提出一种数据通路方案。

2.4　微程序控制器实验

一、实验类型

原理性＋设计性＋分析性

二、实验目的

(1) 掌握微程序控制器的原理。

(2) 掌握 TEC-8 模型计算机中微程序控制器的实现方法，尤其是微地址转移逻辑的实现方法。

(3) 理解条件转移对计算机的重要性。

三、实验设备

(1) TEC-8 实验系统　　1 台
(2) 双踪示波器　　1 台
(3) 直流万用表　　1 块
(4) 逻辑测试笔(在 TEC-8 实验台上)　　1 支

四、实验原理

微程序控制器与硬连线控制器相比，由于其规整性、易于设计以及需要的时序发生器相对简单，在 20 世纪 70～80 年代得到广泛应用。本实验通过一个具体微程序控制器的实现使学生从实践上掌握微程序控制器的一般实现方法，理解控制器在计算机中的作用。

1. 微指令格式

根据机器指令功能、格式和数据通路所需的控制信号，TEC-8 采用如图 2.8 所示的微指令格式。微指令字长 40 位，顺序字段 11 位(判别字段 P4～P0，后继微地址 NμA5～NμA0)，控制字段 29 位，微命令直接控制。

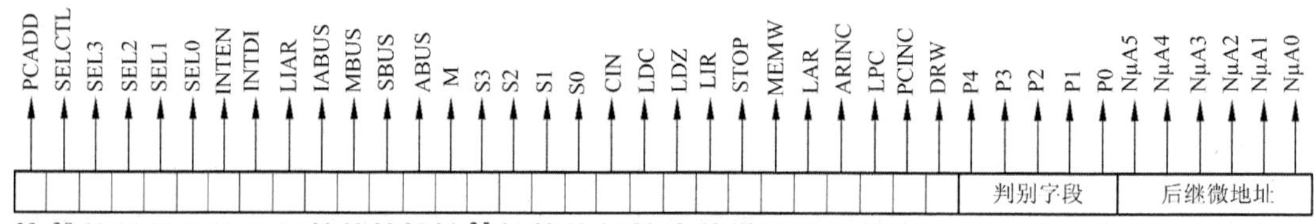

图 2.8　微指令格式

前面的 3 个实验已经介绍了主要的微命令(控制信号)，介绍过的微命令不再重复，这里介绍后继微地址、判别字段和其他微命令，归纳如表 2.9 所示。

表 2.9　后继微地址、判别字段和其他微命令

信　号	说　明
NμA5～NμA0	后继微地址，在微指令顺序执行的情况下，它是下一条微指令的地址
P0	当它为 1 时，根据后继微地址 NμA5～NμA0 和模式开关 SWC、SWB、SWA 确定下一条微指令的地址。见图 2.9 微程序流程图
P1	当它为 1 时，根据后继微地址 NμA5～NμA0 和指令操作码 IR7～IR4 确定下一条微指令的地址。见图 2.9 微程序流程图
P2	当它为 1 时，根据后继微地址 NμA5～NμA0 和进位 C 确定下一条微指令的地址。见图 2.9 微程序流程图
P3	当它为 1 时，根据后继微地址 NμA5～NμA0 和结果为 0 标志 Z 确定下一条微指令的地址。见图 2.9 微程序流程图
P4	当它为 1 时，根据后继微地址 NμA5～NμA0 和中断信号 INT 确定下一条微指令的地址。见图 2.9 微程序流程图。在 TEC-8 模型计算机中，中断信号 INT 由时序发生器在接到中断请求信号后产生
STOP	当它为 1 时，在 T3 结束后时序发生器停止输出节拍脉冲 T1、T2、T3

续表

信　号	说　　明
LIAR	当它为1时，在T3的上升沿，将PC7～PC0写入中断地址寄存器IAR
INTDI	当它为1时，置允许中断标志（在时序发生器中）为0，禁止TEC-8模型计算机响应中断请求
INTEN	当它为1时，置允许中断标志（在时序发生器中）为1，允许TEC-8模型计算机响应中断请求
IABUS	当它为1时，将中断地址寄存器中的地址送数据总线DBUS
PCADD	当它为1时，将当前的PC值加上相对转移量，生成新的PC

2. 微程序流程图

根据指令系统和控制台功能和数据通路，TEC-8模型计算机微程序流程图如图2.9所示。

由于TEC-8模型计算机有微程序控制器和硬连线控制器2个控制器，因此微程序控制器产生的控制信号以前缀“A-”标示，以便和硬连线控制器产生的控制信号区分。硬连线控制器产生的控制信号以前缀“B-”标示。图2.9中，为了简洁，将许多以“A-”为前缀的信号，省略了前缀。

需要说明的是，图2.9中没有包括运算器组成实验、双端口存储器实验和数据通路三部分。这三部分的微程序都是顺序执行的。

3. 微程序控制器电路

根据TEC-8模型计算机的指令系统、控制台功能、微指令格式和微程序流程图，TEC-8模型计算机微程序控制器电路如图2.10所示。

图2.10中，以短粗线标志的信号都有接线孔。信号IR4-I、IR5-I、IR6-I、IR7-I、C-I和Z-I的实际意义分别等同于IR4、IR5、IR6、IR7、C和Z。INT信号是时序发生器接收到中断请求脉冲PULSE（高电平有效）后产生的中断信号。

（1）控制存储器。

控制存储器由5片58C65组成，在图2.10中表示为CM4～CM0。其中，CM0存储微指令最低的8位微代码，CM4存储微指令最高的8位微代码。控制存储器的微代码必须与微指令格式一致。58C65是一种8K×8位的E^2PROM器件，地址位为A12～A0。由于TEC-8模型计算机只使用其中256B作为控制存储器，因此将A12～A6接地，A5～A0接微地址μA5～μA0。在正常工作方式下，5片E^2PROM处于只读状态；在修改控制存储器内容时，5片E^2PROM处于读、写状态。

（2）微地址寄存器。

微地址寄存器μAR由1片74174组成，74174是一个6D触发器。当按下复位按钮CLR时，产生的信号CLR#（负脉冲）使微地址寄存器复位，μA5～μA0为00H，供读出第一条微指令使用。在一条微指令结束时，用T3的下降沿将微地址转移逻辑产生的下条微指令地址NμA5、NμA4-T～NμA0-T写入微地址寄存器。

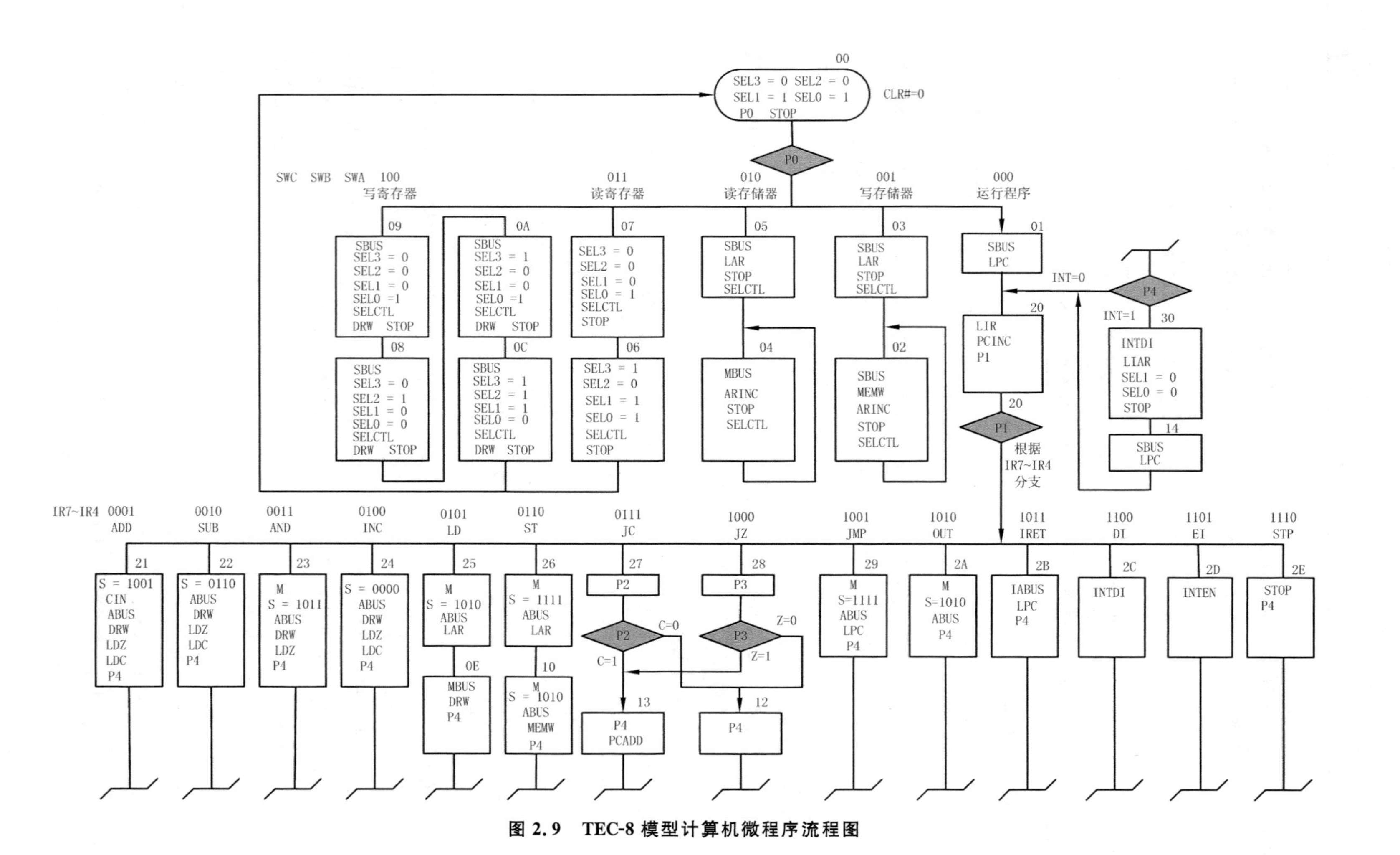

图 2.9 TEC-8模型计算机微程序流程图

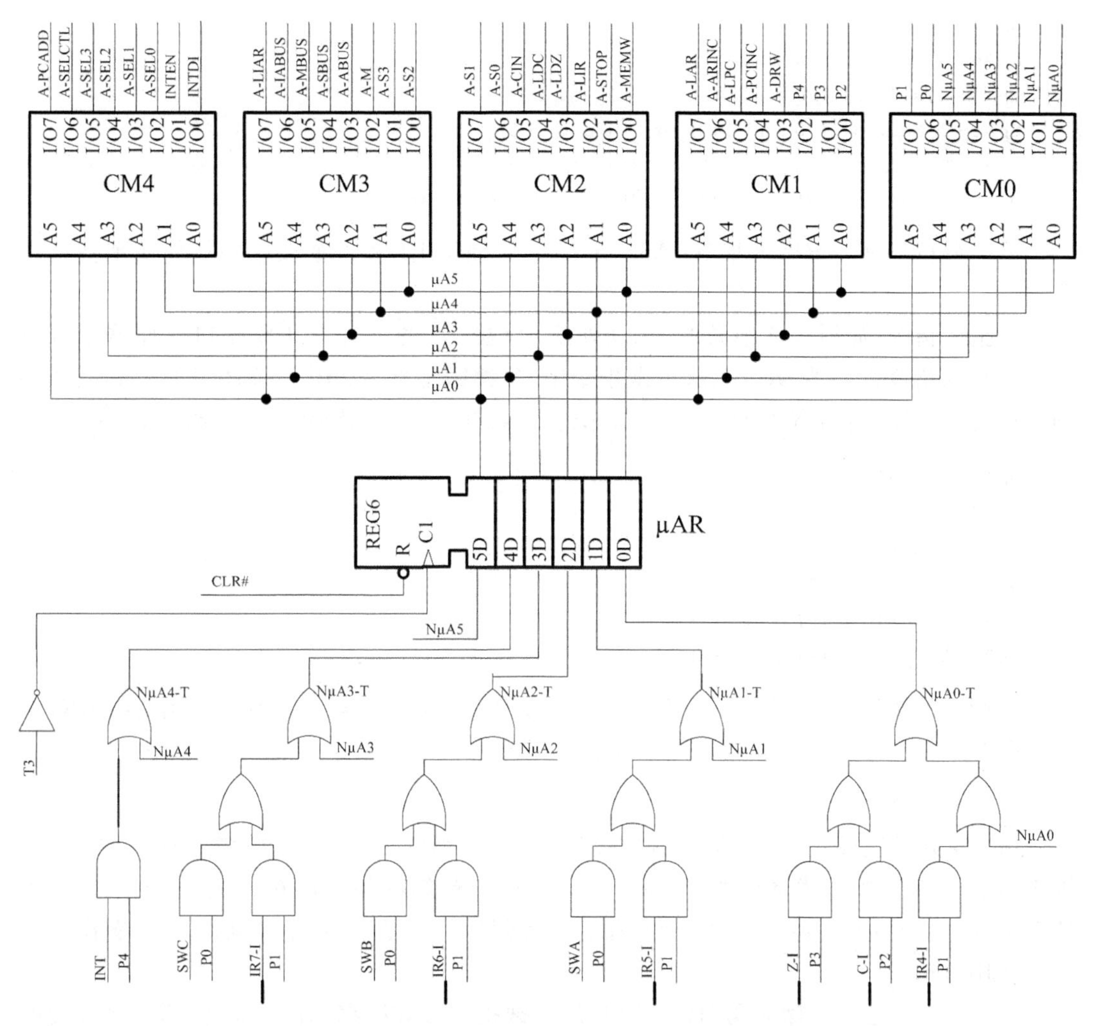

图 2.10　TEC-8 模型计算机微程序控制器电路图

(3) 微地址转移逻辑。

微地址转移逻辑由若干与门和或门组成，实现与、或逻辑。深入理解微地址转移逻辑，对于理解计算机的本质有很重要的作用。计算机现在的功能很强大，但是它建立在两个很重要的基础之上，一个是最基本的加法和减法功能，另一个是条件转移功能。设想一下，如果没有条件转移指令，实现 10 000 个数相加，至少需要 20 000 条指令，还不如用算盘计算速度快。可是有了条件转移指令后，10 000 个数相加，不超过 20 条指令就能实现。因此可以说，最基本的加法和减法功能及条件转移功能给计算机后来的强大功能打下了基础。本实验中微地址转移逻辑的实现是一个很简单的例子，但对于理解条件转移的实现方法大有益处。

显然，TEC-8 采用多路转移方式形成微程序所需的多路分支，其可能的分支转移点共有 5 处，分别用判别为 P0～P4 指示(如图 2.9 所示)，很容易地可以写出如图 2.10 所示的微程序控制电路后继微地址的形成逻辑：

```
NμA5  T=NμA5
NμA4-T=NμA4 or (P4 and INT)
NμA3-T=NμA3 or (P0 and SWC) or (P1 and IR7)
NμA2-T=NμA2 or (P0 and SWB) or (P1 and IR6)
NμA1-T=NμA1 or (P0 and SWA) or (P1 and IR5)
NμA0-T=NμA0 or (P1 and IR4) or (P2 and C) or (P3 and Z)
```

下面分析根据后继微地址 NμA5～NμA0、判别位 P1 和指令操作码如何实现微程序分支。

取指微指令(如图 2.9 中微地址 20 处所示)在 T3 的上升沿从双端口存储器中取出的指令写入指令寄存器 IR。在这条微指令中，**后继微地址为 20H**，判别位 P1 为 1、其他判别位均为 0。因此根据微地址转移逻辑，很容易就知道，下一条微指令的微地址是：

```
NμA5-T=NμA5
NμA4-T=NμA4
NμA3-T=NμA3 or (P1 and IR7)
NμA2-T=NμA2 or (P1 and IR6)
NμA1-T=NμA1 or (P1 and IR5)
NμA0-T=NμA0 or (P1 and IR4)
```

新产生的微地址 NμA5－T～NμA0－T 在 T3 的下降沿写入微地址寄存器 μAR，实现了图 2.9 微程序流程图所要求的根据指令操作码进行微程序分支。

五、实验任务

(1) 正确设置模式开关 SWC、SWB、SWA，用单微指令方式(单微指令开关 DP 设置为 1)跟踪控制台操作读寄存器、写寄存器、读存储器、写存储器的执行过程，记录每一步的微地址 μA5～μA0、判别位 P4～P0 和有关控制信号的值，写出这 4 种控制台操作的作用和使用方法。

(2) 正确设置指令操作码 IR7～IR4，用单微指令方式跟踪除停机指令 STP 之外的所有指令的执行过程。记录每一步的微地址 μA5～μA0、判别位 P4～P0 和有关控制信号的值。对于 JZ 指令，跟踪 Z＝1、Z＝0 两种情况；对于 JC 指令，跟踪 C＝1、C＝0 两种情况。

六、实验步骤

1. 实验准备

将控制器转换开关拨到微程序位置，将编程开关设置为正常位置，将单微指令开关设置为 1(朝上)。在单微指令开关 DP 为 1 时，每按一次 QD 按钮，只执行一条微指令。

将信号 IR4-I、IR5-I、IR6-I、IR7-I、C-I、Z-I 依次通过接线孔与电平开关 S0～S5 连接。通过拨动开关 S0～S5，可以对上述信号设置希望的值。

打开电源。

2. 跟踪控制台操作读寄存器、写寄存器、读存储器、写存储器的执行

按复位按钮 CLR 后，拨动操作模式开关 SWC、SWB、SWA 到希望的位置，按一次 QD 按钮，则进入希望的控制台操作模式。控制台模式开关和控制台操作的对应关系如

表 2.10 所示。

表 2.10　控制台模式开关和控制台操作的对应关系

SWC	SWB	SWA	工作模式
0	0	0	启动程序运行
0	0	1	写存储器
0	1	0	读存储器
0	1	1	读寄存器
1	0	0	写寄存器

按一次复位按钮 CLR，能够结束本次跟踪操作，开始下一次跟踪操作。

3. 跟踪指令的执行

按复位按钮 CLR 后，设置操作模式开关 SWC=0、SWB=0、SWA=0，按一次 QD 按钮，则进入启动程序运行模式。设置电平开关 S3～S0，使其代表希望的指令操作码 IR7～IR4，按 QD 按钮，跟踪指令的执行。

按一次复位按钮 CLR，能够结束本次跟踪操作，开始下一次跟踪操作。

七、实验要求

(1) 认真做好实验预习，掌握 TEC-8 模型计算机微程序控制器的工作原理。

(2) 写出实验报告，内容如下。

① 实验目的。

② 控制台操作的跟踪过程。写出每一步的微地址 μA5～μA0、判别位 P4～P0 和有关控制信号的值。

③ 写出这 4 种控制台操作的作用和使用方法。

④ 指令的跟踪过程。写出每一步的微地址 μA5～μA0、判别位 P4～P0 和有关控制信号的值。

⑤ 分析 TEC-8 模型计算机中的微地址转移逻辑和各种微程序分支的对应关系。

八、可探索和研究的问题

(1) 已知 TEC-8 模型计算机可用控存空间中 11H、2FH、3FH 共 3 个单元空闲，试根据现有的结构、微操作控制信号和机器时序，尝试进行指令扩展，扩展出一条新指令给出该指令对应的微程序，列出每一拍所需的微操作控制信号，分配控存空间，并验证其功能。例如，你可以尝试下列指令，看能否扩展。如果能，怎样扩展。如果不能，为什么？

```
OR     R0,R1      //或操作,R0 与 R1 进行逻辑或操作,结果送 R0
NOT    R0         //按位求反,R0 按位取反,结果送 R0
LEFT   R0,X       //左移 X 位,将 R0 左移 X 位,结果送 R0
MOV    R0,R1      //数据传送,将 R1 的值送往 R0
MUL    R0,R1      //乘法,R0 与 R1 相乘,结果送 R0
```

(2) 你能将图 2.8 中的微指令格式重新设计压缩长度吗？

2.5 CPU组成与机器指令的执行

一、实验类型

原理性＋分析性＋设计性

二、实验目的

(1) 用微程序控制器控制数据通路，将相应的信号线连接，构成一台能运行测试程序的CPU。

(2) 执行一个简单的程序，掌握机器指令与微指令的关系。

(3) 理解计算机如何取出指令、如何执行指令、如何在一条指令执行结束后自动取出下一条指令并执行，牢固建立的计算机整机概念。

三、实验设备

(1) TEC-8实验系统　　1台

(2) 双踪示波器　　1台

(3) 直流万用表　　1块

(4) 逻辑测试笔(在TEC-8实验台上)　　1支

四、实验原理

本实验将前面几个实验中的所有电路，包括时序发生器、通用寄存器组、算术逻辑运算部件、存储器、微程序控制器等模块组合在一起，构成一台能够运行程序的简单处理机。数据通路的控制由微程序控制器完成，由微程序解释指令的执行过程，从存储器取出一条指令到执行指令结束的一个指令周期，是由微程序完成的，即一条机器指令对应一个微程序序列。

在本实验中，程序装入到存储器中和给寄存器置初值是在控制台方式下手工完成的，程序执行的结果也需要用控制台操作来检查。TEC-8模型计算机的控制台操作如下。

1. 写存储器

写存储器操作用于向存储器中写测试程序和数据。

按复位按钮CLR，设置SWC＝0、SWB＝0、SWA＝1。按QD按钮一次，控制台指示灯亮，指示灯μA5～μA0显示03H，进入写存储器操作。在数据开关SD7～SD0上设置存储器地址，通过数据总线指示灯D7～D0可以检查地址是否正确。按QD按钮一次，将存储器地址写入地址寄存器AR，指示灯μA5～μA0显示02H，指示灯AR7～AR0显示当前存储器地址。在数据开关上设置被写的指令。按QD按钮一次，将指令写入存储器。写入指令后，从指示灯AR7～AR0上可以看到地址寄存器自动加1。在数据开关上设置下一条指令，按QD按钮一次，将第2条指令写入存储器。这样一直继续下去，直到将测试程序全部写入存储器。

2. 读存储器

读存储器操作用于检查程序的执行结果和检查程序是否正确写入存储器。

按复位按钮CLR，设置SWC＝0、SWB＝1、SWA＝0。按QD按钮一次，控制台指示灯亮，指示灯 μA5～μA0 显示 05H，进入读存储器操作。在数据开关 SD7～SD0 上设置存储器地址，通过指示灯 D7～D0 可以检查地址是否正确。按 QD 按钮一次，指示灯 AR7～AR0 上显示出当前存储器地址，在指示灯 D7～D0 上显示出指令或数据。再按一次 QD 按钮，则在指示灯 AR7～AR0 上显示出下一个存储器地址，在指示灯 D7～D0 上显示出下一条指令。一直操作下去，直到程序和数据全部检查完毕。

3. 写寄存器

写寄存器操作用于给各通用寄存器置初值。

按复位按钮 CLR，设置 SWC=1、SWB=0、SWA=0。按 QD 按钮一次，控制台指示灯亮，指示灯 μA5～μA0 显示 09H，进入写寄存器操作。在数据开关 SD7～SD0 上设置 R0 的值，通过指示灯 D7～D0 可以检查地址是否正确，按 QD 按钮，将设置的数写入 R0。指示灯 μA5～μA0 显示 08H，指示灯 B7～B0 显示 R0 的值，在数据开关 SD7～SD0 上设置 R1 的值，按 QD 按钮，将设置的数写入 R1。指示灯 μA5～μA0 显示 0AH，指示灯 B7～B0 显示 R1 的值，在数据开关 SD7～SD0 上设置 R2 的值，按 QD 按钮，将设置的数写入 R2。指示灯 μA5～μA0 显示 0CH，指示灯 B7～B0 显示 R2 的值，在数据开关 SD7～SD0 上设置 R3 的值，按 QD 按钮，将设置的数写入 R3。指示灯 μA5～μA0 显示 00H。

4. 读寄存器

读寄存器用于检查程序执行的结果。

按复位按钮 CLR，设置 SWC=0、SWB=1、SWA=1。按 QD 按钮一次，控制台指示灯亮，指示灯 μA5～μA0 显示 07H，进入读寄存器操作。指示灯 A7～A0 显示 R0 的值，指示灯 B7～B0 显示 R1 的值。按一次 QD 按钮，指示灯 μA5～μA0 显示 06H，指示灯 A7～A0 显示 R2 的值，指示灯 B7～B0 显示 R3 的值。

5. 启动程序运行

当程序已经写入存储器后，按复位按钮 CLR，使 TEC-8 模型计算机复位，设置 SWC=0、SWB=0、SWA=0，按一次启动按钮 QD，进入运行程序工作模式(微地址为 01H)。首先在数据开关 SD7～SD0 上设置程序入口地址，按一次启动按钮 QD，程序开始运行。如果单微指令开关 DP=1，那么每按一次 QD 按钮，执行一条微指令；连续按 QD 按钮，直到测试程序结束。如果单微指令开关 DP=0，那么按一次 QD 按钮后，程序一直运行到停机指令 STP 为止。如果程序不以停机指令 STP 结束，则程序将无限运行下去，结果不可预知。

五、实验任务

(1) 将测试程序手工汇编成十六进制与二进制机器代码并装入存储器。

表 2.11 在预习时完成。表中地址 0FH、10H、11H 中存放的不是指令，而是数。此程序运行前要使 R2 的值为 12H，R3 的值为 0FH。

表 2.11　预习时要求完成的手工汇编

地址	指　令	十六进制机器代码	二进制机器代码
00H	LD R0, [R3]		
01H	INC R3		

续表

地址	指　令	十六进制机器代码	二进制机器代码
02H	LD R1, [R3]		
03H	SUB R0, R1		
04H	JZ 0BH		
05H	ST R0, [R2]		
06H	INC R3		
07H	LD R0, [R3]		
08H	ADD R0, R1		
09H	JC 0CH		
0AH	INC R2		
0BH	ST R2, [R2]		
0CH	AND R0,R1		
0DH	OUT R2		
0EH	STP		
0FH	85H		
10H	23H		
11H	0EFH		

(2) 通过简单的连线构成能够运行程序的 TEC-8 模型计算机。

TEC-8 模型计算机所需连线很少，只需连接 6 条线，具体连线见实验步骤。

将程序写入寄存器，并且给 R2、R3 置初值，跟踪执行程序，用单微指令方式运行一遍，用连续方式运行一遍。用实验台操作检查程序运行结果。

六、实验步骤

1. 实验准备

将控制器转换开关拨到微程序位置，将编程开关设置为正常位置。

将信号 IR4-I、IR5-I、IR6-I、IR7-I、C-I、Z-I 依次通过接线孔与信号 IR4-O、IR5-O、IR6-O、IR7-O、C-O、Z-O 连接，使 TEC-8 模型计算机能够运行程序的整机系统。

打开电源。

2. 在单微指令方式下跟踪程序的执行

(1) 通过写存储器操作将程序写入存储器。

(2) 通过读操作将程序逐条读出，检查程序是否正确写入了存储器。

(3) 通过写寄存器操作设置寄存器 R2 为 12H、R3 为 0FH。

(4) 通过读寄存器操作检查设置是否正确。

(5) 将单微指令开关 DP 设置为 1，使程序在单微指令下运行。

(6) 按复位按钮 CLR，复位程序计数器 PC 为 00H。将模式开关设置为 SWC=0、SWB=0、SWA=0，准备进入程序运行模式。

(7) 按一次 QD 按钮，进入程序运行工作模式。在数据开关 SD7～SD0 上设置程序入口地址，按一次启动按钮 QD，程序开始运行。此后，每按一次 QD 按钮，执行一条微指令，直到程序结束。在程序执行过程中，记录下列信号的值：PC7～PC0、AR7～AR0、

μA5～μA0、IR7～IR0、A7～A0、B7～B0和D7～D0。

(8) 通过读寄存器操作检查4个寄存器的值并记录。

(9) 通过读存储器操作检查存储单元12H、13H的值并记录。

3. 在连续方式下运行程序

由于单微指令方式下运行程序并没有改变存储器中的程序，因此只要重新设置R2为12H、R3为0FH。然后将单微指令开关DP设置为0，按复位按钮CLR后，将模式开关设置为SWC=0、SWB=0、SWA=0，准备进入程序运行模式。在数据开关SD7～SD0上设置程序入口地址，按一次启动按钮QD，程序开始运行。按一次QD按钮，程序自动运行到STP指令。通过读寄存器操作检查4个寄存器的值并记录。通过读存储器操作检查存储单元12H、13H的值并记录。

七、实验要求

(1) 认真做好实验的预习，在预习时将程序汇编成机器十六进制代码。

(2) 写出实验报告，内容如下。

① 实验目的。

② 填写表2.11。

③ 填写表2.12。

表2.12 单微指令方式下指令执行跟踪结果

指令	μA5～μA0	PC7～PC0	IR7～IR0	AR7～AR0	A7～A0	B7～B0	D7～D0

④ 单微指令方式和连续方式程序执行后4个寄存器的值，寄存器12、13单元的值。

⑤ 对表2.12中数据的分析、体会。

⑥ 结合第1条和第2条指令的执行，说明计算机中程序的执行过程。

⑦ 结合程序中条件转移指令的执行过程说明计算机中如何实现条件转移功能。

八、可探索和研究的问题

(1) 如果需要全面测试TEC-8模型计算机的功能，需要什么样的测试程序？请写出测试程序，并利用测试程序对TEC-8模型计算机进行测试。

(2) 停机指令使计算机停在何种状态(PC、μAR的值)，为什么？

2.6 中断原理实验

一、实验类型

原理性＋分析性

二、实验目的

(1) 从硬件、软件结合的角度，模拟单级中断和中断返回的过程。

(2) 通过简单的中断系统，掌握中断控制器、中断向量、中断屏蔽等概念。

(3) 了解微程序控制器与中断控制器协调的基本原理。

(4) 掌握中断子程序和一般子程序的本质区别，掌握中断的突发性和随机性。

三、实验设备

(1) TEC-8 实验系统　　1 台

(2) 双踪示波器　　1 台

(3) 直流万用表　　1 块

(4) 逻辑测试笔(在 TEC-8 实验台上)　1 支

四、实验原理

1. TEC-8 模型计算机中的中断机构

TEC-8 模型计算机中有一个简单的单级中断系统，只支持单级中断、单个中断请求，有中断屏蔽功能，旨在说明最基本的工作原理。

TEC-8 模型计算机中有 2 条指令用于允许和屏蔽中断。DI 指令称作关中断指令。此条指令执行后，即使发生中断请求，TEC-8 也不响应中断请求。EI 指令称作开中断指令，此条指令执行后，TEC-8 响应中断。在时序发生器中，设置了一个允许中断触发器 EN_INT，当它为 1 时，允许中断；当它为 0 时，禁止中断发生。复位脉冲 CLR # 使 EN_INT 复位为 0。使用 VHDL 语言描述的 TEC-8 中的中断控制器如下：

```
INT_EN_P: process(CLR#,MF,INTEN,INTDI,PULSE,EN_INT)
          begin
    if CLR#='0' then
            EN_INT<='0';
    elsif MF'event and MF='1' then
            EN_INT<=INTEN or (EN_INT and (not INTDI));
         end if;
         INT<=EN_INT and PULSE;
      end process;
```

在上面的描述中，CLR # 是按下复位按钮 CLR 后产生的低电平有效的复位脉冲，MF 是 TEC-8 的主时钟信号，INTEN 是执行 EI 指令产生的允许中断信号，INTDI 是执行 DI 指令产生的禁止中断信号，PULSE 是按下 PULSE 按钮产生的高电平有效的中断请求脉冲信号，INT 是时序发生电路向微程序控制器输出的中断程序执行信号。

为保存中断断点的地址，以便程序被中断后能够返回到原来的地址继续执行，设置了一个中断地址寄存器IAR(参看第1章中的图1.2)。中断地址寄存器IAR是1片74374(U44)。当信号LIAR为1时，在T3的上升沿，将PC保存在IAR中。当信号IABUS为1时，IABUS中保存的PC送数据总线DBUS，指示灯显示出中断地址。由于本实验系统只有一个断点寄存器而无堆栈，因此仅支持一级中断而不支持多级中断。

中断向量即中断服务程序的入口地址，本实验系统中由数据开关SD7～SD0提供。

2. 中断的检测、执行和返回过程

一条指令的执行由若干条微指令构成。TEC-8模型计算机中，除指令EI、DI外，每条指令执行过程的最后一条微指令都包含判断位P4，用于判断有无中断发生(参看本章图2.9)。因此在每一条指令执行之后，下一条指令执行之前都要根据中断信号INT是否为1决定微程序分支。如果信号INT为1，则转微地址30H，进入中断处理；如果信号INT为0，则转微地址20H，继续取下一条指令然后执行。

检测到中断信号INT后，转到微地址30H。该微指令产生INTDI信号，禁止新的中断发生，产生LIAR信号，将程序计数器PC的当前值保存在中断地址寄存器(断点寄存器)中，产生STOP信号，等待手动设置中断向量。在数据开关SD7～SD0上设置好中断地址后，机器将中断向量读到PC后，转到中服务程序继续执行。

执行一条指令IRET，从中断地址返回。该条指令产生IABUS信号，将断点地址送数据总线DBUS，产生信号LPC，将断点从数据总线装入PC，恢复被中断的程序。

发生中断时，关中断由硬件负责。而中断现场(包括4个寄存器、进位标志C和结果为0标志Z)的保存和恢复由中断服务程序完成。中断服务程序的最后2条指令一般是开中断指令EI和中断返回指令IRET。为了保证从中断服务程序能够返回到主程序，EI指令执行后，不允许立即被中断。因此，EI指令执行过程中的最后一条微指令中不包含P4判别位。

需要特别指出的是，本实验仅是一种原理性验证实验，对中断系统的许多内容进行了简化，例如，未提供对标识寄存器内容进行保护的机制等，因此，实验中对于标识寄存器不予考虑。另外，为了避免相互干扰，**约定：R1为主程序专用寄存器，R2为中断服务程序专用寄存器，R3指示进行现场保存时的存储器地址，R0则可为主程序、中断服务程序共用。**

本实验中，为便于观察中断的功能与中断服务程序的执行过程，要求**主程序采用连续执行方式，中断服务程序采用单微指令执行方式。**

五、实验任务

(1) 了解中断每个信号的意义和变化条件，并将表2.13中的主程序和表2.14中的中断服务程序手工汇编成十六进制与二进制机器代码。此项任务在预习中完成。

表2.13 主程序

地 址	指 令	十六进制机器代码	二进制机器代码
00H	EI		
01H	INC R0		

续表

地　址	指　令	十六进制机器代码	二进制机器代码
02H	INC R0		
03H	INC R0		
04H	INC R0		
05H	INC R0		
06H	INC R0		
07H	INC R0		
08H	INC R0		
09H	JMP R1		

表 2.14　中断服务程序

地址	指　令	十六进制机器代码	二进制机器代码	备　注
45H	ST R0，[R3]			保存现场
46H	OUT R0			查看 R0 的值
47H	STP			
48H	INC R2			
49H	OUT R2			查看 R2 的值
4AH	STP			
4BH	LD R0，[R3]			恢复现场
4CH	EI			开中断
4DH	IRET			中断返回

(2) 为了保证此程序能够循环执行，应当将 R1 预先设置为 01H，R0 的初值设置为 0；为保证中断服务程序正常工作，将 R2 设为 0，R3 设为 0FFH。

(3) 将 TEC-8 连接成一个完整的模型计算机。

(4) 将主程序和中断服务程序装入存储器，执行 3 遍主程序和中断服务程序。列表记录中断有关信号的变化情况，**特别记录好断点和 R0 的值**。

(5) 将存储器 00H 中的 EI 指令改为 DI，重新运行程序，记录发生的现象。

六、实验步骤

(1) 实验准备。

将控制器转换开关拨到微程序位置，将编程开关设置为正常位置。

将信号 IR4-I、IR5-I、IR6-I、IR7-I、C-I、Z-I 依次通过接线孔与信号 IR4-O、IR5-O、IR6-O、IR7-O、C-O、Z-O 连接，使 TEC-8 模型计算机能够运行程序的整机系统。

打开电源。

(2) 通过控制台写存储器操作，将主程序和中断服务程序写入存储器。

(3) 执行 3 遍主程序和中断子程序。

① 通过控制台写寄存器操作将 R0 设置为 00H，将 R1 设置为 01H，将 R2 设置为 00H，将 R3 设置为 0FFH。

② 将单微指令开关 DP 设置为连续运行方式(DP＝0)，按复位按钮 CLR，使 TEC-8

模型计算机复位。按 QD 按钮，设置程序入口地址为 00H，启动程序从 00H 开始执行。

③ 按一次 PULSE 按钮，产生一个中断请求信号 PULSE，中断主程序的运行。记录下这时的断点 PC（指示灯 PC7～PC0 上显示）、R0（指示灯 A7～A0 上显示）的值。

④ 将单微指令开关 DP 设置为单微指令方式（DP＝1），在数据开关上设置中断服务程序的入口地址 45H。按 QD 按钮，一步步执行中断服务程序，记录本次中断服务程序中输出的内容（R2 的值），直到返回到断点为止。

⑤ 按照步骤①～④，再重复做 2 遍。

(4) 将存储器 00H 的指令改为 DI，按照步骤(3)重做一遍，记录发生的现象。

(5) 读取存储器相关单元的值，与前面记录的内容进行比较。

七、实验要求

(1) 认真做好实验的预习，在预习时将程序汇编成机器十六进制代码。

(2) 写出实验报告，内容如下。

① 实验目的。

② 填写表 2.13、表 2.14 和表 2.15。

表 2.15　中断原理实验结果

执行程序顺序	PC 断点值	中断时的 R0	中断时的 R2
第 1 遍			
第 2 遍			
第 3 遍			
第 4 遍			

③ 分析实验结果，得出结论。

④ 简述 TEC-8 模型计算机的中断机制。

八、可探索和研究的问题

在 TEC-8 模型计算机中，采用的是信号 PULSE 高电平产生中断。如果改为信号 PULSE 的上升沿产生中断，怎么设计时序发生器中的中断机制？提出设计方案。

第3章 计算机组成原理课程综合设计

本章的4个课程设计实验是大型的综合性研究课题。采用大容量的ISP(在系统可编程)器件或通过改写E^2PROM中的控存逻辑实现，建议时间上相对集中安排、由学生独立完成。多年的教学实践证明，课程综合设计是理论与实践相统一、培养学生研究途径的有效途径。学生根据自己情况选择其中1～2个课题，**其中至少完成一项硬连线控制器CPU的设计。**

3.1 模型机硬连线控制器设计

一、教学目的

(1) 融会贯通计算机组成与体系结构课程各章教学内容，通过知识的综合运用，加深对CPU各模块工作原理及相互联系的认识。

(2) 掌握硬连线控制器的设计方法。

(3) 学习运用EDA设计工具，掌握用EDA设计复杂逻辑电路的方法。

(4) 培养科学研究能力，取得设计和调试的实践经验。

二、实验设备

(1) TEC-8实验系统　1台

(2) Pentium 3以上的PC　1台

(3) 双踪示波器　1台

(4) 直流万用表　1块

(5) 逻辑测试笔(在TEC-8实验台上)　1支

三、设计与调试任务

(1) 设计一个硬连线控制器，和TEC-8模型计算机的数据通路结合在一起，构成一个完整的CPU，该CPU要求：

① 能够完成控制台操作：启动程序运行、读存储器、写存储器、读寄存器和写寄存器。

② 能够执行表3.1中的指令，完成规定的指令功能。

表3.1中，XX代表随意值，Rs代表源寄存器号，Rd代表目的寄存器号。在条件转移指令中，@代表当前PC的值；offset是一个4位的有符号数，第3位是符号位，0代表正数，1代表负数。**注意：@不是当前指令的PC值，是当前指令的PC值加1。**

表 3.1　新设计 CPU 的指令系统

名　称	助记符	功　　能	指令格式		
			IR7 IR6 IR5 IR4	IR3 IR2	IR1 IR0
加法	ADD Rd,Rs	Rd←Rd+Rs	0001	Rd	Rs
减法	SUB Rd,Rs	Rd←Rd−Rs	0010	Rd	Rs
逻辑与	AND Rd,Rs	Rd←Rd and Rs	0011	Rd	Rs
加 1	INC Rd	Rd←Rd+1	0100	Rd	XX
取数	LD Rd,[Rs]	Rd←[Rs]	0101	Rd	Rs
存数	ST Rs,[Rd]	Rs→[Rd]	0110	Rd	Rs
C 条件转移	JC offset	若 C=1,则 PC←@+offset	0111	offset	
Z 条件转移	JZ offset	若 Z=1,则 PC←@+offset	1000	offset	
无条件转移	JMP Rd	PC←Rd	1001	Rd	XX
输出	OUT Rs	DBUS←Rs	1010	XX	Rs
停机	STP	暂停运行	1110	XX	XX

③ 在 Quartus Ⅱ下对硬连线控制器进行编程和编译。

④ 将编译后的硬连线控制器下载到 TEC-8 实验台上的可编程器件 EPM7128S 中去,使 EPM7128S 成为一个硬连线控制器。

⑤ 根据指令系统,编写检测硬连线控制器正确性的测试程序,并用测试程序对硬连线控制器在单微指令方式下进行调试,直到成功。

(2) 在调试成功的基础上,整理出设计文件,包括:

① 硬连线控制器逻辑模块图;

② 硬连线控制器指令周期流程图;

③ 硬连线控制器的硬件描述语言源程序;

④ 测试程序;

⑤ 设计说明书;

⑥ 调试总结。

四、设计提示

1. 硬连线控制器的基本原理

硬连线控制器的基本原理,每个微操作控制信号 S 是一系列输入量的逻辑函数,即用组合逻辑来实现:

$$S=f(\mathrm{Im},\mathrm{Mi},\mathrm{Tk},\mathrm{Bj})$$

其中,Im 是机器指令操作码译码器的输出信号,Mi 是节拍电位信号,Tk 是节拍脉冲信号,Bj 是状态条件信号。

在 TEC-8 实验系统中,节拍脉冲信号 Tk(T1～T3)已经直接输送给数据通路。因为机器指令系统比较简单,省去操作码译码器,4 位指令操作码 IR4～IR7 直接成为 Im 的一部分;由于 TEC-8 实验系统有控制台操作,控制台操作可以看作一些特殊的功能复杂的指令,因此 SWC、SWB、SWA 可以看作是 Im 的另一部分。Mi 是时序发生器产生的节拍信号 W1～W3；Bj 包括 ALU 产生的进位信号 C、结果为 0 信号 Z 等。

2. 机器指令周期流程图设计

设计微程序控制器使用流程图，设计硬连线控制器同样使用流程图。微程序控制器的控制信号以微指令周期为时间单位，硬连线控制器以节拍电位(CPU 周期)为时间单位，两者在本质上是一样的，一个节拍电位时间和一条微指令时间都是从节拍脉冲 T1 的上升沿到 T3 的下降沿的一段时间。在微程序控制器流程图中，一个执行框代表一条微指令，在硬连线控制器流程图中，一个执行框代表一个节拍电位时间。图 3.1 画出了硬连线控制器的机器周期参考流程图。

3. 执行一条机器指令的节拍电位数

在 TEC-8 实验系统中，采用了可变节拍电位数来执行一条机器指令。大部分指令的执行只需 2 个节拍电位 W1、W2，少数指令需要 3 个节拍电位 W1、W2、W3。为了满足这种要求，在执行一条指令时除了产生完成指令功能所需的微操作控制信号外，对需要 3 个电位节拍的指令，还要求它在 W2 时产生一个信号 LONG。信号 LONG 送往时序信号发生器，时序信号发生器接到信号 LONG 后产生节拍电位 W3。

某些操作需要 4 个节拍电位才能完成规定的功能。为了满足这种情况，可以将控制台操作化成 2 条机器指令的节拍。例如，为了区分写寄存器操作的 2 个不同阶段，可以用某些特殊的寄存器标志。例如建立一个 ST0 标志，当 ST0＝0 时，表示该控制台操作的第 1 个 W1、W2；当 ST0＝1 时，表示该控制台操作的第 2 个 W1、W2。

为了适应更为广泛的情况，TEC-8 的时序信号发生器允许只产生一个节拍电位 W1。当一条指令或者一个控制台在 W1 时，只要产生信号 SHORT，该信号送往时序信号发生器，则时序信号发生器在 W1 后不产生节拍电位 W2，下一个节拍仍是 W1。

信号 LONG 和 SHORT 只对紧跟其后第一个节拍电位的产生起作用。

在硬连线控制器中，控制台操作的流程图与机器指令流程图类似。

4. 组合逻辑译码表

设计出硬连线流程图后，就可以设计译码电路。传统的做法是先根据流程图列出译码表，作为逻辑设计的根据。译码表的内容包括横向设计和纵向设计，流程图中横向为一拍(W1、W2、W3)，纵向为一条指令。而译码逻辑是针对每一个控制信号的，因此在译码表中，横向变成了一个信号。表 3.2 是译码表的一般格式，每行中的内容表示某个控制信号在各指令中的有效条件，主要是节拍电位和节拍脉冲指令操作码的译码器输出、执行结果标志信号等。根据译码表，很容易写出逻辑表达式。

表 3.2 组合逻辑译码表的一般格式

指令 IR	ADD	SUB	AND	…
LIR	W1	W1	W1	
M			W2	
S3	W2		W2	
S2		W2		
S1		W2	W2	
S0	W2		W2	
⋮				

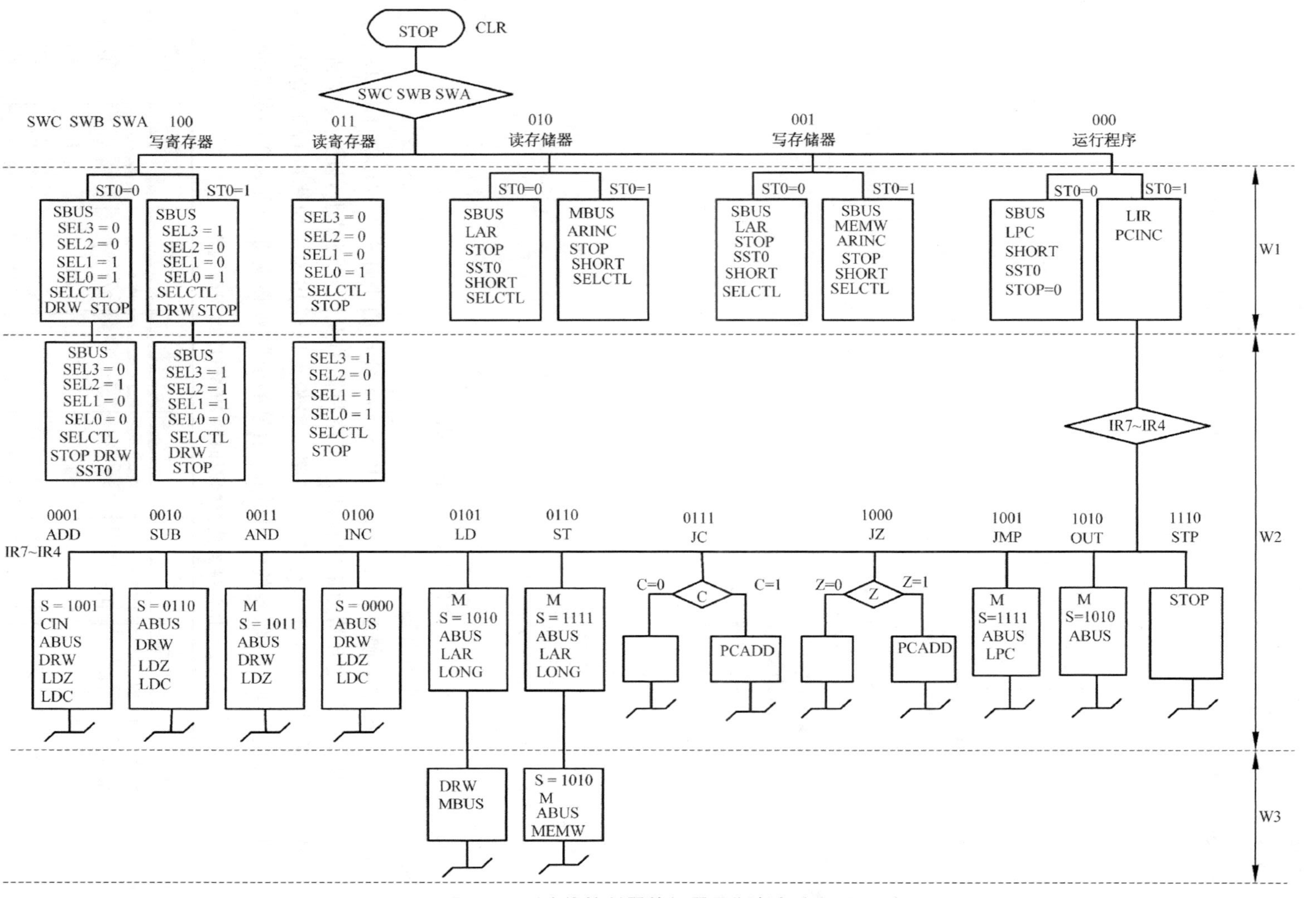

图 3.1　硬连线控制器的机器周期参考流程图

与传统方法稍有不同的是，使用硬件描述语言设计时，可根据流程图直接写出相应的语言描述。以表 3.2 中的指令 ADD、SUB、AND 为例，对于表 3.2 中给出的控制信号 LIR、S3、S2、S1、S0 可描述如下：

```
process(IR,W1,W2,W3)                --这里的 IR 实际上是指令操作码，即 IR7～IR4
      begin
          LIR<='0';
          M<='0';
          S3<='0';
          S2<='0';
          S1<='0';
          S0<='0';
          case IR is
              when "0001"=>
                  LIR<=W1;
                  S3<=W2;
                  S0<=W2;
              when "0010"=>
                  LIR<=W1;
                  S2<=W2;
                  S1<=W2;
              when "0011"=>
                  LIR<=W1;
                  M<=W2;
                  S3<=W2;
                  S1<=W2;
                  S0<=W2;
                  ...
```

很明显，这种方法省略了译码表，且不容易出错。

5. EPM7128S 器件的引脚

TEC-8 实验系统中的硬连线控制器是用 Altera 公司的 1 片 EPM7128S CPLD 芯片构成的。为了使学生将主要精力集中在硬连线控制器的设计和调试上，硬连线控制器和数据通路之间不采用接插线方式连接，在印制电路板上已经用印制导线进行了连接。这就要求硬连线控制器所需的信号的输出、输入信号的引脚号必须符合表 3.3 中的规定。

表 3.3 作为硬连线控制器时的 EPM7128S 引脚规定

信号	方向	引脚号	信号	方向	引脚号	信号	方向	引脚号
CLR#	输入	1	IR4	输入	8	W2	输入	15
T3	输入	83	IR5	输入	9	W3	输入	16
SWA	输入	4	IR6	输入	10	CP1	输出	56
SWB	输入	5	IR7	输入	11	CP2	输出	57
SWC	输入	6	W1	输入	12	CP3	输出	58

续表

信号	方向	引脚号	信号	方向	引脚号	信号	方向	引脚号
C	输入	2	LIR	输出	29	M	输出	39
Z	输入	84	LDZ	输出	30	ABUS	输出	40
DRW	输出	20	LDC	输出	31	SBUS	输出	41
PCINC	输出	21	SHORT	输出	45	MBUS	输出	44
LPC	输出	22	LONG	输出	46	SEL0	输出	48
LAR	输出	25	CIN	输出	33	SEL1	输出	49
PCADD	输出	18	S0	输出	34	SEL2	输出	50
ARINC	输出	24	S1	输出	35	SEL3	输出	51
MEMW	输出	27	S2	输出	36	SELCTL	输出	52
STOP	输出	28	S3	输出	37	QD	输入	60

6. 调试

由于在系统可编程(ISP)器件,集成度高,灵活性强,编程、下载方便,用于硬连线控制器将使调试简单。控制器内部连线集中在器件内部,由软件自动完成,其速度、准确率和可靠性都是人工接线难以比拟的。

用EDA技术进行设计,可以使用软件模拟的向量测试对设计进行初步调试。软件模拟和。使用向量测试时,向量测试方程的设计应全面,尽量覆盖所有的可能性。

在软件模拟测试后,将设计下载到Altera EPM7128S器件中。EPM7128S CPLD通过一条34芯扁平电缆和电平开关S0～S15、指示灯L0～L11连接。连接时关掉电源,将控制器选择开关拨到“硬连线控制器”,扁平电缆的34芯端插到插座J6上,16芯插到插座J8上(**插头上箭头指向的引脚1对准插座上的标号1**),扁平电缆的6芯端插到插座J5上(**插头上箭头指向的引脚1对准插座上的标号1**)。

首先以单微指令(DP=1)方式检查控制台操作功能。其次将测试程序写入存储器,以单微指令方式执行程序,直到按照流程图全部检查完毕。在测试过程中,要充分利用TEC-8实验系统上的各种信号指示灯。

五、设计报告要求

(1) 采用硬件描述语言描述硬连线控制器的设计,列出设计源程序。

(2) 测试程序。

(3) 写出调试中出现的问题、解决办法、验收结果。

(4) 写出设计、调试中遇到的困难和心得体会。

六、参考设计方案

在上文中对设计硬布线控制器的要点和注意事项已进行了扼要的说明,本部分提供一个设计方案,给出了在Quartus Ⅱ上用Verilog HDL实现的详细描述。

设计方案可以有多种,不存在标准答案。一个设计方案,只要能实现指令系统的功能,就是正确的。当然,各个设计方案可能有优劣之分,主要取决于朝什么方向优化,以及优化的程度。一个好的计算机设计方案,应从指令系统开始设计,包括指令的功能和格式,然后设计数据通路和控制器。设计数据通路和控制器的过程中,可能又要对指令系统进行修改，几经反复，才可能确定总体方案。当指令系统和数据通路已经确定之后，只要再确定指令的机器周期，控制器就容易设计了。

本参考方案采用一条指令最多用3个机器周期完成，即W1、W2、W3，其中取指操作应该在W1周期完成，但是如果是程序入口（即准备执行第一条指令），则需要先设置程序入口地址，然后从正常的"取指令"开始。同样道理，由于读/写存储器操作是顺序进行的，如果还没有开始，需要首先获取首地址。实际上可以将上述过程视为"初始化"操作过程，一旦初始化完成，机器将保持"正常"工作状态。为此，通过信号ST0指示这个"初始化"阶段，每次按复位按钮CLR#后，使ST0复位为0，在完成"初始化"工作后，则保证ST0为1。

硬布线需要的信号T1、T2、T3、T4仍用实验系统的连接。

相应的代码如下：

```
module CONTROLLER_V(
  SWB,                    //模式开关值
  SWA,                    //模式开关值
  SWC,                    //模式开关值
  clr,                    //复位信号,低电平有效
  C,                      //进位标志
  Z,                      //结果为零标志
  IRH,                    //IR7、IR6、IR5、IR4,指令操作码
  T3,                     //T3 时钟
  W1,                     //W1 节拍输出
  W2,                     //W2 节拍输出
  W3,                     //W3 节拍输出
  SELCTL,                 //为 1 时为控制台操作
  ABUS,                   //为 1 时运算器结果送数据总线
  M,                      //
  S,                      //S3、S2、S1、S0
  SEL1,                   //SEL3～SEL0 相当于控制台方式时的指令操作数 IR3、IR2、IR1、IR0
  SEL0,                   //
  SEL2,                   //
  SEL3,                   //
  DRW,                    //为 1 时允许寄存器加载
  SBUS,                   //为 1 时允许数据开关值送数据总线
  LIR,                    //为 1 时将从存储器读出的指令送指令寄存器
  MBUS,                   //为 1 时将从存储器读出的数据送数据总线
  MEMW,                   //为 1 时在 T2 写存储器,为 0 时读存储器
  LAR,                    //为 1 时在 T2 的上升沿将数据总线上的地址打入地址寄存器
  ARINC,                  //为 1 时在 T2 的上升沿地址寄存器加 1
  LPC,                    //为 1 时在 T2 的上升沿将数据总线上的数据打入程序计数器 PC
  PCINC,                  //为 1 时在 T2 的上升沿程序计数器加 1
  PCADD,                  //
  CIN,                    //低位 74181 的进位输入,与 M、S[3:0]一起控制 74181 的运算类型
  LONG,                   //若为 1,则在 W2 后产生 W3
  SHORT,                  //若为 1,则 W1 后不产生 W2,仍然是 W1
  CP1,CP2,CP3,            //信号复用,与控制器本身无关
```

```
  QD,                  //
  STOP,                //当前机器周期暂停,不产生下一个 W,观察使用,或用于等待用户操作
  LDC,                 //为 1 时 T3 的上升沿保存进位
  LDZ,                 //为 1 时 T3 的上升沿保存结果为 0 标志
  );

//---------------输入端口----------------
  input SWB;           //模式开关值
  input SWA;           //模式开关值
  input SWC;           //模式开关值
  input clr;           //复位信号,低电平有效
  input C;             //进位标志
  input Z;             //结果为零标志
  input[3:0] IRH;      //IR7、IR6、IR5、IR4,指令操作码
  input T3;            //T3 时钟
  input W1;            //W1 节拍输出
  input W2;            //W2 节拍输出
  input W3;            //W3 节拍输出

//--------------输出端口--------------
output SELCTL;         //为 1 时为控制台操作
output ABUS;           //为 1 时运算器结果送数据总线
output M;              //
output [3:0] S;        //S3、S2、S1、S0
output SEL1;           //SEL3～SEL0 相当于控制台方式时的指令操作数 IR3、IR2、IR1、IR0
output SEL0;           //
output SEL2;           //
output SEL3;           //
output DRW;            //为 1 时允许寄存器加载
output SBUS;           //为 1 时允许数据开关值送数据总线
output LIR;            //为 1 时将从存储器读出的指令送指令寄存器
output MBUS;           //为 1 时将从存储器读出的数据送数据总线
output MEMW;           //为 1 时在 T2 写存储器,为 0 时读存储器
output LAR;            //为 1 时在 T2 的上升沿将数据总线上的地址打入地址寄存器
output ARINC;          //为 1 时在 T2 的上升沿地址寄存器加 1
output LPC;            //为 1 时在 T2 的上升沿将数据总线上的数据打入程序计数器 PC
output PCINC;          //为 1 时在 T2 的上升沿程序计数器加 1
output PCADD;          //
output CIN;            //低位 74181 的进位输入,与 M、S[3: 0]一起控制 74181 的运算类型
output LONG;           //若为 1,则在 W2 后产生 W3
output SHORT;          //若为 1,则在 W1 后不产生 W2,仍然是 W1
output STOP;           //当前机器周期暂停,不产生下一个 W,观察使用,或用于等待用户操作
output LDC;            //为 1 时 T3 的上升沿保存进位
output LDZ;            //为 1 时 T3 的上升沿保存结果为 0 标志

output CP1,CP2,CP3;    //信号复用,与控制器本身无关
```

```
input QD;               //

//-----------------变量属性声明-----------

reg SELCTL;
reg ABUS;
reg M;
reg [3:0] S;
reg SEL1;
reg SEL0;
reg SEL2;
reg SEL3;
reg DRW;
reg SBUS;
reg LIR;
reg MBUS;
reg MEMW;
reg LAR;
reg ARINC;
reg LPC;
reg PCINC;
reg PCADD;
reg CIN;
reg LONG;
reg SHORT;

reg LDC;
reg LDZ;

wire[2:0] SWCBA;

wire  ST0;              //标志信号,用于区分操作的 2 个阶段
reg  ST0_reg;
reg  SST0;

//* * * * * * * * * * * * STOP信号 * * * * * * * * * * * *
wire STOP;
reg STOP_reg_reg;      //其实就是信号 STOP_reg,但同一信号不能在两个块中赋值,需要分开
reg STOP_reg;

assign STOP=(SWCBA?(STOP_reg_reg|STOP_reg):0);
//* * * * * * * * * * * * * * * * * * * * * * * * * * * * * * *

//* * * * * * * * * * * * * 数据流描述 * * * * * * * * * * * * *
assign  CP1=1'b1;
```

```
assign  CP2=1'b1;
assign  CP3=QD;
assign  SWCBA[2:0]={SWC,SWB,SWA};
assign  ST0=ST0_reg;

//* * * * * * * * * * * * * *行为描述* * * * * * * * * * * * * *
//第一个过程块:清零复位,或转第二阶段操作(SST0=1)
always @  (negedge clr or negedge T3)
begin
  if(clr==0)
    begin
      ST0_reg<=0;      //只有清零后置 ST0_reg 为 0
      STOP_reg_reg<=1;
                  //其实就是信号 STOP_reg,但是同一个信号不能在两个块中赋值,需要分开
    end
  else
    begin
      if(SST0==1'b1) ST0_reg<=1'b1;
                  //若 SST0 为 0,则 ST0_reg 保持不变(例如程序执行过程中)
    end
end

//------------第二个过程块-----------
always @  (SWCBA or IRH or W1 or W2 or W3 or ST0 or C or Z)
begin
  //给信号设置默认值
    SHORT      <=0;
    LONG       <=0;
    CIN        <=0;
    SELCTL     <=0;
    ABUS       <=0;
    SBUS       <=0;
    MBUS       <=0;
    M          <=0;
    S          <=4'b0000;
    SEL3       <=0;
    SEL2       <=0;
    SEL1       <=0;
    SEL0       <=0;
    DRW        <=0;
    SBUS       <=0;
    LIR        <=0;
    MEMW       <=0;
    LAR        <=0;
    ARINC      <=0;
    LPC        <=0;
```

```
    LDZ         <=0;
    LDC         <=0;
    STOP_reg    <=1;             //默认 STOP_REG=1
    PCINC       <=0;
    SST0        <=0;
     PCADD      <=0;

    case(SWCBA)
//=============指令执行(含取指令)操作=============
      3'b000:
      begin
      if(ST0==0)
          begin                  //设程序入口地址 LPC
              LPC<=W1;
              SBUS<=W1;
              SST0<=W1;
              SHORT<=W1;
              STOP_reg<=0;       //默认 STOP_REG=1,进入程序执行状态需要连续
          end
    else if(ST0==1)
              begin
                case(IRH)        //CASE(IRH),指令处理
                    4'b0001:     //WHEN "0001"=>ADD
                      begin
                          LIR<=W1;
                          PCINC<=W1;
                          S<=4'b1001;
                          CIN<=W2;
                          ABUS<=W2;
                          DRW<=W2;
                          LDC<=W2;
                          LDZ<=W2;

                      end

                    4'b0010:            //WHEN "0010"=>SUB
                      begin
                          LIR<=W1;   //取指
                          PCINC<=W1;
                          S<=4'b0110;
                          ABUS<=W2;
                          DRW<=W2;
                          LDZ<=W2;
                          LDC<=W2;
                      end
```

```
4'b0011:            //WHEN "0011"=>AND
  begin
      LIR<=W1;    //取指
      PCINC<=W1;
      S<=4'b1011;
      M<=W2;
      ABUS<=W2;
      DRW<=W2;
      LDZ<=W2;
  end

4'b0100:            //WHEN "0100"=>INC
  begin
      LIR<=W1;    //取指
      PCINC<=W1;
      S<=4'B0000;
      ABUS<=W2;
      DRW<=W2;
      LDZ<=W2;
      LDC<=W2;
  end

4'b0101:            //WHEN "0101"=>LD
  begin
      LIR<=W1;    //取指
      PCINC<=W1;
      S<=4'b1010;
      M<=W2;
      ABUS<=W2;
      LAR<=W2;
      LONG<=W2;
      MBUS<=W3;
      DRW<=W3;
  end

4'b0110:            //WHEN "0110"=>ST
  begin
      LIR<=W1;    //取指
      PCINC<=W1;
      M<=W2|W3;
      S[3]<=1'b1;
      S[2]<=W2;
      S[1]<=1'b1;
      S[0]<=W2;
      ABUS<=W2|W3;
      LAR<=W2;
```

```
        LONG<=W2;
        MEMW<=W3;
    end

4'b0111:            //WHEN "0111"=>JC
    begin
        LIR<=W1;
        PCINC<=W1;
        PCADD<=C & W2;
    end

4'b1000:            //WHEN "1000"=>JZ
    begin
        LIR<=W1;
        PCINC<=W1;
        PCADD<=Z & W2;
    end

4'b1001:            //WHEN "1001"=>JMP
    begin
        LIR<=W1;
        PCINC<=W1;
        M<=W2;
        S<=4'b1111;
        ABUS<=W2;
        LPC<=W2;
    end
4'b1110:            //WHEN "1110"=>STP
    begin
        LIR<=W1;
        PCINC<=W1;
        STOP_reg<=W2;
    end

4'B1010:            //WHEN "1110"=>OUT
    begin
        M<=W2;
        S<=4'B1010;
        ABUS<=W2;
    end

default:            //WHEN OTHERS=>取下一条指令
    begin
        LIR<=W1;
        PCINC<=W1;
    end
```

```
                endcase
            end
        end
//====================取指操作及指令执行结束=====================

//=====================控制台操作========================
    //写存储器操作
        3'b001:                         //WHEN "001"=>写存储器
            begin
                SELCTL<=W1;
                SHORT<=W1;
                SBUS<=W1;
                STOP_reg<=W1;
                SST0<=W1;
                LAR<=W1&(~ST0);
                ARINC<=W1&ST0;
                MEMW<=W1&ST0;
            end
    //写寄存器操作结束

    //读存储器

        3'B010:                         //WHEN "010"=>读存储器
            begin
                SELCTL<=W1;
                SHORT<=W1;
                SBUS<=W1&(~ST0);
                MBUS<=W1&ST0;
                STOP_reg<=W1;
                SST0<=W1;
                LAR<=W1&(~ST0);
                ARINC<=W1&ST0;
            end
    //读存储器结束

    //读寄存器
        3'b011:                         //WHEN "011"=>读寄存器
            begin
                SELCTL<=1'b1;
                SEL0<=W1|W2;
                STOP_reg<=W1|W2;
                SEL3<=W2;
                SEL1<=W2;
            end
    //读寄存器结束
```

```
    //写寄存器
      3'b100:                          //WHEN "100"=>写寄存器
          begin
              SELCTL<=1'b1;
              SST0<=W2;
              SBUS<=W1|W2;
              STOP_reg<=W1|W2;
              DRW<=W1|W2;
              SEL3<=(ST0 & W1)|(ST0 & W2);
              SEL2<=W2;
              SEL1<=((~ST0) & W1)|(ST0 & W2);
              SEL0<=W1;
          end
    //写寄存器结束

      default:
          begin                        //空块,什么都不做
          end
    endcase
//====================控制台操作结束====================

end
endmodule
```

七、注意事项

为方便其他实验的顺利开设，实验完成后，必须要将原出厂硬连线控制器的相关内容重新装入 EPM7128S 中。

3.2 模型机流水微程序控制器设计

一、教学目的

(1) 融会贯通计算机组成与体系结构课程各章教学内容，通过知识的综合运用，加深对 CPU 各模块工作原理及相互联系的认识。

(2) 掌握流水微程序控制器的设计方法。

(3) 培养科学研究能力，取得设计和调试的实践经验。

二、实验设备

(1) TEC-8 实验系统　　1 台

(2) Pentium 3 以上的 PC　　1 台

(3) 双踪示波器　　1 台

(4) 直流万用表　　1 块

(5) 逻辑测试笔(在 TEC-8 实验台上)　　1 支

三、设计与调试任务

(1) 设计一个流水微程序控制器，和TEC-8模型计算机的数据通路结合在一起，构成一个完整的CPU，该CPU要求：

① 能够完成控制台操作：启动程序运行、读存储器、写存储器、读寄存器和写寄存器。控制台操作不要求流水。

② 能够执行表3.1中的指令，完成规定的指令功能。

(2) 根据指令系统，编写检测流水微程序控制器正确性的测试程序，并用测试程序对流水微程序控制器在单微指令方式下进行调试，直到成功。

(3) 在调试成功的基础上，整理出设计文件，包括：

① 流水微程序控制器指令周期流程图；

② 微指令代码表；

③ 5个控制存储器E^2PROM的二进制代码文件；

④ 测试程序；

⑤ 设计说明书；

⑥ 调试总结。

四、设计提示

1. 画出流水微程序控制流程图

流水微程序控制器的微指令格式同常规微程序控制器相同，参见2.4节微程序控制器实验的图2.8。

设计流水微程序控制器时，需首先画出微程序控制器的流程图，其中的关键在于如何实现流水。由于控制台操作不要求流水，因此流水微程序控制器设计仅需考虑指令执行过程。

利用流水线提高指令执行速度，在于将2条或多条指令的执行过程在时间上重叠起来，在空间上分时共享不同的部件。事实上，一条指令的执行分为两个阶段：取指令、执行指令。在不发生"相关"的情况下，这两个阶段是可以同时进行的，因此，进行流水微程序控制器设计。其实就是考虑如何将执行上一条指令与取下一条指令的操作结合起来，使二者同时进行。

一种简单的方法是：在每一条不发生转移也不停止机器运行的指令执行的最后一拍，完成下一条指令的取指操作(包括置P1操作)；而对于转移类指令(JMP以及转移条件满足时的JC、JZ)和停机(STP)指令，则仍然按照常规微程序的方式进行，将取下一条指令的操作单独进行。

需要注意的是，由于表3.1所示指令系统中不包含中断相关的功能，因此，在指令执行的最后一节拍无须进行置P4的操作。

2. 画出微指令代码表

根据流水微程序控制器流程图和微指令格式，可以画出微指令代码表。在微指令代码表中，每行表示一条微指令，每列表示某个控制信号的值，控制信号的排列顺序与微指令格式一致。对控制信号，只标出为1的值即可。微指令代码表的形式如表3.4所示。

表 3.4 微指令代码表

微地址	PCADD	SELCTL	SEL3	SEL2	SEL1	SEL0	INTEN	INTDI	LIAR	IABUS	MBUS	SBUS	ABUS	M	S3	S2	S1	S0	CIN	LDC	LDZ	LIR	STOP	MEMW	LAR	ARINC	LPC	PCINC	DRW	P4	P3	P2	P1	P0	NμA0～NμA5
00					1	1																	1											1	01
01												1															1								20
02		1										1											1	1		1									02
03		1										1											1		1										02
⋮																																			
3F																																			

3. 生成二进制文件

根据微指令代码表生成5个二进制文件，每个二进制文件的长度必须是256B。

4. 修改控制存储器 E^2PROM

将编程切换开关拨到编程位置，利用串口调试助手，使用5个二进制文件重新对控制存储器编程。编程结束后，将编程切换开关拨到正常位置。

5. 对流水微程序控制器进行调试

在新修改的实验台上跟踪指令的执行过程，并运行实验2.5中的程序，确认实验台功能正确。

3.3　模型机流水硬连线控制器设计

一、教学目的

(1) 融会贯通计算机组成与体系结构课程各章教学内容，通过知识的综合运用，加深对CPU各模块工作原理及相互联系的认识。

(2) 掌握流水硬连线控制器的设计方法。

(3) 学习运用当代的EDA设计工具，掌握用EDA设计大规模复杂逻辑电路的方法。

(4) 培养科学研究能力，取得设计和调试的实践经验。

二、实验设备

(1) TEC-8实验系统　1台

(2) Pentium 3以上的PC　1台

(3) 双踪示波器　1台

(4) 直流万用表　1块

(5) 逻辑测试笔(在TEC-8实验台上)　1支

三、设计与调试任务

(1) 设计一个流水硬连线控制器，和TEC-8模型计算机的数据通路结合在一起，构成一个完整的CPU，该CPU要求：

① 能够完成控制台操作：启动程序运行、读存储器、写存储器、读寄存器和写寄存器。

② 能够执行表3.1中的指令，完成规定的指令功能。

(2) 在Quartus Ⅱ下对硬连线控制器对设计方案进行编程和编译。

(3) 将编译后的流水硬连线控制器下载到TEC-8实验台上的CPLD器件EPM7128S中去，使EPM7128S成为一个流水硬连线控制器。

(4) 根据指令系统，编写检测流水硬连线控制器正确性的测试程序，并用测试程序对硬连线控制器在单微指令方式下进行调试，直到成功。

(5) 在调试成功的基础上，整理出设计文件，包括：

① 流水硬连线控制器逻辑模块图；

② 流水硬连线控制器指令周期流程图；

③ 流水硬连线控制器的硬件描述语言源程序；

④ 测试程序；

⑤ 设计说明书；

⑥ 调试总结。

四、设计提示

设计提示参考3.1节模型机硬连线控制器设计、3.2节模型机流水微程序控制器设计。

五、设计报告要求

(1) 流水硬连线控制器流程图。

(2) 采用硬件描述语言描述流水硬连线控制器的设计，列出设计源程序。

(3) 测试程序。

(4) 写出调试中出现的问题、解决办法、验收结果。

(5) 写出设计、调试中遇到的困难和心得体会。

六、参考设计方案

本部分提供一个设计方案，给出了在Quartus Ⅱ上用Verilog HDL实现的详细描述。需要提醒的是，所谓流水，只是程序执行过程中流水，对于控制台操作，仍然是按照实验3.1的方式进行的。

相关代码如下：

```
module CONTROLLER_PIP(
    SWB,                //模式开关值
    SWA,                //模式开关值
    SWC,                //为1时为实验台算数逻辑实验
    clr,                //复位信号,低电平有效
    C,                  //进位标志
    Z,                  //结果为零标志
    IRH,                //IR7、IR6、IR5、IR4,指令操作码
    T3,                 //T3时钟
    W1,                 //W1节拍输出
    W2,                 //W2节拍输出
    W3,                 //W3节拍输出
    SELCTL,             //为1时为控制台操作
    ABUS,               //为1时运算器结果送数据总线
    M,                  //
    S,                  //S3、S2、S1、S0
    SEL1,             //SEL3～SEL0相当于控制台方式时的指令操作数IR3、IR2、IR1、IR0
    SEL0,               //
    SEL2,               //
    SEL3,               //
    DRW,                //为1时允许寄存器加载
```

```
    SBUS,                   //为1时允许数据开关值送数据总线
    LIR,                    //为1时将从存储器读出的指令送指令寄存器
    MBUS,                   //为1时将从存储器读出的数据送数据总线
    MEMW,                   //为1时在T2写存储器,为0时读存储器
    LAR,                    //为1时在T2的上升沿将数据总线上的地址打入地址寄存器
    ARINC,                  //为1时在T2的上升沿地址寄存器加1
    LPC,                    //为1时在T2的上升沿将数据总线上的数据打入程序计数器PC
    PCINC,                  //为1时在T2的上升沿程序计数器加1
    PCADD,                  //
    CIN,                    //
    LONG,                   //
    SHORT,                  //
    CP1,CP2,CP3,            //
    QD,                     //
    STOP,                   //观察使用
    LDC,                    //为1时T3的上升沿保存进位
    LDZ,                    //为1时T3的上升沿保存结果为0标志
);

  //---------------输入端口-----------------
    input SWB;              //模式开关值
    input SWA;              //模式开关值
    input SWC;              //为1时为实验台算数逻辑实验
    input clr;              //复位信号,低电平有效
    input C;                //进位标志
    input Z;                //结果为零标志
    input[3:0] IRH;         //IR7、IR6、IR5、IR4,指令操作码
    input T3;               //T3时钟
    input W1;               //W1节拍输出
    input W2;               //W2节拍输出
    input W3;               //W3节拍输出

  //--------------输出端口--------------
    output SELCTL;          //为1时为控制台操作
    output ABUS;            //为1时运算器结果送数据总线
    output M;               //
    output[3:0] S;          //S3、S2、S1、S0
    output SEL1;           //SEL3～SEL0相当于控制台方式时的指令操作数IR3、IR2、IR1、IR0
    output SEL0;            //
    output SEL2;            //
    output SEL3;            //
    output DRW;             //为1时允许寄存器加载
    output SBUS;            //为1时允许数据开关值送数据总线
    output LIR;             //为1时将从存储器读出的指令送指令寄存器
```

```
    output MBUS;              //为1时将从存储器读出的数据送数据总线
    output MEMW;              //为1时在T2写存储器,为0时读存储器
    output LAR;               //为1时在T2的上升沿将数据总线上的地址打入地址寄存器
    output ARINC;             //为1时在T2的上升沿地址寄存器加1
    output LPC;               //为1时在T2的上升沿将数据总线上的数据打入程序计数器PC
    output PCINC;             //为1时在T2的上升沿程序计数器加1
    output PCADD;             //
    output CIN;               //
    output LONG;              //
    output SHORT;             //
    output STOP;              //观察使用
    output LDC;               //为1时T3的上升沿保存进位
    output LDZ;               //为1时T3的上升沿保存结果为0标志

    output CP1,CP2,CP3;       //
    input QD;                 //

//----------------变量属性声明----------------

    reg ST0_reg;
    reg SST0;
    reg SELCTL;
    reg ABUS;
    reg M;
    reg[3:0] S;
    reg SEL1;
    reg SEL0;
    reg SEL2;
    reg SEL3;
    reg DRW;
    reg SBUS;
    reg LIR;
    reg MBUS;
    reg MEMW;
    reg LAR;
    reg ARINC;
    reg LPC;
    reg PCINC;
    reg PCADD;
    reg CIN;
    reg LONG;
    reg SHORT;

    reg LDC;
```

```
  reg LDZ;

  wire[2:0] SWCBA;
  wire ST0;

//****************STOP信号***************
  wire STOP;
  reg STOP_reg_reg;
  reg STOP_reg;

assign STOP=(SWCBA? (STOP_reg_reg|STOP_reg):0);
//************************************

//****************数据流描述***************
  assign  CP1=1'b1;
  assign  CP2=1'b1;
  assign  CP3=QD;
  assign  SWCBA[2:0]={SWC,SWB,SWA};
  assign  ST0=ST0_reg;

  //****************行为流描述***************
  //---------------------第一个 PROCESS---------------------
  always @(negedge clr or negedge T3)
  begin
      if(clr==0)
          begin
              ST0_reg<=0;
              STOP_reg_reg<=1;
          end
      else
          begin
              if(SST0==1'b1)      ST0_reg<=1'b1;
          end
  end

  //------------------------第二个 PROCESS-----------------
  always @(SWCBA or IRH or W1 or W2 or W3 or ST0 or C or Z )
  begin
  //--------给信号设置默认值----------
  SHORT       <=0;
  LONG        <=0;
  CIN         <=0;
  SELCTL      <=0;
  ABUS        <=0;
```

```
  SBUS        <=0;
  MBUS        <=0;
  M           <=0;
  S           <=4'b0000;
  SEL3        <=0;
  SEL2        <=0;
  SEL1        <=0;
  SEL0        <=0;
  DRW         <=0;
  SBUS        <=0;
  LIR         <=0;
  MEMW        <=0;
  LAR         <=0;
  ARINC       <=0;
  LPC         <=0;
  LDZ         <=0;
  LDC         <=0;
  STOP_reg    <=1;
  PCINC       <=0;
  SST0        <=0;
  PCADD       <=0;

  case(SWCBA)
//========================指令执行操作====================
    3'b000:
    begin
    if(ST0==0)
       begin
           LPC<=W1;
           SBUS<=W1;
           SST0<=W1;
           SHORT<=W1;
       end
    else if(ST0==1)
           begin
              case(IRH)                    //指令处理

                4'B0000:                   //NOP
                   begin
                       LIR<=W1;
                       PCINC<=W1;
                       SHORT<=W1;
                   end
```

```
4'b0001:                //WHEN "0001"=>ADD
    begin
    //--------------------
        LIR<=W1;
        PCINC<=W1;
        SHORT<=W1;
    //--------------------


        S<=4'b1001;
        CIN<=W1;
        ABUS<=W1;
        DRW<=W1;
        LDC<=W1;
        LDZ<=W1;
    end

4'b0010:                //WHEN "0010"=>SUB
    begin
    //--------------------
        LIR<=W1;
        PCINC<=W1;
        SHORT<=W1;
    //--------------------
        S<=4'b0110;
        ABUS<=W1;
        DRW<=W1;
        LDZ<=W1;
        LDC<=W1;
    end

4'b0011:                //WHEN "0011"=>AND
    begin
    //--------------------
        LIR<=W1;
        PCINC<=W1;
        SHORT<=W1;
    //--------------------
        S<=4'b1011;
        M<=W1;
        ABUS<=W1;
        DRW<=W1;
        LDZ<=W1;
    end
```

```
4'b0100:                //WHEN "0100"=>INC
    begin
    //-------------------
        LIR<=W1;
        PCINC<=W1;
        SHORT<=W1;
    //-------------------
        S<=4'B0000;
        ABUS<=W1;
        DRW<=W1;
        LDZ<=W1;
        LDC<=W1;
    end

4'b0101:                //WHEN "0101"=>LD
    begin
        LIR<=W2;        //取指
        PCINC<=W2;

        S<=4'b1010;
        M<=W1;
        ABUS<=W1;
        LAR<=W1;

        MBUS<=W2;
        DRW<=W2;
    end

4'b0110:                //WHEN "0110"=>ST
    begin
        LIR<=W2;        //取指
        PCINC<=W2;
        M<=W1|W2;
        S[3]<=1'b1;
        S[2]<=W1;
        S[1]<=1'b1;
        S[0]<=W1;
        ABUS<=W1|W2;
        LAR<=W1;
        MEMW<=W2;
    end

4'b0111:                //WHEN "0111"=>JC
    begin
```

```
            LIR<=(W1 & ~C)|(W2 & C);
            PCINC<=(W1 & ~C)|(W2 & C);
            PCADD<=C & W1;
            SHORT<=W1&~C;
        end

    4'b1000:                 //WHEN "1000"=>JZ
        begin
            LIR<=(W1 & ~Z)|(W2 & Z);
            PCINC<=(W1 & ~Z)|(W2 & Z);
            PCADD<=Z & W1;
            SHORT<=W1&~Z;
        end

    4'b1001:                 //WHEN "1001"=>JMP
        begin
            LIR<=W2;
            PCINC<=W2;
            M<=W1;
            S<=4'b1111;
            ABUS<=W1;
            LPC<=W1;
        end
    4'b1110:                 //WHEN "1110"=>STP
        begin
            STOP_reg<=W1;
        end

    4'B1010:                 //WHEN "1010"=>OUT
        begin
            M<=W1;
            S<=4'B1010;
            ABUS<=W1;
            LIR<=W1;
            PCINC<=W1;
            SHORT<=W1;
        end

    default:                 //WHEN OTHERS=>取下一条指令
        begin
            LIR<=W1;
            PCINC<=W1;
                end
endcase
```

```
        end
    end
//====================取指操作结束=====================

//=====================控制台操作======================
  //----------------写存储器操作-------------------
    3'b001:                                 //WHEN "001"=>写存储器
        begin
            SELCTL<=W1;
            SHORT<=W1;
            SBUS<=W1;
            STOP_reg<=W1;
            SST0<=W1;
            LAR<=W1 & (～ST0);
            ARINC<=W1 & ST0;
            MEMW<=W1 & ST0;
        end
  //------------写寄存器操作结束-----------------

  //--------------读存储器---------------------

    3'B010:                                 //WHEN "010"=>读存储器
        begin
            SELCTL<=W1;
            SHORT<=W1;
            SBUS<=W1 & (～ST0);
            MBUS<=W1 & ST0;
            STOP_reg<=W1;
            SST0<=W1;
            LAR<=W1 & (～ST0);
            ARINC<=W1 & ST0;
        end
  //------------读存储器结束-------------------

  //-----------读寄存器-----------------------
    3'b011:                                 //WHEN "011"=>读寄存器
        begin
            SELCTL<=1'b1;
            SEL0<=W1|W2;
            STOP_reg<=W1|W2;
            SEL3<=W2;
            SEL1<=W2;
        end
  //-------------读寄存器结束------------------
```

```
//----------------写寄存器---------------------
  3'b100:                                     //WHEN "100"=>写寄存器
      begin
          SELCTL<=1'b1;
          SST0<=W2;
          SBUS<=W1|W2;
          STOP_reg<=W1|W2;
          DRW<=W1|W2;
          SEL3<=(ST0 & W1)|(ST0 & W2);
          SEL2<=W2;
          SEL1<=((～ST0) & W1)|(ST0 & W2);
          SEL0<=W1;
      end
//---------------写寄存器结束-----------------

  default:
      begin                                   //空语句块
      end
 endcase
//====================控制台操作结束====================

end
endmodule
```

七、注意事项

为方便其他实验的顺利开设，实验完成后，必须要将原出厂硬连线控制器的相关内容重新装入 EPM7128S 中。

3.4　含有阵列乘法器的 ALU 设计

一、教学目的

(1) 掌握阵列乘法器的组织结构和实现方法。

(2) 改进 74LS181 的内部结构设计，仅实现加、减、乘、与、或、取反、异或、与非 8 种操作，其中除了乘法运算的操作数分别为 4 位，其他运算均为 8 位运算。

(3) 学习运用当代的 EDA 设计工具，掌握用 EDA 设计大规模复杂逻辑电路的方法。

(4) 培养科学研究能力，取得设计和调试的实践经验。

二、实验设备

(1) TEC-8 实验系统　　1 台

(2) Pentium 3 以上的 PC　　1 台

(3) 双踪示波器　　1 台

(4) 直流万用表　　1 块

(5) 逻辑测试笔(在 TEC-8 实验台上)　　1 支

三、设计与调试任务

(1) 设计一个 4 位×4 位的阵列乘法器，其积为 8 位。

(2) 设计一个 ALU，能够对 2 个 4 位操作数 A 和 B 进行 8 种运算，由 3 位操作码控制进行何种运算。3 位操作码从电平开关 SWA、SWB、SWC 输入，其运算功能如表 3.5 所示。

表 3.5　ALU 运算功能

SWC	SWB	SWA	运　算
0	0	0	$A+B$
0	0	1	$A-B$
0	1	0	A and B
0	1	1	A or B
1	0	0	not A
1	0	1	A xor B
1	1	0	not(A and B)
1	1	1	乘

乘法运算时，2 个操作数均为无符号数；其他运算时，2 个操作数为有符号数。其中：操作数 A 从开关 S3～S0 输入，S0 为最低位，S3 为最高位；操作数 B 从开关 S11～S8 输入，S8 为最低位，S11 为最高位。

运算结果送指示灯 L7～L0 输出，L0 为最低位，L7 为最高位。在做与、或、取反、异或、与非运算时，L7～L4 显示 0。

L10 显示结果为 0 标识 Z：不论何种运算，若运算结果为 0，则 Z=1。

L11 显示进位标识 C：仅加、减法运算改变 C 的值，否则，**C 保持不变。**

L8、L9 可供用于设计中的其他用途，**如设计中不用到它，为信号稳定起见，建议将 L8、L9 强制赋 0(即关闭这两个指示灯)。**

(3) 在 Quartus Ⅱ 下对改进 ALU 的设计方案进行编程和编译。

(4) 将编译后的 ALU 下载到 TEC-8 实验台上的可编程器件 EPM7128S CPLD 中去，使 EPM7128S CPLD 成为含有阵列乘法器的 ALU。

(5) 测试方法和正确性验证。

(6) 写出设计、调试报告总结。

四、设计提示

1. 无符号阵列乘法器结构

无符号阵列乘法器的结构框图如图 3.2 所示。它由一系列全加器 FA 用流水方法(时间并行)和资源重复方式(空间并行)有序组成。图 3.2 所示为 4×4 位的无符号阵列乘法器框图。

2. EPM7128S CPLD 和电平开关 S0～S15、指示灯 L0～L11 的连接

EPM7128S CPLD 通过一条 34 芯扁平电缆和电平开关 S0～S15、指示灯 L0～L11 连接。连接时关掉电源，将控制器选择开关拨到“硬连线控制器”，**DZ10** 短接，扁平电缆的 34 芯端插到插座 J6 上，扁平电缆的 12 芯端插到插座 J4 上(**插头上箭头指向的引脚 1 对准插座上的**

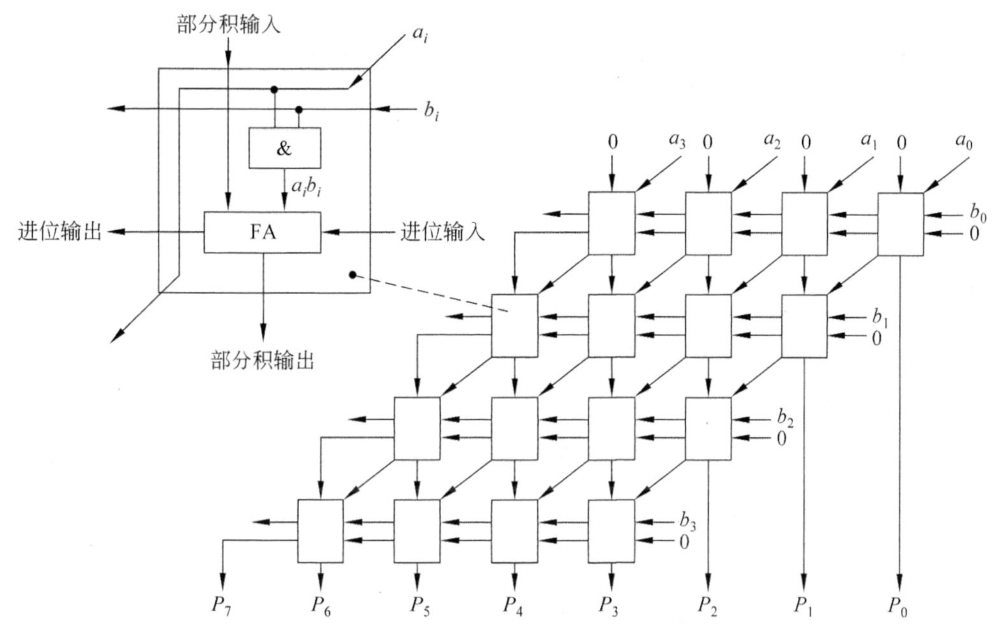

图 3.2　4×4 无符号阵列乘法器框图

标号 1)，16 芯插到插座 J8 上(**插头上箭头指向的引脚 1 对准插座上的标号 1**)。

电平开关 S0～S15、指示灯 L0～L11 对应的 EPM7128S 引脚如表 3.6 所示。

表 3.6　电平开关、指示灯对应的 EPM7128S 引脚号

电平开关	方　向	引 脚 号	指 示 灯	方　向	引 脚 号
S0	输入	54	L0	输出	37
S1	输入	81	L1	输出	39
S2	输入	80	L2	输出	40
S3	输入	79	L3	输出	41
S4	输入	77	L4	输出	44
S5	输入	76	L5	输出	45
S6	输入	75	L6	输出	46
S7	输入	74	L7	输出	48
S8	输入	73	L8	输出	49
S9	输入	70	L9	输出	50
S10	输入	69	L10	输出	51
S11	输入	68	L11	输出	52
S12	输入	67			
S13	输入	65			
S14	输入	64			
S15	输入	63			
SWA	输入	4			
SWB	输入	5			
SWC	输入	6			

3. 运算测试

(1) 用测试数据表3.7中的数据对乘法进行测试，验证运算结果是否正确。

表3.7 乘法测试数据

组号 数据	1	2	3	4	5	6
被乘数 A	9	15	0	15	随机	随机
乘数 B	8	15	15	0	随机	随机
乘积 P	72	225	0	0		

(2) ALU的其他7种操作验证测试与乘法类似，自行设计测试数据表。

五、设计报告要求

(1) 采用硬件描述语言或者原理图描述改进ALU的设计，列出源程序或者画出原理图。

(2) 测试数据表及测试结果。

(3) 写出调试中出现的问题、解决办法、验收结果。

(4) 写出设计、调试中遇到的困难和心得体会。

(5) 尝试对流水乘法器进行简化，并比较综合器综合后的结果，能够发现什么？

(6) 能否尝试实现其他操作，例如，数据传送、增1等。

六、参考设计方案

本部分提供一个设计方案，给出了在Quartus Ⅱ上用Verilog HDL实现的详细描述。

相关代码如下：

```
//一位全加器,模块顺序与次序无关
module FA(
          AA,                         //操作数 A
          BB,                         //操作数 B
          Cin,                        //进位输入
          Sum,                        //结果
          Cout                        //进位输出
          );
     input      AA;
     input      BB;
     input      Cin;

     output     Sum;
     output     Cout;

     wire       S1,T1,T2,T3;

     xor    XOR1(S1,AA,BB);
```

```
        xor     XOR2(Sum,S1,Cin);

        and     AND1(T1,AA,BB);
        and     AND2(T2,AA,Cin);
        and     AND3(T3,BB,Cin);

        or     OR(Cout,T1,T2,T3);

endmodule

//=============阵列乘法处理单元==========
module CELL(a,b,pm_in,cin,pm_out,cout);

    input       a;
    input       b;
    input       pm_in;
    input       cin;
    output      pm_out;
    output      cout;

    wire        ab;
    assign      ab=a&b;

//============元件例化,通过实例化方式进行模块调用==========
    FA     FA(
        .AA(ab),               //操作数 A
        .BB(pm_in),            //操作数 B
        .Cin(cin),             //进位输入
        .Sum(pm_out),          //结果
        .Cout(cout)            //进位输入
        );

endmodule

//=============构造阵列乘法器=========
module MULTIPLIER(dataA,dataB,Res);

    input[3:0]      dataA;
    input[3:0]      dataB;
    output[7:0]     Res;

    wire[3:0]       a;
    wire[3:0]       b;
    wire  p00,p10,p20,p30,p01,p11,p21,p31,p02,p12,p22,p32,p03,p13,p23,p33;
                                                                          //部分积
```

```
    wire  c00,c10,c20,c30,c01,c11,c21,c31,c02,c12,c22,c32,c03,c13,c23,c33;

    assign a=dataA;
    assign b=dataB;
    assign Res={c33,p33,p23,p13,p03,p02,p01,p00};

    CELL C00(.a(a[0]),.b(b[0]),.pm_in(0),.cin(0),.pm_out(p00),.cout(c00));
    CELL C10(.a(a[1]),.b(b[0]),.pm_in(0),.cin(c00),.pm_out(p10),.cout(c10));
    CELL C20(.a(a[2]),.b(b[0]),.pm_in(0),.cin(c10),.pm_out(p20),.cout(c20));
    CELL C30(.a(a[3]),.b(b[0]),.pm_in(0),.cin(c20),.pm_out(p30),.cout(c30));

    CELL C01(.a(a[0]),.b(b[1]),.pm_in(p10),.cin(0),.pm_out(p01),.cout(c01));
    CELL C11(.a(a[1]),.b(b[1]),.pm_in(p20),.cin(c01),.pm_out(p11),.cout(c11));
    CELL C21(.a(a[2]),.b(b[1]),.pm_in(p30),.cin(c11),.pm_out(p21),.cout(c21));
    CELL C31(.a(a[3]),.b(b[1]),.pm_in(c30),.cin(c21),.pm_out(p31),.cout(c31));

    CELL C02(.a(a[0]),.b(b[2]),.pm_in(p11),.cin(0),.pm_out(p02),.cout(c02));
    CELL C12(.a(a[1]),.b(b[2]),.pm_in(p21),.cin(c02),.pm_out(p12),.cout(c12));
    CELL C22(.a(a[2]),.b(b[2]),.pm_in(p31),.cin(c12),.pm_out(p22),.cout(c22));
    CELL C32(.a(a[3]),.b(b[2]),.pm_in(c31),.cin(c22),.pm_out(p32),.cout(c32));

    CELL C03(.a(a[0]),.b(b[3]),.pm_in(p12),.cin(0),.pm_out(p03),.cout(c03));
    CELL C13(.a(a[1]),.b(b[3]),.pm_in(p22),.cin(c03),.pm_out(p13),.cout(c13));
    CELL C23(.a(a[2]),.b(b[3]),.pm_in(p32),.cin(c13),.pm_out(p23),.cout(c23));
    CELL C33(.a(a[3]),.b(b[3]),.pm_in(c32),.cin(c23),.pm_out(p33),.cout(c33));

endmodule

//===============带阵列乘法器的算术逻辑单元===========
module alu(A,B,SW,C,Z,Res,x,y);

input[3:0]     A;            //操作数A
input[3:0]     B;            //操作数B

input[2:0]     SW;           //操作选择

output[7:0]    Res;          //结果
output         C;            //进位标志位
output         Z;
output x,y;
wire           C;
wire           Z;

wire[7:0]      Res;
```

```
reg C_reg;
reg Z_reg;

//=======================================================

reg[4:0]      RR;
wire[4:0]     AA;
wire[4:0]     BB;

assign x=0;
assign y=0;

assign AA={A[3],A[3:0]};
assign BB={B[3],B[3:0]};

//===================引用阵列乘法器做乘法运算================
wire[3:0]     mult_A;
wire[3:0]     mult_B;
wire[7:0]     mult_Res;

assign mult_A=A;
assign mult_B=B;

//-------------------------------

MULTIPLIER MULT(
  .dataA(mult_A),
  .dataB(mult_B),
  .Res(mult_Res)
);

//-------------------------------

//=====================================================

//==================写标志位操作与结果输出=======================
assign Z=Z_reg;

assign C=(SW==3'b000||SW==3'b001)? C_reg:C;     //写进位标志位

assign Res=(SW==3'b111)?mult_Res:((SW==3'b000||SW==3'b001)?{RR[4],RR[2:0]}:RR
[3:0]);                                          //输出结果
//===================================================
```

```
always    @ (SW or AA or BB)
begin
    case(SW)
        3'b000:                                 //------ADD
            begin
                RR<=AA+ BB;
            end

        3'b001:                                 //------SUB
            begin
                RR<=AA-BB;
            end

        3'b010:                                 //------AND
            begin
                RR<=A&B;
            end
        3'b011:                                 //------OR
            begin
              RR<=AA|BB;
            end

        3'b100:                                 //------NOT
            begin
                RR<=~AA;
            end

        3'b101:                                 //------XOR
            begin
                RR<=AA^BB;
            end

        3'b110:                                 //------NAND
            begin
                RR<=~(AA&BB);
            end
        3'b111:                                 //------MULTIPLE
            begin

            end
    endcase

    C_reg=RR[4]^RR[3];
```

```
    if(Res==0)  Z_reg<=1;
    else  Z_reg<=0;

end
endmodule
```

七、注意事项

为方便其他实验的顺利开设，实验完成后，必须要将原出厂硬连线控制器的相关内容重新装入 EPM7128S 中。

第4章 数字逻辑与数字系统基本实验

4.1 基本逻辑门逻辑实验

一、实验目的

(1) 掌握 TTL 与非门、或非门和异或门输入与输出之间的逻辑关系。

(2) 熟悉 TTL 中、小规模集成电路的外形、管脚和使用方法。

二、实验所用器件和仪表

(1) TEC-8 实验系统　　1 台

(2) 四 2 输入与非门 74LS00　　1 片

(3) 四 2 输入或非门 74LS28　　1 片

(4) 四 2 输入异或门 74LS86　　1 片

(5) 万用表　　1 块

(6) 示波器　　1 台

三、实验内容

(1) 测试四 2 输入与非门 74LS00 一个与非门的输入和输出之间的逻辑关系。

(2) 测试四 2 输入或非门 74LS28 一个或非门的输入和输出之间的逻辑关系。

(3) 测试四 2 输入异或门 74LS86 一个异或门的输入和输出之间的逻辑关系。

四、实验提示

(1) 将被测器件插入实验台上的 14 芯插座中。

(2) 将器件的引脚 7 与实验台的“地(GND)”连接,将器件的引脚 14 与实验台的 +5V 连接。

(3) 用 TEC-8 实验台的逻辑电平开关 S15～S0 作为被测器件的输入。拨动开关,则改变器件引脚的输入电平,开关拨到朝上位置时代表 1,开关拨到朝下位置时代表 0。

(4) 使用 TEC-8 实验台上的逻辑电平指示灯 L11～L0 观测器件输出的逻辑电平,指示灯亮时代表 1,指示灯灭时代表 0。

(5) 一个 74LS00 器件包含 4 个 2 输入与非门,一个 74LS28 器件包含 4 个 2 输入或非门,一个 74LS86 包含 4 个异或门。本实验只测试 74LS00、74LS28、74LS86 中的一个逻辑门的逻辑关系。

五、实验步骤

1. 测试与非门 74LS00 逻辑关系

按图 4.1 接线，拨动开关 S1、S0，改变引脚 1、引脚 2 的电平。开关 S1、S0 向上时代表高电平，向下时代表低电平。同时观测发光二极管 L0 的亮、灭。发光二极管 L0 亮时代表高电平，灭时代表低电平。根据测试结果，填写表 4.1。

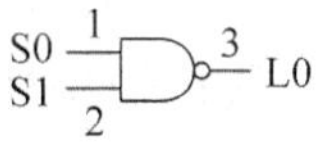

图 4.1　测试 74LS00 逻辑关系接线图

表 4.1　74LS00 逻辑关系测试表

输入电平		输出电平
引脚 1	引脚 2	引脚 3
L	L	
L	H	
H	L	
H	H	

2. 测试或非门 74LS28 逻辑关系

按图 4.2 接线，拨动开关 S1、S0，改变引脚 2、引脚 3 的电平。观测发光二极管的 L0 亮、灭。填写表 4.2。

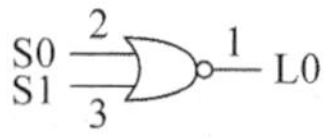

图 4.2　测试 74LS28 逻辑关系接线图

表 4.2　74LS28 逻辑关系测试表

输入电平		输出电平
引脚 2	引脚 3	引脚 1
L	L	
L	H	
H	L	
H	H	

3. 测试异或门 74LS86 逻辑关系

按图 4.3 接线，拨动开关 S1、S0，改变引脚 1、引脚 2 的电平。观测发光二极管的 L0 亮、灭。填写表 4.3。

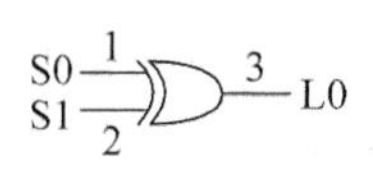

图 4.3　测试 74LS86 逻辑关系接线图

表 4.3　74LS86 逻辑关系测试表

输入电平		输出电平
引脚 1	引脚 2	引脚 3
L	L	
L	H	
H	L	
H	H	

4.2　TTL、HC 和 HCT 器件的电压传输特性实验

一、实验目的

(1) 掌握 TTL、HC 和 HCT 器件的传输特性。

(2) 掌握万用表的使用方法。

二、实验所用器件和仪表

(1) TEC-8 实验系统　　1 台
(2) 六反相器 74LS04　　1 片
(3) 六反相器 74HC04　　1 片
(4) 六反相器 74HCT04　　1 片
(5) 万用表　　1 块
(6) 示波器　　1 台

三、实验说明

非门的输出电压 U_O 与输入电压 U_I 的关系 $U_O=f(U_I)$ 叫做电压传输特性，也称电压转移特性。它可以用一条曲线表示，叫做电压传输特性曲线。从传输特性曲线可以求出非门的下列有用参数。

(1) VOH(min)，输出为高电平的下限电压，当 U_O 高于 VOH(min)时表示逻辑“1”。

(2) VOL(max)，输出为低电平的上限电压，当 U_O 低于 VOL(max)时表示逻辑“0”。

(3) VIH(min)，输入为高电平的下限电压，当输出电压 U_O 等于 VOL(max)时对应的输入电压 U_I。

(4) VIL(max)，输入为低电平的上限电压。当输出电压 U_O 等于 VOH(min)时对应的输入电压 U_I。

(5) VT，表示 U_O 变化最陡处对应的输入电压，称为阈值电压。

上述 5 个参数是对大量逻辑器件进行测试后得到的。本实验只是对 3 类逻辑器件各选出一个器件进行测试，得到对 3 类逻辑器件传输特性的一些感性认识，以便在不同类型的器件互连时能正确使用这些器件。

四、实验内容

(1) 测试 TTL 器件 74LS04 一个非门的传输特性，计算出它的 VOH、VOL、VIH、VIL 和 VT。

(2) 测试 HC 器件 74HC04 一个非门的传输特性，计算出它的 VOH、VOL、VIH、VIL 和 VT。

(3) 测试 HCT 器件 74HCT04 一个非门的传输特性，计算出它的 VOH、VOL、VIH、VIL 和 VT。

五、实验步骤

1. 测试 74LS04 的电压传输特性

(1) 实验接线图。

图 4.4 是实验接线图。

一个 74LS04 器件中包含 6 个非门。在图 4.4 中，74LS04A、74LS04B、74LS04C 和 74LS04D 分别是一个 74LS04 器件中的 4 个非门，而不是 4 个独立的 74LS04 器件。非门 74LS04B、74LS04C 和 74LS04D 的输入接到非门 74LS04A 的输出，作为 74LS04A 的 3 个负载。图 4.4 中的 2 个电压表指的是 2 个电压测量点，并不是需要在此接 2 个电压表，

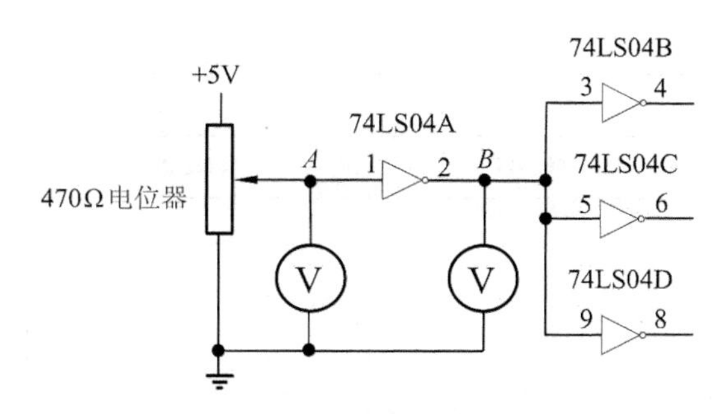

图 4.4　测试非门 74LS04 传输特性接线图

测量 A、B 两点的对地电压。

注意：接线时必须将 74LS04 的引脚 7 与实验台的“地(GND)”连接，将器件的引脚 14 与实验台的+5V 连接。

(2) 旋转 470Ω 电位器改变非门 74LS04A 的输入电压值。

旋转 470Ω 电位器，将改变电位器中间抽头的输出电压。电位器中间抽头的最高输出电压为+5V，最低输出电压为 0V。从 0V 开始按步长 0.2V 调整非门输入电压。首先用万用表监视非门 74LS04A 的输入电压值，调好输入电压后，用万用表测量非门 74LS04A 的输出电压值。将测试结果填入表 4.4 中。

表 4.4　74LS04、74HC04 和 74HCT04 电压传输特性测试数据

输入 U_I(V)	输出 U_O(V)		
	74LS04	74HC04	74HCT04
0.0			
0.2			
0.4			
0.6			
0.8			
1.0			
1.2			
1.4			
1.6			
1.8			
2.0			
2.2			
2.4			
2.6			
2.8			
3.0			
3.2			
3.4			
3.6			
3.8			

续表

输入 U_I(V)	输出 U_O(V)		
	74LS04	74HC04	74HCT04
4.0			
4.2			
4.4			
4.6			
4.8			
5.0			

(3) 根据测试数据画出74LS04的电压传输特性曲线。

(4) 根据74LS04的电压传输特性曲线求出74LS04的VIH(min)、VIL(max)、VOH(min)、VOL(max)和VT。

2. 测试74HC04的电压传输特性

(1) 将实验台上的74LS04器件拔出，换成74HC04器件。

(2) 仿照步骤1进行74HC04的电压传输特性测试。

3. 测试74HCT04的电压传输特性

(1) 将实验台上的74HC04器件拔出，换成74HCT04器件。

(2) 仿照步骤1进行74HCT04的电压传输特性测试。

4. 比较3条电压传输特性曲线

说明LS、HC、HCT器件的电压传输特性的不同特点。

4.3 三态门实验

一、实验目的

(1) 掌握三态门逻辑功能和使用方法。

(2) 掌握用三态门构成总线的特点和方法。

(3) 初步学会用示波器测量简单的数字波形。

二、实验所用器件和仪表

(1) TEC-8实验系统　1台

(2) 四2输入正与非门7400　1片

(3) 三态输出的4总线缓冲门74125　1片

(4) 万用表　1块

(5) 示波器　1台

三、实验内容

(1) 测试三态输出4总线缓冲门74LS125的输出的3个状态：高电平、低电平、高阻态。

三态门是一种重要的逻辑器件。它除了像一般逻辑器件那样有高电平和低电平逻辑输出外，还有第三种输出，即高阻态输出，因此这种逻辑器件称为三态门。三态门有一个控制端，控制输出是高阻态，还是正常的输出高低电平。74LS125就是一个典型的三态门。当它的控制端接高电平时，输出为高阻态。当它的控制端接低电平时，输出是输入信号的反相：当它的输入信号为低电平时，输出为高电平；当它的输入信号为高电平时，输出为低电平。

(2) 用三态输出4总线缓冲门74LS125中的2个三态门输出构成一条总线，并对总线进行控制。

三态门的一个重要作用是构成各种总线。所谓总线一般指通过分时复用的方式，将信息从一个或多个源部件传送到一个或多个目的部件的一组传输线。许多信号在总线上传输时，何时将哪些信号送到总线上，由三态门的控制端决定。当一个三态门的控制端允许该三态门进行正常逻辑操作时，它就将输入信号(反相或者不反相)送到了总线上。当三态门的控制端使输出为高阻态时，它就切断了输入信号和总线的联系。注意：在任何时刻只允许一个信号源将它的信号放到总线上，不允许两个或者两个以上的信号源将信号同时放在同一条总线上。

四、实验提示

(1) 三态门74125的控制端为低电平有效。

(2) 用实验台的电平开关输出作为被测器件的输入。拨动开关，则改变器件的输入电平。

五、实验步骤

1. 测试三态输出4总线缓冲门74LS125输出的3个状态：高电平、低电平、高阻态

(1) 按图4.5进行接线。图中S1、S2是逻辑电平开关，电压表指示电压测量点，测量A、B两点的对地电压。接线时要将74LS00、74LS125器件的引脚7接地，引脚14接+5V。

(2) 拨动开关S0、S1，并测量A点和B点的电压，将测试结果填入表4.5中。

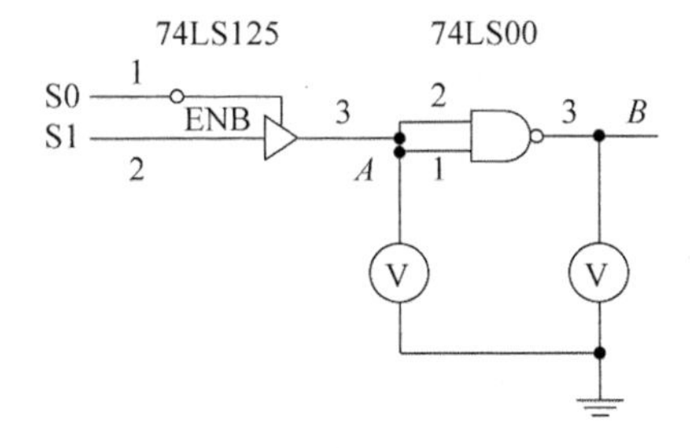

图4.5　测试三态门高电平、低电平和高阻态接线图

表4.5　74LS125输出的3个状态高电平、低电平、高阻态实验结果

开　关　值		A点对地电压	B点对地电压
S1	S0		
L	L		
L	H		
H	L		
H	H		

(3) 根据学过的三态门知识，对表4.5中测得的A、B两点对地电压予以解释。

2. 用三态门构成总线

(1) 三态门构成总线接线图。

一个74LS125器件中包含4个三态门，用三态门构成总线时，只要将三态门输出并联即可。在任何时刻，构成总线的三态门中只允许一个控制端为低电平，其余控制端应为高电平。图 4.6 是用一个 74LS125 中的 4 个三态门构成一条总线的接线图。

图 4.6 中，S0、S1、S2 和 S3 是逻辑电平开关输出，1MHz、10kHz、100Hz 和 1Hz 是实验台上的时钟信号。**在任何时刻，构成总线的 74LS125 中的三态门中只允许其中一个控制端为低电平，其余控制端应为高电平。**

(2) 拨动开关 S0、S1、S2、S3，用示波器观测 OUTPUT 的波形，将观测结果填写到表 4.6 中。

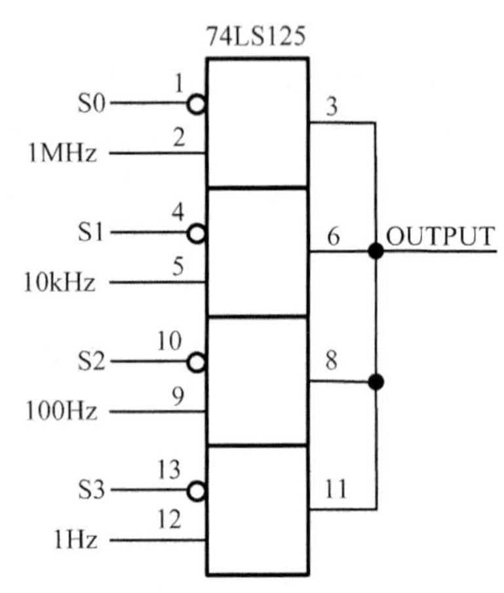

图 4.6 用 74LS125 构成总线接线图

表 4.6 构成总线实验结果

开关设置				OUTPUT
S3	S2	S1	S0	
H	H	H	H	
H	H	H	L	
H	H	L	H	
H	L	H	H	
L	H	H	H	

(3) 用所学知识解释 OUTPUT 的波形。

4.4 数据选择器和译码器实验

一、实验目的

(1) 熟悉数据选择器的逻辑功能。

(2) 熟悉译码器的逻辑功能。

二、实验所用器件和仪表

(1) TEC-8 实验系统　　1 台

(2) 双 4 选 1 数据选择器 74153　　1 片

(3) 双 2-4 线译码器 74139　　1 片

(4) 万用表　　1 块

(5) 示波器　　1 台

三、实验内容

(1) 测试 4 选 1 数据选择器 74LS153 的逻辑功能。

数据选择器的功能是从 N 个信号中选择一个信号输出的一种逻辑器件。74LS153 里面包含 2 个 4 选 1 数据选择器。当它的数据选通端 EN 为高电平时，4 选 1 选择器的输出为低电平；当它的数据选通端 EN 为低电平时，根据 2 个数据选择端信号的值选择 4 个输入信号中的 1 个信号输出。

(2) 测试74LS139中一个2-4译码器的逻辑功能。

74LS139器件中包含2个2-4译码器。对于其中的任意一个2-4译码器而言，当允许端EN为高电平时，4个输出均为高电平。当允许端EN为低电平时，根据2个输入端的高电平和低电平组合，确定哪一个输出为低电平，其余3个输出为高电平。

四、实验步骤

1. 测试双4选1数据选择器74LS153的功能

(1) 实验接线图及实验结果表。

图4.7是双4选1数据选择器74LS153功能测试实验接线图。

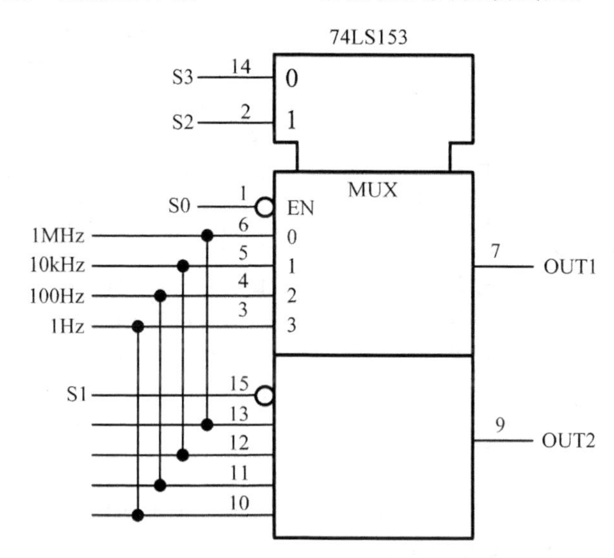

图4.7　双4选1数据选择器74LS153功能实验接线图

图4.7中，S0、S1、S2和S3是逻辑电平开关输出，1MHz、10kHz、100Hz和1Hz是实验台上的时钟信号。

注意：实验时要将74LS153的引脚8接地，引脚16接+5V。

(2) 拨动开关S0、S1、S2、S3，并观测OUT1和OUT2的波形，将观测结果填写到表4.7中。

表4.7　双4选1数据选择器74LS153实验结果表

开关设置				OUT1	OUT2	开关设置				OUT1	OUT2
S0	S1	S2	S3			S0	S1	S2	S3		
H	H	L	L			L	H	L	L		
H	H	L	H			L	H	L	H		
H	H	H	L			L	H	H	L		
H	H	H	H			L	H	H	H		
H	L	L	L			L	L	L	L		
H	L	L	H			L	L	L	H		
H	L	H	L			L	L	H	L		
H	L	H	H			L	L	H	H		

(3) 根据所学知识分析实验结果。

2. 测试双 2-4 译码器 74LS139 功能

(1) 实验接线图和实验结果表。

图 4.8 是测试双 2-4 译码器 74LS139 功能实验的接线图，表 4.8 是实验结果表。

由于 74LS139 中包含 2 个完全互相独立、功能完全一样的 2-4 译码器，因此只对其中一个 2-4 译码器的功能进行测试。图 4.8 中，S2、S1、S0 是逻辑电平开关，L0、L1、L2、L3 是发光二极管电平指示灯，灯亮表示高电平、灯灭表示低电平。**注意：74LS139 的引脚 16 接+5V，引脚 8 接地。**

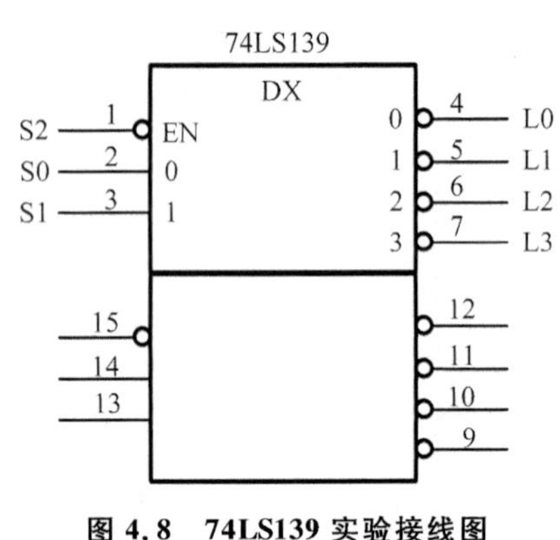

图 4.8 74LS139 实验接线图

表 4.8 74LS139 实验结果表

开关			指示灯			
S2	S1	S0	L3	L2	L1	L0
L	L	L				
L	L	H				
L	H	L				
L	H	H				
H	L	L				
H	L	H				
H	H	L				
H	H	H				

(2) 拨动开关 S0、S1、S2，同时观测指示灯 L0～L3，将结果填入表 4.8 中。

(3) 根据所学知识分析实验结果。

4.5 全加器构成及测试实验

一、实验目的

(1) 了解全加器的实现方法。

(2) 掌握全加器的功能。

二、实验所用器件和仪表

(1) TEC-8 实验系统 1 台

(2) 四 2 输入异或门 7486 1 片

(3) 四 2 输入与非门 7400 1 片

三、实验内容

用数字逻辑器件完成加法是一件很重要的事情，它是计算机和其他数字系统的最重要的基础之一。全加器实现了一位加法的功能，多位加法可以由若干全加器组成。全加器有多种实现方法，本实验采用一片 74LS86 和一片 74LS00 构成一位全加器。

四、实验步骤

1. 全加器实验接线图和实验结果表

图 4.9 是全加器实验接线图，表 4.9 是实验结果表。

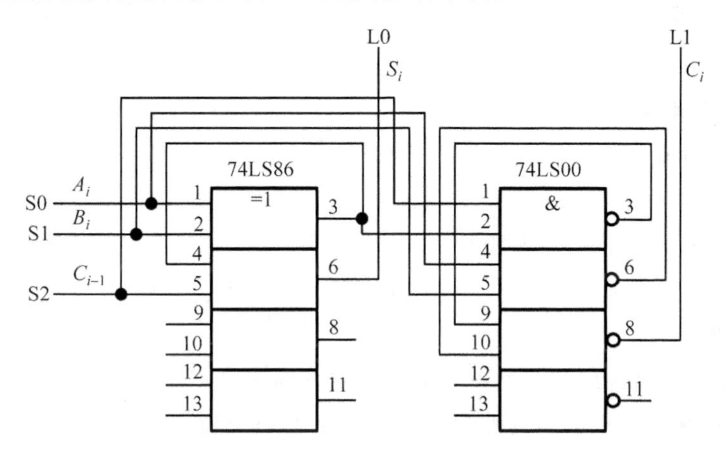

图 4.9　全加器实验接线图

表 4.9　全加器实验结果表

输　入			输　出	
A_i	B_i	C_{i-1}	S_i	C_i
0	0	0		
1	0	0		
0	1	0		
1	1	0		
0	0	1		
1	0	1		
0	1	1		
1	1	1		

在图 4.9 中，S2、S1、S0 是实验台上的逻辑电平开关，朝上代表 1，朝下代表 0；L1、L2 是实验台上的发光二极管指示灯，灯亮代表 1，灯灭代表 0。**注意：74LS86 和 74LS00 的引脚 14 接+5V，引脚 7 接地。**

2. 测试全加器功能

(1) 设置开关 S2=0，拨动开关 S0、S1，观测指示灯 L1、L0，将观测结果写入表 4.9 中。

(2) 设置开关 S2=1，拨动开关 S0、S1，观测指示灯 L1、L0，将观测结果写入表 4.9 中。

(3) 根据所学知识，对实验结果予以解释。

(4) 根据图 4.9，写出 S_i、C_i 的逻辑表达式。

4.6 组合逻辑中的冒险现象实验

一、实验目的

了解组合逻辑中的冒险现象。

二、实验所用器件和仪表

(1) TEC-8 实验系统　　1台

(2) 六反相器 74LS04　　1片

(3) 四2输入正与非门 74LS00　　1片

(4) 示波器　　1台

三、实验内容

在组合电路中，当逻辑门有2个或者2个以上的输入信号同时发生变化时，输出端可能产生过度干扰脉冲的现象称为竞争冒险。本实验研究竞争冒险的原因。

(1) 一个信号和它3级反相后的信号进行与非。

(2) 一个信号和它5级反相后的信号进行与非。

四、实验步骤

1. 信号和它3级反相后的信号进行与非

(1) 实验接线图。

图4.10是一个信号和它经过3级反相后产生的信号进行与非实验的接线图。图4.10中，1MHz是TEC-8实验台上的时钟信号。**注意：74LS00 和 74LS04 的引脚14接+5V，引脚7接地。**

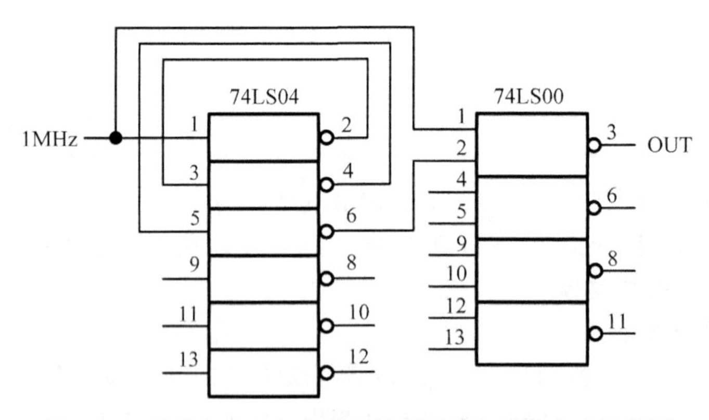

图4.10　信号和它3级反相后的信号进行与非实验接线图

(2) 用示波器观测74LS04引脚1、引脚2、引脚4、引脚6和OUT的波形。

(3) 用所学知识解释观测到的OUT波形。

2. 信号和它5级反相后的信号进行与非

(1) 实验接线图。

图4.11是一个信号和它经过5级反相后产生的信号进行与非实验的接线图。图4.11

中，1MHz是TEC-8实验台上的时钟信号。**注意：74LS00和74LS04的引脚14接+5V，引脚7接地。**

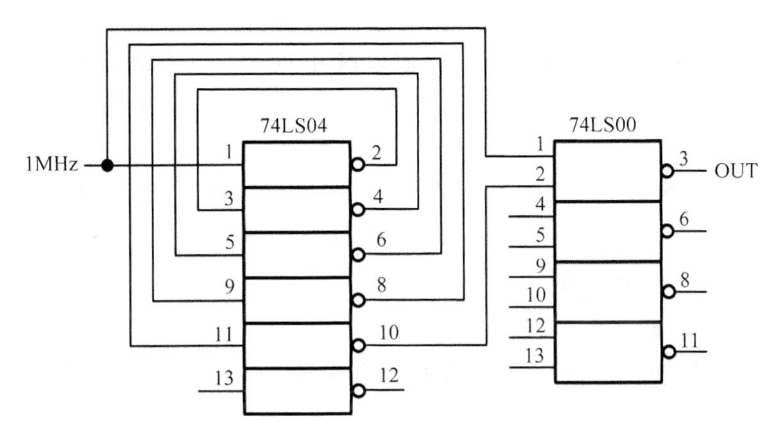

图4.11　信号和它5级反相后的信号进行与非实验接线图

(2) 用示波器观测74LS04引脚1、引脚2、引脚4、引脚6、引脚8、引脚10和OUT的波形。

(3) 用所学知识解释观测到的OUT波形。

3. 上述两个实验的比较与分析

比较实验1中观测到的OUT波形和实验2中观测到的波形的差别，并分析原因。

4.7　触发器实验

一、实验目的

(1) 掌握RS触发器、D触发器、JK触发器的工作原理。

(2) 学会正确使用RS触发器、D触发器、JK触发器。

二、实验所用器件和仪表

(1) TEC-8实验系统　　1台
(2) 四2输入正与非门74LS00　　1片
(3) 双D触发器74LS74　　1片
(4) 双JK触发器74LS107　　1片
(5) 双踪示波器　　1台
(6) 万用表　　1块

三、实验内容

(1) 用74LS00构成一个RS触发器。$\overline{R}$、$\overline{S}$端接电平开关输出，Q、$\overline{Q}$端接电平指示灯。改变R、S的电平，观测并记录Q、$\overline{Q}$的值。

(2) 双D触发器74LS74中一个触发器功能测试。

① 将R(复位)、S(置位)引脚接实验台电平开关输出，Q、$\overline{Q}$引脚接电平指示灯。改变R、S的电平，观察并记录Q、$\overline{Q}$的值。

② 在①的基础上，置 R、S 引脚为高电平，D(数据)引脚接电平开关输出，C1(时钟)引脚接单脉冲。在 D 为高电平和低电平的情况，分别按单脉冲按钮，观察 Q、$\overline{Q}$ 的值，记录下来。

(3) 在①的基础上，将 D 引脚接 100kHz 脉冲源，C1 引脚接 1MHz 脉冲源。用双踪示波器同时观测 D 端和 CP 端，记录波形；同时观测 D 端、Q 端，记录波形。分析原因。

(4) 制定对双 JK 触发器 74LS107 中一个 JK 触发器进行测试的测试方案，并进行测试。

四、实验接线图、测试步骤

1. 实验 1 的参考接线图、测试步骤

图 4.12 是 RS 触发器测试参考接线图。图中，S1、S2 是电平开关输出，L0、L1 是电平指示灯。

按照表 4.10 的输入值顺序依次测试 RS 触发器，将测试结果填入表 4.10 中。

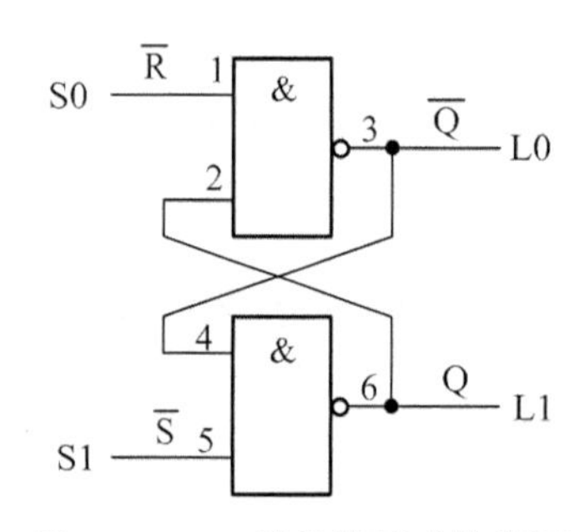

图 4.12 RS 触发器测试接线图

表 4.10 RS 触发器功能测试表

输入		输出	
$\overline{R}$	$\overline{S}$	$\overline{Q}$	Q
0	1		
1	1		
1	0		
0	0		

需要注意的是：时序电路的值与测试顺序有关。

根据触发器的定义，$\overline{Q}$ 和 Q 应互补，因此 $\overline{R}=0$，$\overline{S}=0$ 是非法状态。

2. 实验 2 的参考接线图、测试步骤

图 4.13 和图 4.14 是测试 D 触发器 74LS74 的接线图，S1、S2、S3 是电平开关输出，L0、L1 是电平指示灯，QD 是按单脉冲按钮 QD 后产生的正单脉冲，100kHz、1MHz 是时钟脉冲源。

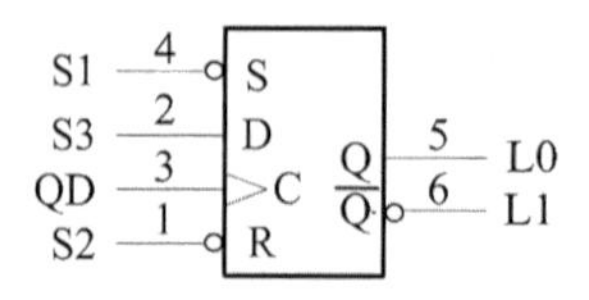

图 4.13 74LS74 参考测试图 1

图 4.14 74LS74 参考测试图 2

(1) 如图 4.13 所示接线，按照表 4.11 的输入值顺序依次测试 D 触发器，将测试结果填入表 4.11 中。其中，“X”表示信号任意；“⎍”表示对应信号接入单脉冲 QD，测试时需按一下单脉冲按钮 QD。

表 4.11 D触发器 74LS74 功能测试结果表

输 入				输 出	
R	S	C	D	Q	$\overline{Q}$
L	H	X	X		
H	H	X	X		
H	L	X	X		
L	L	X	X		
H	H	⎍	H		
H	H	⎍	L		

(2) 如图 4.14 所示接线，令 R=1，S=1，D 接 100kHz 脉冲，C 接 1MHz，用双踪示波器同时测量 D 端、Q 端波形，并画出二者的波形图。

3. 双 JK 触发器 74LS107 中一个触发器的功能测试方案

74LS107 功能测试接线图如图 4.15 和图 4.16 所示。S1、S2、S3 是电平开关输出，L0、L1 是电平指示灯，QD 是按单脉冲按钮 QD 后产生的宽单脉冲，100kHz 是时钟脉冲源。**74LS107 引脚 14 接+5V，引脚 7 接地。**

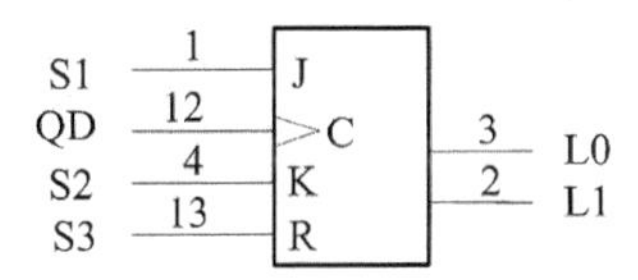

图 4.15 74LS107 测试图 1

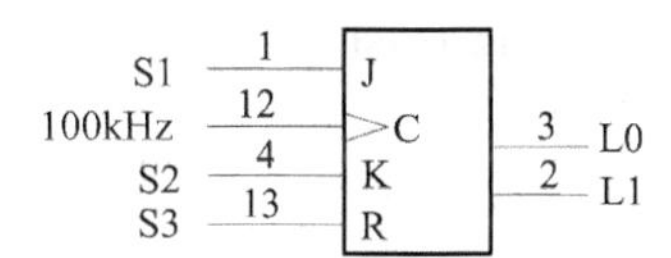

图 4.16 74LS107 测试图 2

(1) 如图 4.15 所示接线，按照表 4.12 的输入值顺序依次测试 RS 触发器，将测试结果填入表 4.12 中。其中，“X”表示信号任意；“⎍”表示对应信号接入单脉冲 QD，测试时需按一下单脉冲按钮 QD。

表 4.12 JK 触发器 74LS107 功能测试表

输 入				输 出	
R	J	K	C	Q	$\overline{Q}$
L	X	X	X		
H	L	L	⎍		
H	H	L	⎍		
H	L	L	⎍		
H	L	H	⎍		
H	L	L	⎍		
H	H	H	⎍		
H	H	H	⎍		

(2) 如图 4.16 所示接线，R=1，J=1，K=1，C 接 100kHz，用双踪示波器同测量 C 端

和 Q 端的波形，并画出波形图。

4.8 简单时序电路实验

一、实验目的

掌握简单时序电路的分析、设计、测试方法。

二、实验所用器件和仪器

(1) TEC-8 实验系统	1 台
(2) 双 JK 触发器 74LS107	2 片
(3) 双 D 触发器 74LS74	2 片
(4) 四 2 输入与非门 74LS00	1 片
(5) 示波器	1 台
(6) 万用表	1 块

三、实验内容

1. 双 D 触发器 74LS74 构成的二进制计数器（分频器）实验

(1) 参考接线图如图 4.17 所示。

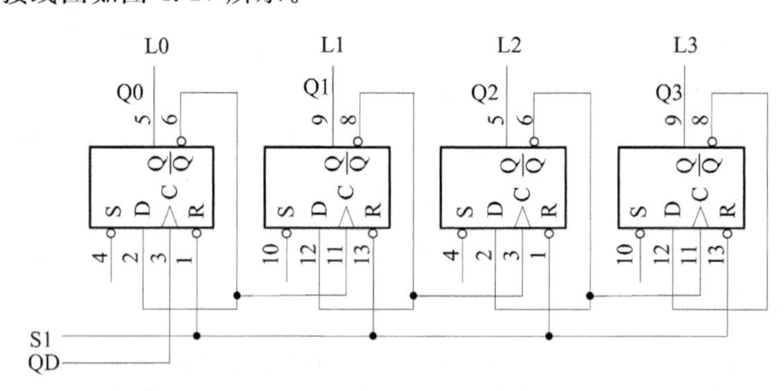

图 4.17 双 D 触发器 74LS74 构成的二进制计数器

(2) 将开关 S1 拨到 0，使 Q0、Q1、Q2、Q3 复位，观察 L0～L3。然后将开关 S1 拨到 1。

(3) 按实验台上的 QD 按钮，输入单脉冲，观测并记录 L0、L1、L2、L3 的状态。写出 Q0、Q1、Q2、Q3 的状态转移表。

(4) 将 4 个 D 触发器的时钟输入接 100kHz 时钟，观测 Q0、Q1、Q2、Q3 的波形，并把波形画下来。

2. 双 JK 触发器 74LS107 构成的二进制计数器实验

用 2 片 JK 触发器器件 74LS107 构成一个二进制计数器，重做内容 1 的实验。

参考接线图如图 4.18 所示。

3. 异步十进制计数器实验

(1) 按图 4.19 构成一个异步十进制计数器。

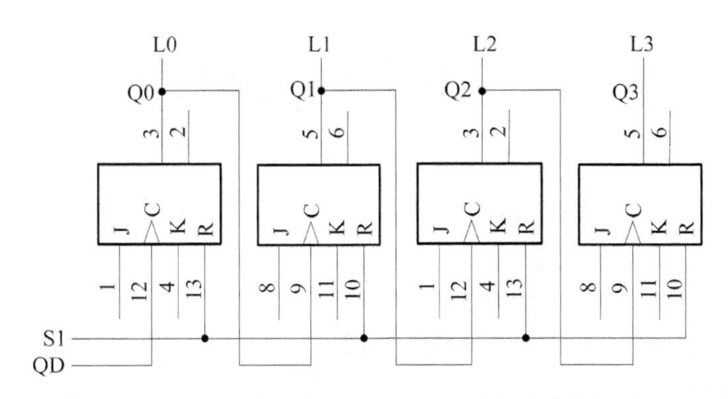

图 4.18　双 JK 触发器构成的二进制计数器参考接线图

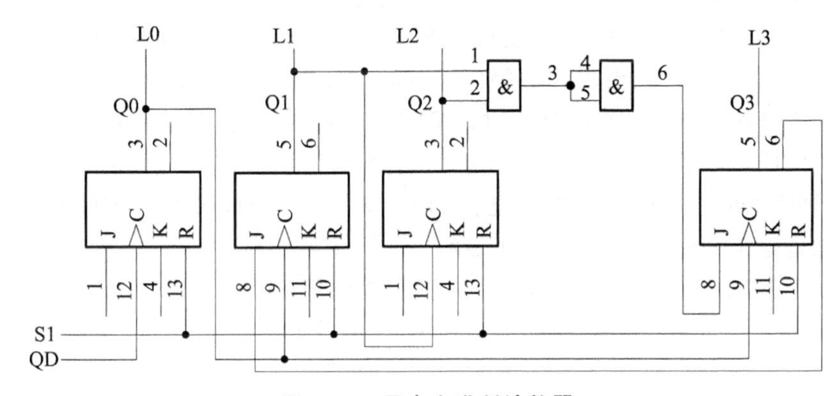

图 4.19　异步十进制计数器

(2) 将 Q0、Q1、Q2、Q3 复位。

(3) 按 QD 按钮输入单脉冲，测试并记录 Q0、Q1、Q2、Q3 的状态。

(4) 将信号 QD 换成 100kHz 输入连续脉冲，观测并记录 Q0、Q1、Q2、Q3 的波形。

4. 自循环寄存器实验

(1) 用双 D 触发器 74LS74 构成一个 4 位自循环寄存器。方法是第一级的 Q 端接第二级的 D 端，依次类推，最后第四级的 Q 端接第一级的 D 端。4 个 D 触发器的 CLK 端连接在一起，然后接单脉冲时钟。

(2) 将触发器 Q0 置 1，Q1、Q2、Q3 清 0。按单脉冲按钮，观察并记录 Q0、Q1、Q2、Q3 的值。

四、实验提示

(1) D 触发器 74LS74 是上升沿触发，JK 触发器 74LS107 是下降沿触发。

(2) 做自循环寄存器实验时，可将第一个 D 触发器的 S 端和后 3 个 D 触发器的 R 端接在一起，然后接一个开关，当开关向下时，给 4 个 D 触发器置位或者复位，然后按 QD 按钮，产生 QD 脉冲，使循环计数器循环。

4.9 计数器和数码管实验

一、实验目的

（1）掌握计数器 74LS162 的功能。

（2）掌握计数器的级联方法。

（3）掌握任意模计数器的构成方法。

（4）熟悉数码管的两种驱动方法及其使用。

二、实验说明

计数器器件是应用较广的器件之一。它有很多型号，各自完成不同的功能，以满足不同的需要。本实验选用 74LS162 做实验用器件。74LS162 是十进制 BCD 同步计数器。CLK 是时钟输入端，上升沿触发计数触发器翻转。允许端 ENP 和 ENT 都为高电平时允许计数，允许端 ENT 为低电平时禁止进位 RCO 产生。同步预置端$\overline{LOAD}$加低电平时，在下一个时钟的上升沿将计数器置为预置数据端的值。清除端$\overline{CLR}$为同步清除，低电平有效，在下一个时钟的上升沿将计数器复位为 0。74LS162 的进位位 RCO 在计数值等于 9 时为高，脉宽是 1 个时钟周期，可用于级联。

数码管是常用的显示数字的器件，一个数码管内部有若干个单独控制的发光二极管。根据用途不同，常用的有日字形或者米字形两类，日字形用于显示 10 个数字 0～9，米字形用于显示更为复杂的符号。无论是日字形数码管还是米字形数码管，又分为共阳极和共阴极两种。顾名思义，共阳极数码管中各发光二极管使用公共的阳极（正极），共阴极数码管中各发光二极管使用公共的阴极（负极）。TEC-8 实验台上配置了 6 个日字形共阳极数码管。一个日字形数码管由 8 个单独控制的发光二极管构成，8 个发光二极管分别命名为 a、b、c、d、e、f、g 和 dp，其中 dp 代表小数点，各发光二极管的位置见图 4.20。

这种 8 个发光二极管构成的数码管用于显示数字 0～9。例如需要显示数字 2 时，只要点亮发光二极管 a、b、d、e、g 即可。当需要点亮数码管中的某个发光二极管时，必须使该发光二极管通过一定的电流。图 4.20 中的各个电阻就是各发光二极管的限流电阻，由于在 TEC-8 实验系统中使用的是共阳极数码管，因此只要将限流电阻的一端接发光二极管的负极，限流电阻的另一端接低电平，就能点亮相应的发光二极管，改变限流电阻的大小，可以改变发光二极管的亮度。在 TEC-8 实验系统上数码管 LG1（在 6 个数码管的最右边）采用各发光二极管直接驱动的方式，因此使用了一个 8 线反向驱动器 74240 驱动。当 LG1-D7～LG1-D0 的任一位为 1 时，数码管 LG1 中对应的发光二极管点亮。数码管 LG6～LG2 各使用了一个 BCD-七段译码器/驱动器 74LS47 驱动。其驱动规则如表 4.13 所示。

短路子 DZ2 用于对数码管 LG6-LG1 的供电电源＋5V 进行控制。当短路子 DZ2 短接时，数码管正常工作；当短路子 DZ2 断开时，数码管 LG6～LG1 不工作。数码管 LG1 和 LG2 的驱动信号由插孔引出，可以通过接插线和相应的控制信号连接。

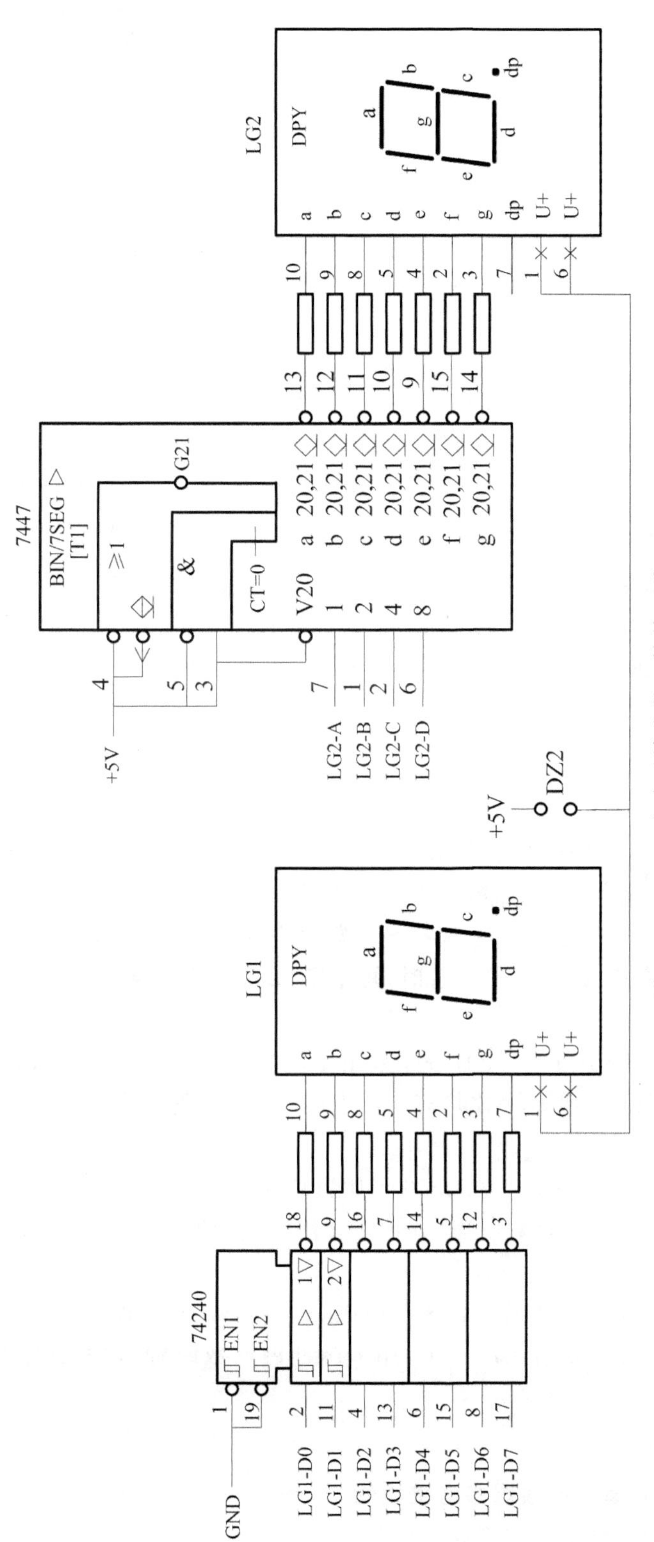

图 4.20　TEC-8 实验系统上数码管的驱动

表 4.13　74LS47 驱动规则

D	C	B	A	显示数字
0	0	0	0	0
0	0	0	1	1
0	0	1	0	2
0	0	1	1	3
0	1	0	0	4
0	1	0	1	5
0	1	1	0	6
0	1	1	1	7
1	0	0	0	8
1	0	0	1	9

三、实验所用器件和仪器

(1) TEC-8 实验系统　　1 台
(2) 同步 4 位 BCD 计数器 74LS162　　2 片
(3) 2 输入 4 与非门 74LS00　　1 片
(4) 示波器　　1 台
(5) 万用表　　1 块

四、实验内容

(1) 将数码管 LG1 的驱动信号 LG1-D7～LG1-D0 分别接开关 S7～S0，拨动这些开关，观察数码管 LG1 各段发光二极管的点亮情况；将数码管 LG2 的驱动信号 LG2-A、LG2-B、LG2-C、LG2-D 分别接开关 S0～S3，拨动这些开关形成数字 0～9，观察数码管 LG2 对应的显示。**注意，在使用数码管时，短路子 DZ2 必须短接。不使用数码管时，短路子 DZ2 最好断开。**

(2) 用 1 片 74LS162 和 1 片 74LS00 采用复位法构成一个模 7 计数器。用单脉冲做计数时钟，用数码管 LG2 观测计数状态，并记录。用连续脉冲做计数时钟，观测并记录 Q_D、Q_C、Q_B、Q_A 的波形。

(3) 用 1 片 74LS162 和 1 片 74LS00 采用置位法构一个模 7 计数器。用单脉冲做计数时钟，用数码管 LG3 观测计数状态，并记录。用连续脉冲做计数时钟，观测并记录 Q_D、Q_C、Q_B、Q_A 的波形。

(4) 用 2 片 74LS162 和 1 片 74LS00 构成一个模 60 计数器。2 片 74LS162 的 Q_D、Q_C、Q_B、Q_A 分别接发光二极管 L7～L0。用单脉冲做计数时钟，观测数字的变化，检验设计和接线是否正确。

五、参考接线图

1. 复位法构成的模 7 计数器参考接线图

复位法构成的模 7 计数器参考接线图如图 4.21 和图 4.22 所示。

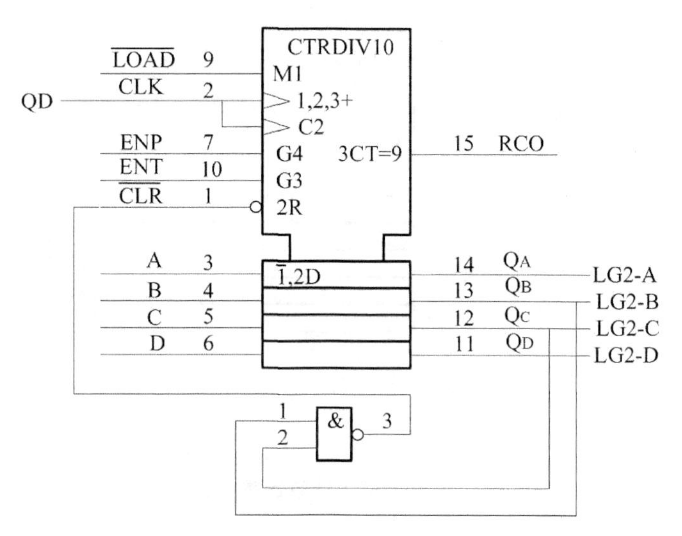

图 4.21　复位法构成的模 7 计数器参考接线图 1

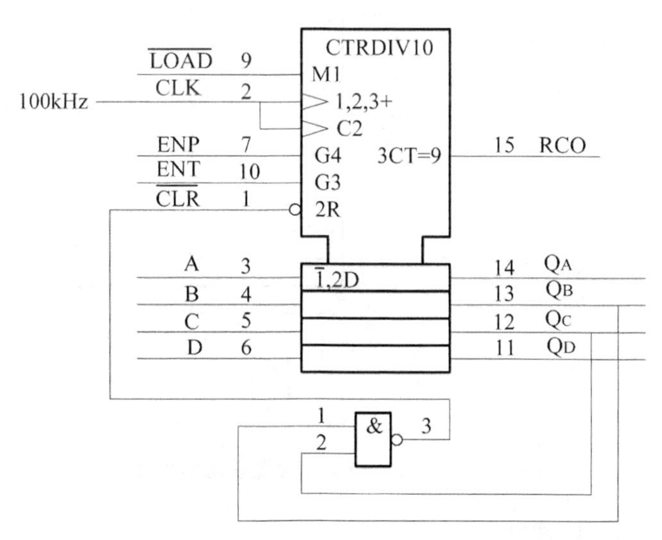

图 4.22　复位法构成的模 7 计数器参考接线图 2

2. 置位法模 7 计数器参考接线图

置位法模 7 计数器参考接线图如图 4.23 和图 4.24 所示。

图 4.23 和图 4.24 中，将开关 S3、S2、S1、S0 设置为 0011。如果设置为其他数，则为其他进制计数器。

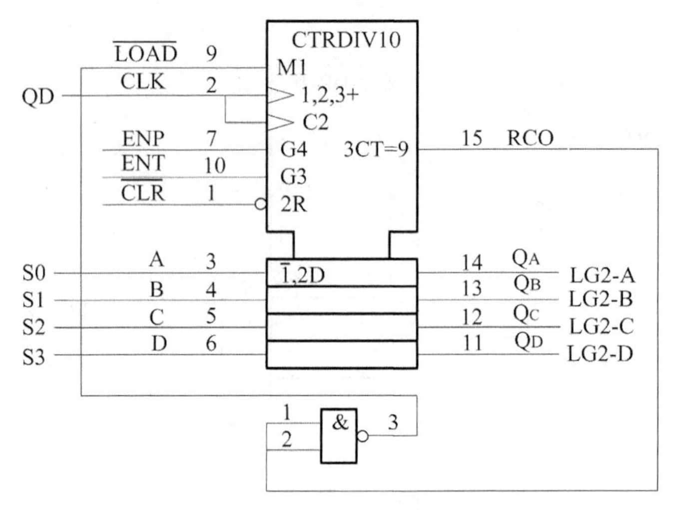

图 4.23　置位法模 7 计数器参考接线图 1

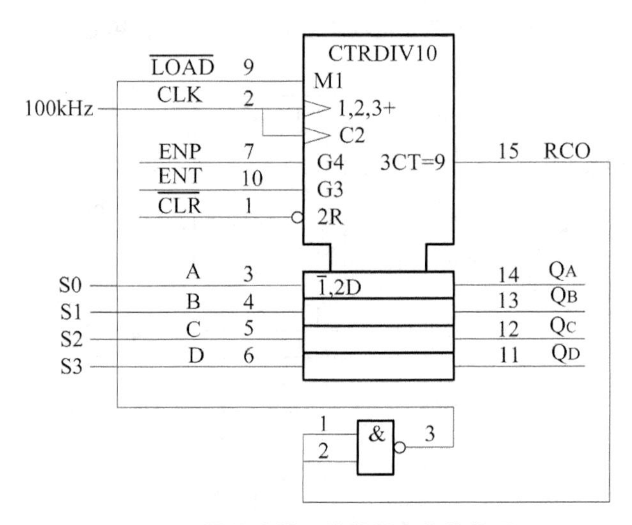

图 4.24　置位法模 7 计数器参考接线图 2

3. 模 60 计数器接线图

(1) 复位法模 60 计数器参考接线图如图 4.25 所示。

(2) 置位法模 60 计数器接线图如图 4.26 所示。

图 4.26 中，须将开关 S3、S2、S1、S0 设置为 0011。

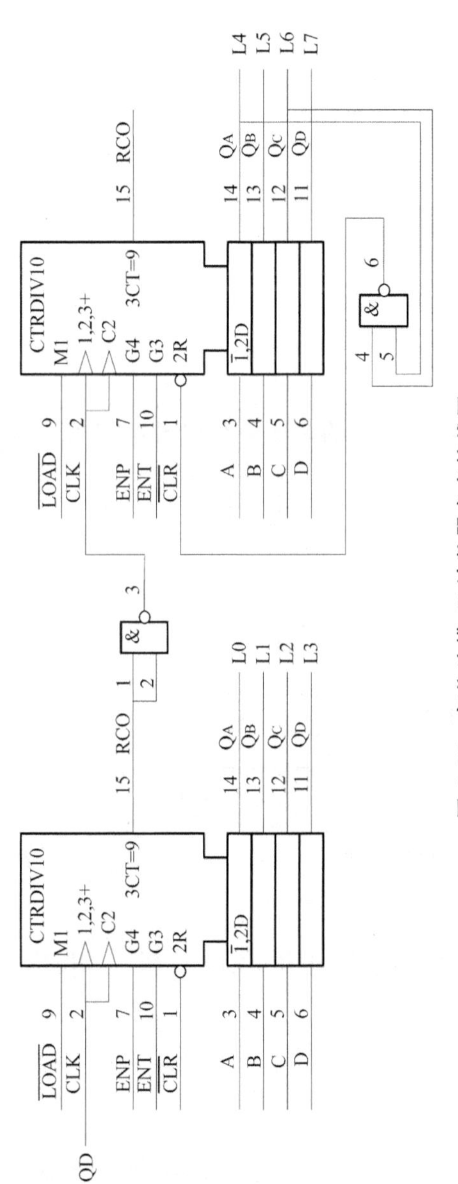

图 4.25　复位法模 60 计数器参考接线图

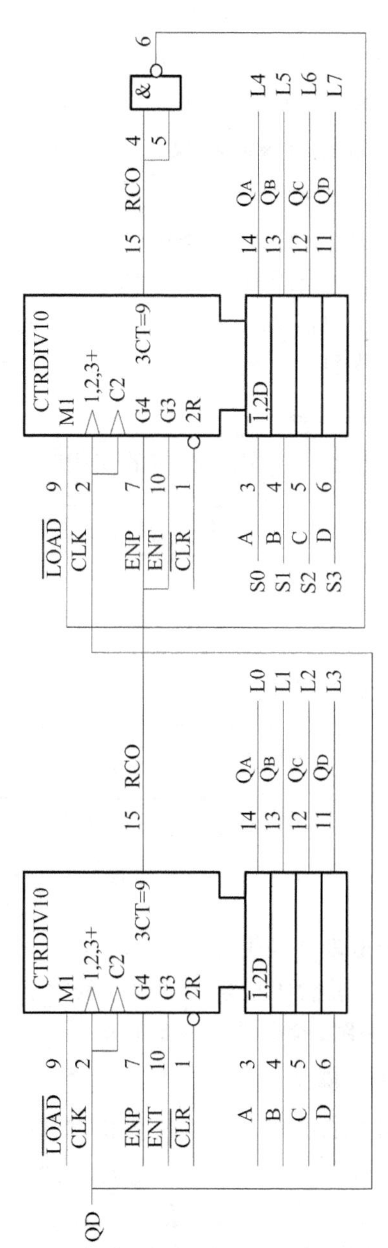

图 4.26　置位法模 60 计数器接线图

4.10 四相时钟分配器实验

一、实验目的

(1) 学习译码器的使用。

(2) 学习设计、调试较为复杂的数字电路。

(3) 学会用示波器测量3个以上波形的时序关系。

二、实验所用器件和仪表

(1) TEC-8实验系统	1台
(2) 双JK触发器74LS107	1片
(3) 双2-4线译码器74LS139	1片
(4) 六反相器74LS04	1片
(5) 示波器	1台

三、实验内容

设计一个用上述器件构成的四相时钟分配器。要求的时序关系如图4.27所示。

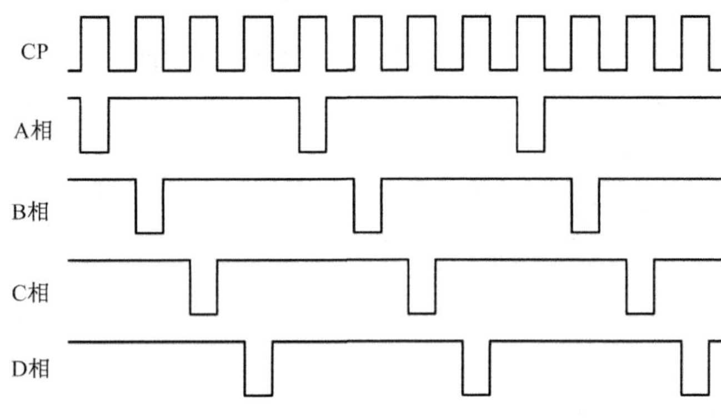

图4.27 四相时钟时序关系

(1) 画出设计逻辑图。

(2) 在实验台上按逻辑图连接线路。示波器测量CP、A相、B相、C相、D相的时序关系，画出时序图，检查是否满足要求。

四、实验提示

(1) 用74LS107构成一个四进制计数器。

(2) 计数器输出Q0、Q1作为译码器的输入。

(3) 用示波器测量多个信号的时序关系是以测量两个信号的时序关系为基础的。本实验中，可首先测量CP和A相时钟的时序关系，然后测量其他相时钟和A相时钟的时序关系。

五、实验参考接线图

实验参考接线图如图4.28所示。

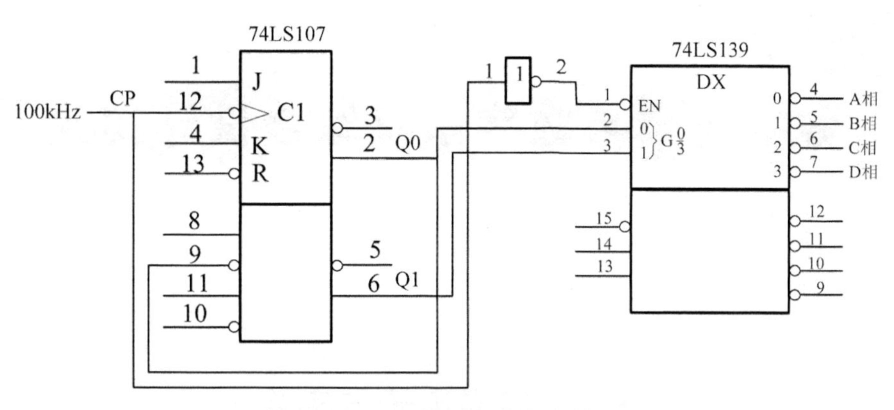

图 4.28　四相时钟分配器参考接线图

第5章 数字逻辑与数字系统综合设计实验

5.1 简易电子琴实验

本实验是个大型实验，可作为课程设计使用，也可作为一个演示实验。

一、实验目的

(1) 掌握简易电子音响的基本原理。

(2) 通过简易电子的设计掌握数字逻辑系统的设计方法。

(3) 掌握 EDA 软件 Quartus Ⅱ 的基本使用方法。

(4) 掌握用硬件描述语言设计复杂数字电路的方法。

二、实验原理

1. 简易电子音响

电子音响是当今一个很时髦的物品，操作简单，声音动听。大家都知道一个基本的物理原理：振动发声。无论是何种声音，都是通过振动产生的。例如，刮风时由于空气的振动产生了风声；用木棍敲击铜钟时，铜钟振动产生钟声。在 TEC-8 实验台上，通过喇叭的纸盆振动发声，只要控制纸盆的振动频率，就能控制声音的音调；只要控制纸盆振动的长短，就能控制声音的节拍；只要控制振动的幅度，就能控制声音的强度。本实验只控制声音的音调和节拍。

2. 喇叭及其驱动电路

TEC-8 实验台上的喇叭及其驱动电路如图 5.1 所示。

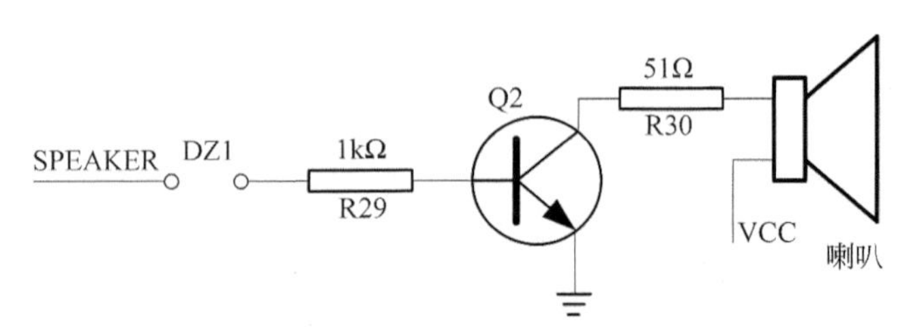

图 5.1 喇叭及其驱动电路

图 5.1 中，当短路子 DZ1 断开时，喇叭不受控制，因此不发声。喇叭的阻抗为 8Ω，R30 是防止喇叭烧毁的限流电阻。R29 是晶体三极管 Q2 的基极电阻，当控制信号 SPEAKER 为高电平时，Q2 饱和，电流流过喇叭；当控制信号 SPEAKER 为低电平时，Q2

截止,没有电流流过喇叭。控制了电流流过喇叭的频率,就控制了喇叭纸盆振动的频率。本实验中,我们使用方波信号 SPEAKER 控制喇叭纸盆的振动。方波信号虽然不是正弦波,但它的基波是正弦波,而且频率同方波频率一致。基波在控制喇叭振动中起主要作用。喇叭的纸盆振动也不可能突变,因此用方波信号控制喇叭纸盆的振动也能产生出清晰的声音。

3. 音调的频率

每个音调对应一个固定的频率,本实验中用到的 C 调的部分音符和对应频率见表 5.1。

表 5.1　C 调的部分音符和对应频率

音　调	i	7	6	5	4	3	2	1
频率(Hz)	262	294	330	349	392	440	494	523
开关	S7	S8	S9	S10	S11	S12	S13	S14

三、实验设备

(1) 个人计算机　　1 台

(2) TEC-8 实验系统　　1 台

(3) 双踪示波器　　1 台

(4) 万用表　　1 只

四、实验要求

(1) 利用 TEC-8 实验系统上的时钟信号 MF,对其进行分频,产生出表 5.1 中的 8 个音频信号。

(2) 使用 TEC-8 实验系统上的 8 个开关 S14～S7 代表 8 个琴键。其中 S7 代表 i。当 S7～S14 中的某个开关拨到向上位置时,发出对应的音调,拨到向下位置时,停止发声。**任何时候,只允许 S7～S14 中的一个开关处于向上位置。**

(3) 在个人计算机上 Quartus Ⅱ 环境中用硬件描述语言设计出程序,经过编译,然后下载到 EPM7128S CPLD 器件中,构成一个电子琴。

(4) 听喇叭发出的声音,如果不符合要求,可以重新修改程序、编译后下载,直到正确为止。

五、实验提示

1. EPM7128S CPLD 芯片引脚信号

喇叭控制信号 SPEAKER 由 TEC-8 实验台的 EPM7128S CPLD 器件产生。本实验中,使用的信号对应 EPM7128S CPLD 的引脚如表 5.2 所示。

表 5.2 所示信号中的 MF、S7～S14 等信号,和 EPM7128S CPLD 的引脚并没有直接与时钟、开关连接,它们是通过一条扁平电缆连接的,因此做实验时,需将扁平电缆的 34 芯端插到插座 J6 中,将 6 芯端插到插座 J5 中,将 16 芯端插到插座 J8 中。**注意:扁平电缆进行插接或者拔出必须在关电源后进行。**另外,做实验时,应将短路子 DZ1 短接,开关 S15 置为 1,以使喇叭受到控制;实验完成后,应将短路子 DZ1 断开。

表5.2 简易电子琴实验中的信号与EPM7128S CPLD引脚对应关系

信号名	引脚号	信号方向	信 号 意 义
MF	55	in	由实验台上的石英晶振产生的频率为1MHz的时钟
CLR#	1	in	按一次CLR按钮后产生的复位信号，低电平有效
SPEAKER	52	out	喇叭的控制信号
S14	81	in	开关
S13	80	in	开关
S12	79	in	开关
S11	77	in	开关
S10	76	in	开关
S9	75	in	开关
S8	74	in	开关
S7	73	in	开关

2. 音调分频程序示例

音调1的频率是262Hz，音调i的频率是523Hz，如果直接用1MHz的主时钟信号分频，则产生262Hz的信号需要对1MHz信号进行3816（十六进制0EE8）分频，产生523Hz的信号需要对1MHz的信号进行1912（十六进制778）分频。这样产生262Hz信号的分频器需要12个宏单元，产生523Hz信号的分频器需要11个宏单元，占用资源太多。为了节省资源，首先对1MHz信号进行10分频得到100kHz信号，作为分频的基准，其他音调的信号由100kHz信号通过分频产生。

驱动喇叭发声的信号SPEAKER应当是占空比为50%的方波。

对100kHz信号进行分频产生261Hz的设计程序如下：

```
p1: process(clr,f100k,f1_t,f1)
    begin
        if clr='0' then
            f1_t<=x"00";
            f1<='0';
        elsif f100k'event and f100k='1' then
            if f1_t=x"be" then          --十六进制be相当于190,因此是进行191分频
                f1_t<=x"00";
                f1<=not f1;             --2分频
        else
                f1_t<=f1_t+'1';
                f1<=f1;
        end if;
      end if;
  end process;
```

上面的程序中首先对 100kHz 信号进行了 191 分频得到信号 f1_t，然后对 f1_t 进行 2 分频得到信号 f1。f1 实际频率为 261.7Hz。

六、注意事项

实验完成后，必须要将硬连线控制器的相关内容重新装入 EPM7128S 中，以备以后做其他实验使用。

5.2　简易频率计实验

一、实验目的

(1) 掌握频率计的基本原理。

(2) 通过简易频率计的设计掌握数字逻辑系统的设计方法。

(3) 掌握 EDA 软件 Quartus Ⅱ的基本使用方法。

(4) 掌握用硬件描述语言设计复杂数字电路的方法。

二、实验原理

频率计是一种常用的仪器，用于测量一个信号的频率或者周期。与示波器相比，它测量频率更加准确、直观。

一个频率计总体上分为两部分：第一部分以被测信号作为计数时钟进行计数，第二部分将计数结果显示出来。频率的显示方法有两种，一种是用数码管显示，一种是用液晶显示屏显示。本实验采用的是数码管显示方法，用 6 个数码管显示，最多显示 6 位十进制数。LG1 显示个位数，LG2 显示十位数，LG3 显示百位数，LG4 显示千位数，LG5 显示万位数，LG6 显示十万位数。6 个数码管中，对 LG1 采用使用 8 位数据直接驱动各发光二极管的方法，对 LG6～LG2 采用 8-4-2-1 编码的方式驱动。具体驱动方式，参看 4.9 节计数器和数码管实验。

频率计中，被测信号作为计数时钟进行计数时需要一个时间闸门，只有在这个时间闸门允许的时间段内才能进行计数。例如，时间闸门可以是 0.001s、0.01s、0.1s、1s、10s 等。如果时间闸门选用 1s，那么对被测信号计数得到的数就是该信号的实际频率；如果时间闸门选用 0.001s，那么以被测信号作为计数时钟进行计数得到的计数器的值是被测信号实际频率的千分之一；如果时间闸门选用 10s，那么计数器的值是被测信号实际频率的 10 倍。对于选用 10s 的时间闸门而言，在显示频率的时候，要将小数点放在最低位之前，这样可以得到 0.1Hz 的分辨率。对于选用 0.001s 的时间闸门，显示的是 kHz 而不是 Hz，用米字形数码管显示“kHz”也不难。不过 TEC-8 实验台上的数码管不能显示“k”字符。在本实验中，只选用时间闸门为 1s，只显示频率的数字，不显示单位。

时间闸门要求很高的精度，精度至少要在 10^{-5} 以上。因此产生时间闸门信号时一定用到高精度石英晶体振荡器。如果石英晶体振荡器的频率是 1MHz，对其进行 1000 分频，能得到 0.001s 的时间闸门，对其进行 1 000 000 分频，得到 1s 的时间闸门。

由于人眼不能分辨变化过快的显示，因此需要在计数器停止计数后需要一段较长的时间显示频率。例如可以 1s 时间计数，1s 时间显示计数值。还有的做法是计数过程中随时显示，计数结束后用1s时间显示计数结果。需要注意的是，在时间闸门中计数前，首先要使计数器复位为0，以保证计数值准确。这个计数器复位工作通常在按下复位按钮后进行一次，保证第一次计数准确；在显示用的每个时间段的最后通过内部产生的复位信号进行1次复位计数器工作，为下次计数做好准备。

影响频率计计数能力的主要是计数器的速度。如果一个计数器的计数速度不高，就无法对高频信号计数，测出的频率是不真实的。本实验中不考虑这个问题。

在测量一个信号的周期时，通常的做法是将信号的周期作为时间闸门，用一个频率精确的信号作为计数时钟脉冲，计算在时间闸门内通过的计数时钟脉冲个数。例如，采用1MHz的计数时钟脉冲时，如果在一个信号周期内有678个计数时钟脉冲通过，则该信号的周期就是678μs。

三、实验设备

(1) 个人计算机　　1台
(2) TEC-8实验系统　　1台
(3) 双踪示波器　　1台
(4) 万用表　　1只

四、实验要求

(1) 使用频率为1MHz的主时钟产生一个时间为1s的时间闸门，用于对被测信号进行计数，计数时间为1s，静态显示时间为1s。计数过程中对计数器的值进行显示。

(2) 对TEC-8试验台上的下列频率的信号测试其频率：MF、100kHz、10kHz、1kHz、100Hz、10Hz。

(3) 用模式开关SWB、SWA选择被测信号，选择标准如表5.3所示。

表5.3　频率计被测信号选择

SWB	SWA	被测信号	说　明
0	0	MF	既作为主时钟，又作为被测信号
0	1	CP1	短路子DZ3选中100kHz信号，短路子DZ4短接选中10kHz信号，DZ3和DZ4不允许同时短接
1	0	CP2	短路子DZ5选中1kHz信号，短路子DZ6短接选中100Hz信号，DZ5和DZ6不允许同时短接
1	1	CP3	短路子DZ7选中10Hz信号，DZ7和DZ8不允许同时短接

(4) 频率计采用自顶向下或者自底向上的层次方法设计。

(5) 在个人计算机上Quartus Ⅱ用硬件描述语言设计出程序，经过编译，然后下载到EPM7128S器件中，构成一个频率计。

(6) 观察实验结果。如果不符合要求，重新修改程序、编译后下载，直到正确为止。

五、实验提示

1. CPLD引脚信号

本实验中使用的信号对应EPM7128 SCPLD的引脚如表5.4所示。

表 5.4 简易频率计实验中的信号与 EPM7128S CPLD 引脚对应关系

信号名	引脚号	信号方向	信号意义
MF	55	in	主时钟及被测信号
CP1	56	in	被测信号,频率为 100kHz 或者为 10kHz
CP2	57	in	被测信号,频率为 1kHz 或者 100Hz
CP3	58	in	被测信号,频率为 10Hz
CLR#	1	in	复位信号,低电平有效
SWA	4	in	选择被测信号
SWB	5	in	选择被测信号
LG1-D0	44	out	数码管 LG1 的驱动信号
LG1-D1	45	out	数码管 LG1 的驱动信号
LG1-D2	46	out	数码管 LG1 的驱动信号
LG1-D3	48	out	数码管 LG1 的驱动信号
LG1-D4	49	out	数码管 LG1 的驱动信号
LG1-D5	50	out	数码管 LG1 的驱动信号
LG1-D6	51	out	数码管 LG1 的驱动信号
LG1-D7	52	out	数码管 LG1 的驱动信号
LG2-A	37	out	数码管 LG2 的驱动信号
LG2-B	39	out	数码管 LG2 的驱动信号
LG2-C	40	out	数码管 LG2 的驱动信号
LG2-D	41	out	数码管 LG2 的驱动信号
LG3-A	35	out	数码管 LG3 的驱动信号
LG3-B	36	out	数码管 LG3 的驱动信号
LG3-C	17	out	数码管 LG3 的驱动信号
LG3-D	18	out	数码管 LG3 的驱动信号
LG4-A	30	out	数码管 LG4 的驱动信号
LG4-B	31	out	数码管 LG4 的驱动信号
LG4-C	33	out	数码管 LG4 的驱动信号
LG4-D	34	out	数码管 LG4 的驱动信号
LG5-A	25	out	数码管 LG5 的驱动信号
LG5-B	27	out	数码管 LG5 的驱动信号
LG5-C	28	out	数码管 LG5 的驱动信号
LG5-D	29	out	数码管 LG5 的驱动信号
LG6-A	20	out	数码管 LG6 的驱动信号
LG6-B	21	out	数码管 LG6 的驱动信号
LG6-C	22	out	数码管 LG6 的驱动信号
LG6-D	24	out	数码管 LG6 的驱动信号

对于上述信号中的 MF、CP1、CP2、CP3、LG1-D7～LG1-D0 需要用扁平电缆将 EPM7128S 的引脚和 TEC-8 实验台上的对应信号进行连接。将扁平电缆的 34 芯端插到插座 J6 上,将扁平电缆的 12 芯端插到插座 J1 上,将扁平电缆的 6 芯端插到插座 J5 上。**注意:扁平电缆进行插接或者拔出必须在关电源后进行**。另外,做实验时,应将短路子 DZ2 短接,以使数码管正极接到+5V 上;实验结束后,将短路子 DZ2 断开。

2. 异步十进制计数器

对被测信号的频率进行计数的计数器必须是十进制的计数器而不能是十六进制的计数器。一个典型的异步十进制计数器的代码如下：

```
library ieee;
use ieee.std_logic_1164.all;
use ieee.std_logic_arith.all;
use ieee.std_logic_unsigned.all;

entity counter10A is port
    (clr: in std_logic;
     clk: in std_logic;
     enable: in std_logic;
     c_out: out std_logic;
     cnt: buffer std_logic_vector(3 downto 0));
end counter10A;

architecture behav of counter10A is
begin
process(clr,clk,cnt,enable)
    begin
        if clr='0' then
            cnt<="0000";
            c_out<='0';
        elsif clk'event and clk='1' then
            if enable='1' then
                if cnt="1001" then
                    cnt<="0000";
                    c_out<='1';
                else
                    cnt<=cnt+'1';
                    c_out<='0';
                end if;
            end if;
        end if;
    end process;
end behav;
```

在上面的程序中，当复位信号 clr 为 0 时，十进制计数器 cnt 复位为"0000"，进位信号 c_out 复位为 0。enable 信号是时间闸门，clk 是被测信号。在 enable 信号为 1 时，允许在时钟信号 clk 上升沿计数。当计数到"1001"（十进制 9）时，下一个时钟脉冲 clk 的上升沿重新回到"0000"（十进制 0），重新开始计数。信号 c_out 只有在 cnt10 的值为"0000"的时间段内为 1。在异步计数器中，低位计数器产生的 c_out 作为高位计数器的时钟信号。

3. 十进制计数器数码管的驱动

十进制计数器的输出除了个位之外,其他十进制位的 4 位二进制输出直接与数码管的驱动电路连接。十进制计数器的个位由于相应的数码管是按每个发光二极管驱动,因此必须进行转换。转换使用 case 语句,例如:

```
library ieee;
use ieee.std_logic_1164.all;

entity display is port
    (counter1: in std_logic_vector(3 downto 0);
     a,b,c,d,e,f,g,h: out std_logic );
end display;

architecture behave of display is
    signal s_out: std_logic_vector(7 downto 0);
    begin
        a<=s_out(0);
        b<=s_out(1);
        c<=s_out(2);
        d<=s_out(3);
        e<=s_out(4);
        f<=s_out(5);
        g<=s_out(6);
        h<=s_out(7);

    process(counter1)
        begin
            case counter1 is
                when "0000"=>                --显示数字 0
                    s_out<="00111111";
                when "0001"=>                --显示数字 1
                    s_out<="00000110";
                when "0010"=>                --显示数字 2
                    s_out<="01011011";
                when "0011"=>                --显示数字 3
                    s_out<="01001111";
                when "0100"=>                --显示数字 4
                    s_out<="01100110";
                when "0101"=>                --显示数字 5
                    s_out<="01101101";
                when "0110"=>                --显示数字 6
                    s_out<="01111110";
                when "0111"=>                --显示数字 7
                    s_out<="00000111";
```

```
            when "1000"=>                   --显示数字 8
                s_out<="01111111";
            when "1001"=>                   --显示数字 9
                s_out<="01101111";
            when others=>
                s_out<="00000000";
        end case;
    end process;
end behave;
```

六、注意事项

实验完成后，必须要将硬连线控制器的相关内容重新装入 EPM7128S 中，以备以后做其他实验使用。

5.3 简易交通灯实验

一、实验目的

(1) 学习状态机设计。

(2) 掌握数字逻辑系统的设计方法。

(3) 掌握 EDA 软件 Quartus Ⅱ 的基本使用方法。

(4) 掌握用硬件描述语言设计复杂数字电路的方法。

二、实验原理

交通灯控制是一种常见的控制，几乎在每个十字路口上都可以看到交通灯。本实验通过南北和东西两个方向上的 12 个指示灯(4 个黄灯、4 个红灯、4 个绿灯)模拟路口的交通灯控制情况。TEC-8 实验台上的交通灯电路如图 5.2 所示。

12 个发光二极管代表 12 个交通灯。2 个 7 引脚的排电阻向 12 个发光二极管提供电流。排电阻的引脚 1 为公共端，它和排电阻其他引脚之间的电阻值为 1kΩ。当短路子 DZ9 断开时，两个排电阻的引脚 1 悬空；当短路子 DZ3 短接时，两个排电阻的引脚 1 接 +5V，通过排电阻给 12 个发光二极管供电。控制信号 TL0～TL11 分别控制各发光二极管的负极。由于 2 个 7404 器件对控制信号 TL0～TL11 反相后接到发光二极管的负极，因此当 TL0～TL11 中的某一个信号为 1 时，对应的发光二极管有电流流过而被点亮。只要对信号 TL0～TL11 进行合适的控制，就能使 12 个发光二极管按要求亮、灭。

三、实验设备

(1) 个人计算机　　1 台

(2) TEC-8 实验系统　　1 台

(3) 双踪示波器　　1 台

(4) 万用表　　1 只

四、实验任务

模拟十字路口交通灯的运行情况，完成下列功能。

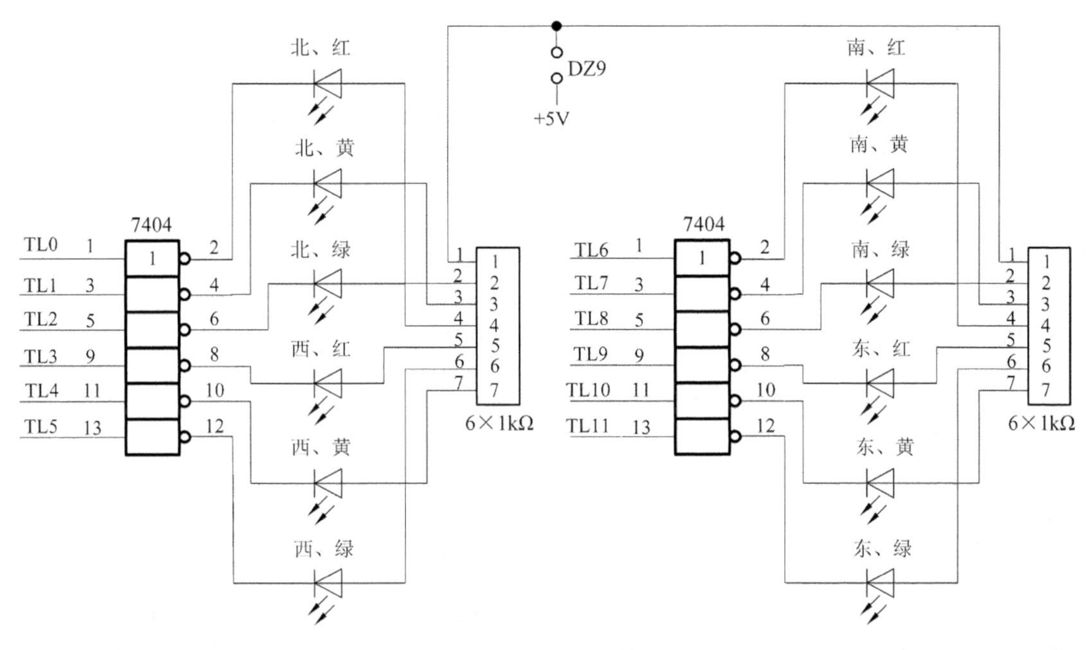

图 5.2　交通灯实验电路图

(1) 按下复位按钮 CLR 后，进入(2)。

(2) 南、北方向的 2 个绿灯亮，允许车辆通行；东、西方向的 2 个红灯亮，禁止车辆通行。时间 10s。

(3) 南、北的 2 个黄灯闪烁，已经过了停车线的车辆继续通行，没有过停车线的车辆停止通行；东、西方向的 2 个红灯亮，禁止车辆通行。时间 2s。

(4) 南、北方向 2 个红灯亮，禁止车辆通行；东、西方向 2 个绿灯亮，允许车辆通行。时间 10s。

(5) 南、北方向 2 个红灯亮，禁止车辆通行；东、西 2 个黄灯闪烁，已经过了停车线的车辆继续通行，没有过停车线的车辆停止通行。时间 2s。

(6) 返回(2)，继续运行。

(7) 如果在(2)状态下，按一次紧急按钮 QD，立即结束(2)状态，进入(3)状态，以使东、西方向车辆尽快通行。如果在(4)状态下，按一次紧急按钮 QD，立即结束(4)状态，进入(5)状态，以使南、北方向车辆尽快通行。

五、实验提示

1. CPLD 器件引脚信号

本实验中使用的信号对应的 CPLD 引脚如表 5.5 所示。

表 5.5　交通灯实验中的信号与 EPM7128S CPLD 引脚对应关系

信号名	引脚号	信号方向	信 号 意 义
MF	55	in	由石英晶振产生的频率 1MHz 的时钟
CLR＃	1	in	复位信号，低电平有效

续表

信号名	引脚号	信号方向	信 号 意 义
QD	60	in	按 QD 按钮产生的脉冲，做紧急情况使用
TL0	20	out	控制北方红灯
TL1	21	out	控制北方黄灯
TL2	22	out	控制北方绿灯
TL3	24	out	控制西方红灯
TL4	25	out	控制西方黄灯
TL5	27	out	控制西方绿灯
TL6	28	out	控制南方红灯
TL7	29	out	控制南方黄灯
TL8	30	out	控制南方绿灯
TL9	31	out	控制东方红灯
TL10	33	out	控制东方黄灯
TL11	34	out	控制东方绿灯

由于信号 MF、QD 的 CPLD 引脚和实验台上的相应信号没有直接连接，因此在实验时首先要将扁平电缆的 34 芯端插到插座 J6 上，将扁平电缆的 6 芯端插到插座 J5 上。**注意：扁平电缆进行插接或者拔出必须在关电源后进行。**

2. 状态机

本实验是典型的状态机实验。首先从 1MHz 的 MF 时钟信号经过 5 次 10 分频产生 0.1s 的计数时钟，用以对计数器计数，用计数器的值控制状态机状态之间的转换。当按下一次 QD 按钮时，直接修改计数器的值，使状态转换提前产生。

本实验中有的状态机有 4 个状态，分别对应“实验任务”中的(2)～(5)。状态机的示例程序如下：

```
state_p: process(clr,clk)
    begin
      if clr='0' then
          state<="00";
      elsif clk'event and clk='1' then           --clk为0.1s的时钟信号
          state<=next_state;
      end if;
    end process;

state_trans: process(clk,state,count)
    begin
      case state is
          when "00"=>                             --0状态
              if count="1100011" then             --10s到了吗?
                  next_state<="01";               --转到1状态
              else
                  next_state<="00";               --继续0状态
```

```
        end if;

    when "01"=>                          --1状态
        if count="1110111" then          --12s到了吗?
            next_state<="11";            --转到2状态
        else
            next_state<="01";            --继续1状态
        end if;

    when "11"=>                          --2状态
        if count="1100011" then          --10s到了吗?
            next_state<="10";            --转到3状态
        else
            next_state<="11";            --继续2状态
        end if;

    when "10"=>                          --3状态
        if count="1110111" then          --12s到了吗?
            next_state<="00";            --转到0状态
        else
            next_state<="10";            --继续3状态
        end if;
  end case;
end process;
```

上述的状态机由两个 process 语句构成。第一个 process 语句给出了状态机中每0.1s用 next_state 代替 state;第二个 process 语句根据时间控制 next_state 的产生。

黄灯闪烁可通过连续亮0.2s、灭0.2s实现。

本实验中短路子DZ9需要短接。实验完毕后,短路子DZ9断开。将CPLD左上标注有SELECT的一个单排插针2、3短接。

六、注意事项

实验完成后,必须要将硬连线控制器的相关内容重新装入EPM7128S中,以备以后做其他实验使用。

5.4 VGA接口设计

一、实验目的

(1) 学习VGA接口的工作原理和在显示器上显示某种特定图形的方法。

(2) 掌握数字逻辑系统的设计方法。

(3) 掌握EDA软件Quartus Ⅱ的基本使用方法。

(4) 掌握用硬件描述语言设计复杂数字电路的方法。

二、实验原理

1. VGA 接口

VGA 彩色显示器(640×480/60Hz)显示过程中所必需的信号，除 R、G、B 三基色信号外，行同步 HS 和场同步 VS 也是非常重要的两个信号。在显示器显示过程中，HS 和 VS 的极性可正可负，显示器内可自动转换为正极性逻辑。

现以正极性为例，说明 CRT 的工作过程：R、G、B 为正极性信号，即高电平有效。当 VS=0，HS=0，CRT 显示的内容为亮的过程，即正向扫描过程约为 26μs，当一行扫描完毕，行同步 HS=1，约需 6μs；其间，CRT 扫描产生消隐，电子束回到 CRT 左边下一行的起始位置($X=0,Y=1$)；当扫描完 480 行后，CRT 的场同步 VS=1，产生场同步使扫描线回到 CRT 的第一行第一列($X=0,Y=0$)处(约为两个行周期)，HS 和 VS 的时序如图 5.3 所示。

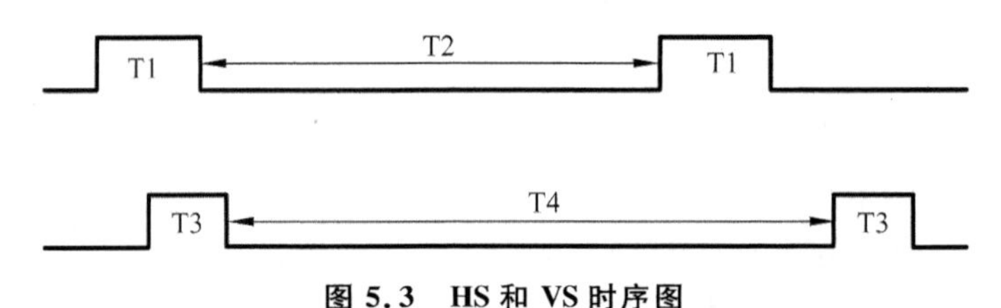

图 5.3 HS 和 VS 时序图

在图 5.3 中，T1 为行同步消隐(约为 6μs)；T2 为行显示时间(约为 26μs)；T3 为场同步消隐(两行周期)；T4 为场显示时间(480 行周期)。

表 5.6 是各种颜色的编码表。

表 5.6 颜色编码表

颜色	黑	黄	红	品红	绿	青	黄	白
R	0	0	0	0	1	1	1	1
G	0	0	1	1	0	0	1	1
B	0	1	0	1	0	1	0	1

2. VGA 接口驱动

TEC-8 实验系统中，对 VGA 接口的驱动如图 5.4 所示。

图 5.4 中，J2 是一个 15 芯的插座，与个人计算机上的显示器插座相同。VGA 接口的控制信号 VGA-R(红)、VGA-G(绿)、VGA-B(蓝)、VGA-H(行同步)、VGA-V(场同步)经 74244 驱动后通过 100Ω 电阻送往插座 J2。

三、实验设备

(1) 个人计算机　　1台

(2) TEC-8 实验系统　　1台

(3) 个人计算机用的显示器　　1台

(4) 双踪示波器　　1台

(5) 万用表　　1只

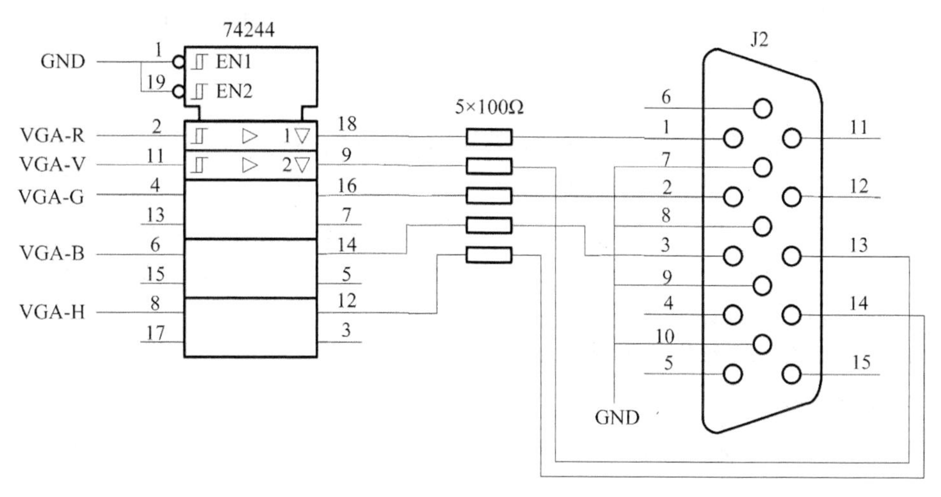

图 5.4 VGA 接口驱动电路

四、实验任务

(1) 在 VGA 接口显示器上显示出下列图形：横彩条、竖彩条、彩色方格和全屏同一彩色。其中横彩条要包括黑、黄、红、品红、绿、青、黄、白 8 种颜色，每种颜色彩条宽度基本相等。同样竖彩条也要包括黑、黄、红、品红、绿、青、黄、白 8 种颜色，每种颜色彩条宽度基本相等。

(2) 内部设置一个 2 位的模式计数器。当 CLR# 为低电平时，模式计数器复位为 00，当 QD 的上升沿到来后，模式计数器加 1。当模式计数器为 00 时，显示横彩条；当模式计数器为 01 时，显示竖彩条；当模式计数器为 10 时，显示彩色方格；当模式计数器为 11 时，显示同一种颜色。

五、实验提示

(1) 本实验中使用的信号对应的 CPLD 引脚如表 5.7 所示。

表 5.7 VGA 接口设计实验的信号与 EPM7128S CPLD 引脚对应关系

信号名	引脚号	信号方向	信号意义
VGA-R	34	out	VGA 接口的红色信号
VGA-G	35	out	VGA 接口的绿色信号
VGA-B	36	out	VGA 接口的蓝色信号
VGA-H	37	out	VGA 接口的行同步信号
VGA-V	39	out	VGA 接口的场同步信号
MF	55	in	频率为 1MHz 的主时钟信号
QD	60	in	模式计数器时钟，按 QD 按钮后产生，高电平有效
CLR#	1	in	复位信号，按 CLR 按钮后产生，低电平有效

由于信号 MF、QD 的 CPLD 引脚和实验台上的相应信号没有直接连接，因此在实验时首先要将扁平电缆的 34 芯端插到插座 J6 上，将扁平电缆的 6 芯端插到插座 J5 上。**注意：扁平电缆进行插接或者拔出必须在关电源后进行。**

（2）主时钟MF的频率是1MHz，因此很容易通过计数的办法产生26μs和6μs左右的时间长度。由于每台显示器参数上略有差别，实验时需要根据显示器的参数调整时间长度。

（3）可以使用行同步脉冲作为行计数器的计数时钟。

（4）把26μs时间段分为8个小时间段，在每个小时间段内向VGA接口输出一个固定的VGA-R、VGA-G、VGA-B值，就会在显示器上显示出希望的竖彩条。

（5）将480行分为8部分，在每一部分向VGA接口输出一个固定的VGA-R、VGA-G、VGA-B值，就会在显示器上显示出希望的横彩条。

（6）将竖彩条和横彩条异或，就能得到颜色方格。

六、注意事项

实验完成后，必须要将硬连线控制器的相关内容重新装入EPM7128S中，以备以后做其他实验使用。

第6章

VHDL 简介

VHDL 的英文全名是 Very High Speed Integrated Circuit Hardware Description Language，即甚高速集成电路硬件描述语言。它最早是美国国防部在进行超高速集成电路计划中，为了各个电子系统承包商之间的产品能相互兼容，避免重复设计以降低开发费用，而提出的一种硬件描述语言。VHDL 于 1987 年 12 月通过 IEEE 的标准审查，并宣布实施，即 IEEE STD 1076-1987。1993 年，VHDL 重新修订，形成新的标准即 IEEE STD 1076-1993（与之相对，另一种最早由 Candence 公司的子公司 Gate Way Design Automatic 提出并作为"私有财产"使用的硬件描述语言 Verilog HDL，于 1995 年成为 IEEE 标准，即 IEEE STD 1364.1995）。

VHDL 描述能力强，覆盖面广，抽象能力强，所以用 VHDL 作为硬件模型建模很适合。设计者的原始描述是非常简练的硬件描述，经过 EDA 工具综合处理，最终生产付诸生产的电路描述或版图参数描述的工艺文件。整个过程通过 EDA 工具自动完成，大大减轻了设计人员的工作强度，提高了设计质量，减少了出错的机会。

VHDL 可读性好。VHDL 既能被人容易读懂又能被计算机识别，作为技术人员编写的源文件，既是计算机程序、技术文档和技术人员的硬件信息交流文件，又是签约双方的合同文件。VHDL 中设计实体（Design Entity）、程序包（Package）、设计库（Library），为设计人员重复利用别人的设计提供了技术手段。重复利用他人的 IP 模块和软核（Soft Core）是 VHDL 的特色，许多设计不必个个都从头再来，只要在更高层次上把 IP 模块利用起来，就能达到事半功倍的效果。

VHDL 的移植性很强。因为它是一种标准语言，故它的设计描述可以被不同的工具所支持。它可以从一个模拟工具移植到另一个模拟工具，从一个综合工具移植到另一个综合工具，从一个工作平台移植到另一个工作平台去执行，这意味着同一个 VHDL 设计描述可以在不同的设计中采用。目前，在可编程逻辑器件（PLD）设计中广泛使用 VHDL，并且 IEEE 已经规定每个 PLD 厂家开发的设计系统，都要支持 VHDL。

VHDL 本身的生命期长。VHDL 的硬件描述与工艺技术无关，不会因为工艺变化而使描述过时。而与工艺技术有关的参数可通过 VHDL 提供的属性加以描述，当生产工艺改变时，只需修改相应程序中的属性参数即可。

VHDL 的不足之处是：设计的最终实现取决于针对目标器件的编程，工具的不同导致综合质量不一样。

6.1 VHDL程序的基本结构

一个VHDL程序包含实体(Entity)、结构体(Architecture)、包集合(Package)、库(Library)、配置(Configuration)5个部分。其中实体是一个VHDL程序的基本单元，由实体说明和结构体两部分组成。实体说明用于描述设计系统的外部接口信号；结构体用于描述系统的行为、系统数据的流程或者系统组织结构形式。包集合存放各设计模块能共享的数据类型、常数、子程序等。库用于存放已编译的实体、结构体、包集合、配置。库有两种，一种是用户自行生成的IP库，有些集成电路设计中心开发可大量的工程软件，有不少好的设计范例，这些范例可以重复引用，所以用户自行建库是专业EDA公司的重要任务之一；另一种是PLD、ASLC芯片制造商提供的库，例如常见的74系列芯片、RAM/ROM控制器、Counter计数器等标准模块，用户可以直接引用，而不必从头学起。配置用于从库中选取所需单元来组成系统设计的不同规格的不同版本，使被设计系统的功能发生变化。

6.1.1 实体说明

VHDL表达的所有设计均与实体有关，实体是设计最基本的模块。如果设计分层次，设计的最顶层是顶级实体，顶级实体中包含较低级别的实体。

设计实体的一般格式如下：

```
entity 实体名 is                    --entity是实体说明关键字
    [generic (类属表);]
    port(端口表);
    end 实体名;
```

根据设计实体的一般格式，可以看到设计实体中包含类属参数说明(generic)和端口说明(port)两部分。类属参数说明表示设计单元的默认类属参数值，例如规定端口的大小、实体中子元件的数目、实体的定时特性等参数；端口说明表示该设计单元与其他设计单元相连接的端口(输入输出信号)的名称、端口的模式及端口信号取值的类型。

1. 类属参数说明

类属参数说明必须放在端口说明之前用于指定参数，但有时在设计过程中无须指定参数，这部分可以省略。

2. 端口说明

端口说明是对基本设计实体(单元)与外部接口的描述，也可以说是对外部引脚信号的名称，数据类型和输入、输出方向的描述。其一般书写格式如下：

```
port(端口名[,端口名]: 方向 数据类型名
:
端口名[,端口名]: 方向 数据类型名);
```

(1) 端口名。

端口名是赋予每个外部引脚的名称，通常用一个或几个英文字母，或者用英文字母加

数字来命名。

(2) 端口方向。

端口方向用来定义外部引脚的信号方向是输入还是输出。

凡是用 in 进行方向说明的端口，其信号自端口输入到结构体，而结构体内部的信号不能从该端口输出。相反，凡是用 OUT 进行方向说明的端口，其信号将从结构体内经端口输出，而不能通过该端口向结构体输入信号。

另外，inout 用以说明该端口是双向的，可以输入也可以输出；BUFFER 用以说明该端口可以输出信号，且在结构体内部也可以利用该输出信号。LINKAGE 用以说明该端口无指定方向，可以与任何方向的信号连接。表示方向的说明符及其含义如表 6.1 所示。

表 6.1　端口方向说明

方向定义	含　义
in	输入
out	输出(结构体内部不能再使用)
inout	双向
buffer	输出(结构体内部可再使用)
linkage	不指定方向，无论哪一个方向都可连接

(3) 数据类型。

在 VHDL 中有 10 种数据类型，但是在逻辑电路中只用到了其中的两种：bit 和 bit_vector。

当端口被说明为 bit 数据类型时，该端口的信号取值只可能是“1”或“0”。注意，这里的“1”和“0”是指逻辑值，即 bit 数据类型是位逻辑数据类型，其取值只可能是两个逻辑值(“1”和“0”)的一个。

当端口被说明为 bit_vector 数据类型时，该端口的取值可能是一组二进制位的值。

【例 6-1】 端口说明。

```
entity mul is
    port(d0,d1,d2: in  bit;
         q: out bit;
         bus: out bit_vector;
         mid: buffer bit);
end mul;
```

6.1.2 结构体说明

所有能被仿真的实体都有一个结构体描述，结构体是设计实体的次级单元。结构体同实体一样，也是一个基本设计单元的实体，它具体指明了该基本设计单元的行为、元件及内部的连接关系，也就是说它定义了设计单元具体的功能。一个设计实体可以有多个结构体，分别代表该器件的不同方案。

由于结构体是对实体功能的具体描述，因此它一定要跟在实体的后面。在编译时，通常是先编译实体之后才能对结构体进行编译。

结构体的描述格式如下：

```
architecture (结构体名) of (实体名) is
    [常量定义]
    [内部信号定义]
    [元件定义]
    [子程序定义]
    begin
        [并行信号赋值语句]
        [进程语句]
        [生成语句]
        [元件例化语句]
end [结构体名];
```

即一个结构体从“architecture 结构体名 of 实体名 is”开始，至“end 结构体名”结束。下面对结构体书写方法及有关内容做一说明。

1. 结构体的命名

结构体名是对本结构体的命名，它是该结构体的唯一名称。of 后面紧跟的实体名表明了该结构体所对应的是哪一个实体。is 用来结束结构体的命名。结构体可以由设计者自由命名。但通常把结构体命名为 behavioral（行为）、dataflow（数据流）、structural（结构），分别对应3种描述方式。

2. 定义语句

定义语句位于 architecture 和 begin 语句之间，用于对结构体内部所使用的信号、常数、数据类型和函数进行定义。

信号的定义和端口说明语句一样，应有信号名和数据类型的说明，但因为信号是内部连接用的，故没有也不需要有方向的说明。

3. 并行语句

并行语句处于 begin 和 end 语句之间，这些语句具体地描述了结构体的行为及其连接关系。所谓并行，就是在结构体中，所有语句都是可以并行执行，也就是说，语句不以书写顺序为执行顺序。

VHDL 允许采用3种描述方法（行为描述、数据流和结构描述方式），或者是这些格式的任意组合，并允许以不同层次的抽象来描述设计，从算法运用到基本门级描述。不同的描述方式只体现在描述语句上，而结构体的结构是完全一样的。

(1) 行为描述(Behavioral Description)。

行为描述是描述该设计单元的功能，即描述该硬件能做什么，主要使用函数、过程和进程语句，以算法形式描述数据的变换和传送。

【例 6-2】 4位等值比较器的行为描述方式的 VHDL 实现。

```
library ieee;                              --包含 ieee 库
```

```
use ieee.std_logic_1164.all;                      --包含 ieee 库的 std_logic_1164 程序
Entity eqcomp4 is port                            --设计实体 eqcomp4
    (a,b: in std_logic_vector(3 downto 0);
    equals:out_std_logic);                        --定义输入输出信号
end eqcomp4;
architecture behavioral of eqcomp4 is             --eqcomp4 的结构体
begin                                             --结构体开始
    comp: process(a,b)                            --comp 进程,监视 a、b 信号变化,当 a、b
                                                  --信号变化时,引发下面语句执行
        begin
            if a=b then equal<='1';               --当 a=b 时,equals=1
                else  equal<='0';                 --当 a! =b 时,equals=0
            end if;
    end process comp;                             --结束进程 comp
end behavioral;                                   --结束结构体描述
```

(2) 结构描述(Structural Description)。

结构描述是描述该设计单元的硬件结构,即该硬件是如何构成的,主要使用配置指定语句及元件例化语句描述元件的类型及元件的互连关系。

【例 6-3】 4 位等值比较器的结构描述方式的 VHDL 实现。

```
library ieee;                                     --包含 ieee 库
use ieee.std_logic_1164.all;                      --包含 ieee 库的 std_logic_1164 程序
entity eqcomp4 is port                            --设计实体 eqcomp4
    (a,b:in std_logic_vector(3 downto 0)
    equals: out_std_logic);                       --定义输入输出信号
end eqcomp4;
architecture struct of eqcomp4 is
    component xnor2                               --元件定义,定义两输入端同或门
      port(a,b: in_std_logic;x: out std_logic);     --同或门输入输出信号
    end component;
    component and4                                --元件定义,定义四输入端与门
      port(a,b,c,d: in_std_logic;y: out std_logic);
                                                  --与门输入输出信号
    end component;
signal x: std_logic_vector(0 to 3);               --定义中间信号 x
begin
    u0: xnor2 port map (a(0),b(0),x(0));          --实例化同或门 u0
    u1: xnor2 port map (a(1),b(1),x(1));          --实例化同或门 u1
    u2: xnor2 port map (a(2),b(2),x(2));          --实例化同或门 u2
    u3: xnor2 port map (a(3),b(3),x(3));          --实例化同或门 u3
    u4: xnor2 port map (x(0),x(1),x(2),x(3),equals);  --实例化同或门 u4
end struct;
```

根据以上 4 位等值比较器的结构描述方式,可以看出结构描述是采用元件例化语句

来描述元件的类型及元件的互连关系。其中 a(0)、b(0)加到 u0 的输入端，a(1)、b(1)加到 u1 的输入端，a(2)、b(2)加到 u2 的输入端，a(3)、b(3)加到 u3 的输入端，u0、u1、u2、u3的输出信号 x(0)、x(1)、x(2)、x(3)加到与门 u4 的输入端，u4 的输出 equals 为四位等值比较器的输出。

(3) 数据流描述(Dataflow Description)。

数据流描述是以类似于寄存传输的方式描述数据的传输和变换，主要使用并行的信号赋值语句，既显式表示了该设计单元的行为，也隐式表示了该设计单元的结构。

【例 6-4】 4 位等值比较器的数据流描述方式的 VHDL 实现。

```
library ieee;                                      --包含 ieee 库
use ieee.std_logic_1164.all;                       --包含 ieee 库的 std_logic_1164 程序
entity eqcomp4 is port                             --设计实体 eqcomp4
    (a,b:in std_logic_vector(3 downto 0)
  equals: out std_logic);                          --定义输入输出信号
end eqcomp4;
architecture dataflow of eqcomp4 is begin
    equals<='1'when(a=b) else '0';                 --如果 a==b,equals 为 1,否则为 0
end dataflow;
```

根据以上给出的 VHDL 描述可知，数据流描述是采用信号赋值语句来描述它的功能的。

6.1.3 程序包

程序包(Package)是使已定义的常数、数据类型、函数、过程等能被其他设计共享的一种数据结构。

程序包定义格式如下：

```
package 程序包名 is                                 --程序包首
    程序包首说明;
end 程序包名;

package body 程序包 is                              --程序包体
    程序包体说明;
end 程序包名;
```

【例 6-5】 一个完整的程序包说明。

```
package logic is
    type three_level_logic is ('0','1','z');
    constant unknown_velue: three_level_logic:='0';
    function invert (input: three_level_logic) return three_level_logic;
end logic;
package body logic is
  function invert (input: three_level_logic) return three_level_logic is
  begin
```

```
    case input is
      when '0'=>return '1';
      when '1'=>return '0';
      when 'z'=>return 'z';
    end case;
  end invert;
end logic;
```

【例 6-6】 程序包的应用。

```
use logic.three_level_logic,         --使程序包相关定义可见
use logic.invert;                    --若用 use logic.all;则程序包中的全部定义可见

entity inverter is
  port (x: three_level_logic; y: out three_level_logic);
end inverter;

architecture behav of inverter is
  begin
    process(x)
      begin
          y<=invert(x)after 2ns;     --函数调用
    end process;
end behav;
```

6.1.4 库

库(Library)是编译后的数据的集合。库分为两类：设计库和资源库。

1. 设计库

设计库对设计项目总是可见的。有两个库属于设计库范畴。

(1) STD 库(VHDL 标准库)。

STD 库为所有设计单元所共享、隐含定义、默认和"可见"。它包含 STANDARD(VHDL 标准包,定义 VHDL 基本数据类型、子类型、函数等)和 TEXTIO(用于仿真)两个程序包,它们是 VHDL 编译工具的组成部分,只要用 VHDL 设计项目,它们就是必需的工具。

(2) WORK 库。

WORK 库是 VHDL 的工作库,它是用户的临时仓库,用户在项目设计中所有成品、半成品模块、元件以及尚未仿真的中间件均放在此。

2. 资源库

除了 STD 和 WORK 之外的库都是资源库。在有些库中存放的元件、函数都是被 IEEE 标准化组织认可的,称为 IEEE 库。

另外各个 EDA 工具厂商都有自己的资源库。

在对资源库中任何信息的引用之前必须使用库声明语句,以使库成为可见;然后使用

USE 语句声明要使用的程序包。

【例 6-7】 库资源的使用。

```
library ieee;                      --使 ieee 库可见
use ieee.std_logic_1164.all;       --使库中的程序包 std_logic_1164 中的所有
                                   --元件成为可见,于是以后就可以调用了
```

6.1.5 配置

配置语句(Configuration)用于描述层与层之间的连接关系和实体与结构体之间的连接关系。因为一个实体可以有多种不同的实现方式(对应不同的结构体),因此,用配置语句可以为实体选择不同的结构体,在仿真中,可以根据性能的选择得到最佳的设计目标。

如果一个元件不显式地受限于一个实体,则使用默认连接。默认连接是将元件与工作库中和该元件同名的实体相连接。

配置语句的基本书写格式如下:

```
configuration 配置名 of 实体名 is
    [语句说明];
end 配置名;
```

默认配置格式如下:

```
configuration 配置名 of 实体名 is
    for 选配结构体名
    end for;
end 配置名;
```

【例 6-8】 元件配置。

已知与非门的描述如下:

```
entity nand is
  port (a,b: in std_logic; c: out std_logic);
end nand;

architecture one of nand is
  begin
    c<=not (a and b);
end one;

architecture two of nand is
  begin
    c<='1' when (a='0') and (b='0') else
        '1' when (a='0') and (b='1') else
        '1' when (a='1') and (b='0') else
        '0' when (a='1') and (b='1') else
        '0';
```

```
end two;

configuration invcon of nand is              --为实体 nand 指定一种实现形式：反相器
      for one
        end for;
end invcon;

configuration and2con of counter is          --为实体 nand 指定另一种实现形式：二输入
                                             --与非门
      for two
        end for;
end and2con;
```

现利用以上的与非门设计一个 RS 触发器：

```
entity rsff is
  port (r,s: in std_logic; q,qb out std_logic);
end rsff;
architecture cons of rsff is
  component nand                             --元件说明
    port (a,b: in std_logic; c: out std_logic);
  end component;

begin
    u1: nand port map (s,qb,q);
    u2: nand port map (q,b,qb):
end cons;

configuration sel of rsff is                 --对实体 rsff 进行配置
  for cons                                   --对实体 rsff 中的结构体 cons 进行配置
    for u1,u2: nand                          --对结构体 cons 中的元件 u1、u2 进行配置
use CONFIGURATION WORK.and2con;              --设关于 nand 的设计已编译，并在 WORK 库中
      end for;
    end for;
end sel;
```

6.2　VHDL 的客体及词法单元

6.2.1　标识符

标识符规则就是符号书写的一般规则。VHDL 有两个标准版：VHDL'87 和 VHDL'93。VHDL'87 的标识符语法规则经过扩展后，形成了 VHDL'93 的标识符语法规则。前一部分称为短标识符，扩展部分称为扩展标识符。VHDL'93 含有短标识符和扩展标识符

两部分。

1. 短标识符

VHDL 的短标识符是遵守以下规则的字符序列。

- 字符可以是英文字母、数字、下画线。
- 必须是字母打头。
- 下画线的前后都必须有字母或数字。
- 不区分大小写。

虽然 VHDL 不区分大小写，但是，优秀的程序员应该有良好的编程习惯，例如，对于保留关键字应该用大写或黑体，而对于自己定义的标识符应该用小写，以使程序易于阅读，易于检查错误。

2. 扩展标识符

扩展标识符是 VHDL'93 增加的标识符书写规则，包括：

- 扩展标识符用反斜杠定界，如\muti_\screens\，\eda_centrol\。
- 允许包含图形符号（如回车符、换行符等）、空格，如：\mode A and B\，\ $100\，\p%name\。
- 可以用保留字，如\buffer\，\entity\，\end\。
- 可以由数字开头，如\2chip\，\4screens\。
- 允许多个下画线相连，如\TWO_Computer_sharptor\。
- 区分大小写，如\EDA\和\eda\不同。
- 与短标识符不同，如\COMPUTER\与 COMPUTER、computer 等都不同。
- 如包含反斜杠，则用两个反斜杠表示。

表 6.2 列出了 VHDL 的保留关键字。

表 6.2 VHDL 保留关键字

abs	access	after	alias	all
and	architecture	array	assert	begin
block	buffer	bus	case	component
configuration	constant	distant	downto	else
elsif	end	entity	exit	file
for	function	generic	group	if
impure	in	intertial	input	is
label	library	linkage	literal	loop
map	mode	nand	new	next
not	null	on	open	or
others	out	package	port	postponed
procedure	process	pure	range	record
register	reject	rem	return	rol
select	seberity	signal	shared	sla
sll	sra	srl	subtype	then
to	transport	type	unaffected	unites
until	variable	wait	while	with
xnor	xor			

6.2.2 词法单元

1. 注释

每一行中连字符“--”以后直到行末的部分为注释。

2. 数字

(1) 整数。

整数都是十进制的数，如：

5， 678， 156E2(=15600)， 45_234_287(=45234287)

这里数字间的下画线仅仅是为了提高文字的可读性，相当于一个空的间隔符，没有其他意义，因而不影响文字本身的数值。

(2) 实数。

实数也都是十进制的数，但必须带有小数点，如：

198.993， 88_670_551.453_909(=88670551.453909)， 44.99E－2(=0.4499)

(3) 以数值基数表示的数。

用这种方式表示的数由5部分组成。第一部分，用十进制数标明数值进位的基数；第二部分，数制隔离符号“#”；第三部分，表达的文字，即基于基的整数；第四部分，指数隔离符号“#”；第五部分，E+用十进制表示的指数，若指数为0，这一部分可以省略。如：

```
10#170#                 --十进制表示,等于 170
16#FE#                  --十六进制表示,等于 254
2#1111_1110#            --二进制表示,等于 254
8#376#                  --八进制表示,等于 254
16#E#E1                 --十六进制表示,等于 2#1110_0000#,即 224
16#F.01#E+2             --十六进制表示,等于 2#1111_0000_0001.#,即 3841.00
2#10.1111_0001#E8       --二进制表示,等于 1506.00
```

3. 字符和字符串

字符是使用单引号引起来的ASCII字符，它可以是字母、数字或符号，如'R'，'a'，'*'，'0'，'11'，'-'，…

字符串则是一维的字符数组，需放在双引号中。它包括两类：

(1) 文字字符串。双引号括起来的一串文字，其数据类型是一维枚举数组，如"ERROR!"，"BB$CC"，"Both S and Q equal to 1"…

(2) 数位字符串。又称位矢量或位串，是预定义数据类型Bit的一位数组。它与文字字符串类似，但表示的是二进制、八进制、十六进制的数组，其位矢量的长度即为等值的二进制数的位数。数位字符串的表示首先要有计算基数，然后将该基数表示的值放在双引号中。如：

```
B"1_1101_1110"     --二进制数组,每一位表示一个 Bit,位矢量长度为 9
O"15"              --八进制数组,每一位表示三个 Bit,位矢量长度为 6
X"AD0"             --十六进制数组,每一位表示四个 Bit,位矢量长度为 12
```

6.2.3 VHDL的数据类型

1. 标准的数据类型

表6.3列出了VHDL的标准数据类型，它们在VHDL标准程序包STANDARD中定义。

表6.3 VHDL标准数据类型

数据类型	含义/说明
整数(Integer)	32位，−2 147 483 647～2 147 483 647。不能按位操作，不能进行逻辑运算，常用于表示系统总线状态或计数器状态。需要综合时，要对范围加以限制
实数(Real)或浮点数(Floating)	−1.0E+38～+1.0E+38，常用于算法研究，书写时加小数点如：−1.0；+2.15；−1.0E38。很多综合器不支持该类型
自然数(Natural)或正整数(Positive)	0，1，2，3，…；1，2，3，4，…
位(Bit) 位矢量(Bit_Vector)	单引号，逻辑为'1'或'0'，如Signal a：bit：='1'； 双引号，如Signal a：bit_vector (7 downto 0)：="01011000"；
布尔量(Boolean)	两种值：TRUE(逻辑真)、FALSE(逻辑假)，初值为FALSE，常用于表示信号或总线状态
字符(Character)	单引号括起来的ASCII字符，注意'B'不同于'b'
字符串(String)	用双引号括起来，如"integer range"
时间(Time)	又称物理类型，单位为fs、ps、ns、us、ms、sec、min、hr，如55 sec。很多综合器不支持该类型
错误等级	NOTE，WARNING，ERROR，FAILURE

约束区间说明：

```
integer range 100 downto 1
bit-vector (3 downto 0)
real range 2.0 to 30.0
```

2. 用户定义的数据类型

(1) 枚举类型，如：

```
type week is (sum,mon,tue,wed,thu,fri,sat);
```

(2) 整数型，如：

```
type digit is integer range 0 to 9;
```

(3) 数组，由同一类型的数据组织在一起而形成的数据类型，如一维数组：

```
type byte is array (7 downto 0) of bit;
type vector is array (3 downto 0) of byte;
type bit_vector is array ( integer range <>) of bit;          --非限定数组
```

综合器目前不支持二维数组，因此二维数组仅用于仿真。

(4) 记录类型，由不同类型的数据组织在一起而形成的数据类型，主要用于仿真。

(5) 子类型，通过对某一数据类型进行限定(或者不限定，此时就是一个“别名”)而得到的一种新的数据类型，如：

```
type bit_vector is array (natural range<>) of bit;
subtype my_vector is bit_vector (0 to 15);                --限定位矢量的长度
```

在 VHDL 标准程序包 STANDARD 中定义的自然数类型和正整数类型就是预定义的子类型，其基本数据类型都是整数类型。

使用子类型既能提高程序的可读性，还有利于提高综合的优化效率，因为综合器可以根据子类型所设的约束范围有效地推知参与综合的寄存器的最合适的数目。

3. IEEE 预定义标准数据类型

在 IEEE 库的程序包 STD_LOGIC_1164 中，定义了两个非常重要的数据类型，即 STD_LOGIC 和 STD_LOGIC_VECTOR，其中 STD_LOGIC 的定义如下：

```
type std_logic is(
    'U',                           --未初始化的
    'X',                           --强信号不定,未知的
    '0',                           --强 0
    '1',                           --强 1
    'Z',                           --高阻态
    'W',                           --弱信号不定,未知的
    'L',                           --弱 0
    'H',                           --弱 1
    '-',                           --不可能情况,忽略
    );
```

在程序中使用此数据类型前，需加入以下说明语句：

```
LIBRARY IEEE;                      --库说明语句
USE IEEE.STD_LOGIC_1164.ALL;       --程序包集合说明语句
```

否则，EDA 工具将报错。

由 STD_LOGIC 数据的定义可知，STD_LOGIC 是标准 bit 数据类型的扩展，对于数据类型定义为标准逻辑位 STD_LOGIC 的数据对象，其可能的取值已非传统的 bit 那样只有 0 和 1 两种取值，而是有 9 种可能。目前，在设计中一般只用 IEEE 的 STD_LOGIC 标准逻辑位类型，bit 型则很少使用。不过，由于取值的多样性，编程时应当注意，因为在条件语句中，如果未考虑到 STD_LOGIC 的所有可能的取值情况，综合器可能会插入不希望的锁存器。

STD_LOGIC_VECTOR 是 STD_LOGIC 数据类型的一维数组，特别适合于描述总线信号。

4. 其他预定义标准数据类型

Synopsys 公司在 IEEE 库中加入的程序包 STD_LOGIC_ARITH 定义了如下数据类型：

```
type unsigned is array(natural range<>) of std_logic;      --无符号型
type signed is array(natural range<>) of std_logic;        --有符号型
subtype small_int is integer range 0 to 1;                 --小整型
```

如果将信号或变量定义为这几种数据类型，就可以使用该程序包中定义的运算符（同使用 STD_LOGIC 数据类型类似，使用之前需要加入库说明语句和程序包说明语句）。

UNSIGNED（用于无符号数的运算，综合器将这种类型的数解释成一个二进制数，左边是最高位）、SIGNED（用于有符号数的运算，综合器将这种类型的数解释成一个补码形式的二进制数，左边是符号位）用来设计可综合的数学运算程序，在实际应用中，大多数运算都需要用到它们。

在 IEEE 库的程序包 NUMERIC_STD 和 NUMERIC_BIT 中也定义了 UNSIGNED、SIGNED 数据类型，NUMERIC_STD 中是针对 STD_LOGIC 型定义的，NUMERIC_BIT 中是针对 BIT 型定义的，在有些综合器中没有附带 STD_LOGIC_ARITH 程序包，此时只能使用 NUMERIC_STD 和 NUMERIC_BIT 程序包。

5. 类型转换

VHDL 中不同的数据类型不能直接代入（子类型与原数据类型之间无须转换），相同类型，位长不同也不能代入。

(1) 函数转换法。

表 6.4 列出了常用的类型转换函数。

表 6.4 类型转换函数

包集合	函数名	功能
STD_LOGIC_1164	TO_STDLOGICVECTOR(A)	由 BIT_VECTOR 转换为 STD_LOGIC_VECTOR
	TO_BITVECTOR(A)	由 STD_LOGIC_VECTOR 转换为 BIT_VECTOR
	TO_STDLOGIC(A)	由 BIT 转换为 STD_LOGIC
	TO_BIT(A)	由 STD_LOGIC 转换为 BIT
STD_LOGIC_ARITH	CONV_STD_LOGIC_VECTOR(A,位长)	由 INTEGER、UNSIGNED、SIGNED 转换为 STD_LOGIC_VECTOR
	CONV_INTEGER(A)	由 UNSIGNED、SIGNED 转换为 INTEGER
STD_LOGIC_UNSIGNED	CONV_INTEGER(A)	由 STD_LOGIC_VECTOR 转换为 INTEGER
	CONV_STD_LOGIC_VECTOR(A,位长)	由 INTEGER 转换为 STD_LOGIC_VECTOR

(2) 类型标记法。

例如：

```
I:=integer (r);                                     --设 r 为实数,则 I 为整数
r:=real (i);                                        --设 I 为整数,则 r 为实数
```

6.2.4 VHDL 的对象

VHDL 的对象是指 VHDL 程序中可以被赋值的载体，它包括常量、变量、信号、文件等。

1. 常量

常量是定义在设计描述中不变化的值。

格式：

```
constant 常数名：数据类型:=表达式;
```

例如：

```
constant VCC: real:=5.0;
constant width: integer:=8;
constant delay: time:=10ns;
constant fbus: bit_vector:="0101";
```

用途：在entity、architecture、package、process、procedure、function中保持静态数据，以改善程序的可读性，并使修改程序容易。

【例6-9】 常量的定义及使用。

```
architecture behav of example is
begin
process (rst,clk)
    constant zero: std_logic_vector (7 downto 0):="00000000";
begin
    wait until clk='1';
      if (rst='1') then q<=zero;
      elsif(en='1') then q<=data;
      else q<=q;
      end if;
end process;
    end behav;
```

2. 变量

变量是定义进程中或子程序中的变化量。

格式：

```
variable 变量名：数据类型:=初始值;
```

例如：

```
variable tmp: std_logic:='0';
```

用途：在process、function、procedure中使用，用于计算或暂存中间数据，是一种局部量。

【例6-10】 变量的定义及使用。

```
architecture behav of count is
begin
process (clk)
variable temp: integer:='0';
begin
```

```
if clk'event and clk='1' then temp:=temp+1;
end if;
q<=temp;
end process;
end behav;
```

共享变量：又称全局变量，是VHDL'93扩展的功能，可在进程中或子程序说明区或其他说明区中进行定义。**由于全局变量容易引起错误，故应慎用。**

格式：

```
shared variable 变量名:数据类型:=初值;
```

【例6-11】 共享变量的定义及使用。

```
architecture ram is
    subtype data is integer range 0 to 255;
    subtype address is integer range 0 to 15;
    type ram16x8 is array (address) of data;
    signal din,dout: data;
    signal addr: address;
    signal we: bit;
    shared variable mem: ram16x8;
begin
  read: process (we,addr)
    begin
      if we='0' then
        dout<=mem (addr) after 30 ns;
      end if;
    end process read;
  write: process (we,addr,din)
    begin
      if we='1' then
        mem (addr):=din;
      end if;
  end process write;
...
end architecture ram;
```

3. 信号

信号在entity、architecture和package中用于定义内部连线，在元件间起互连接作用；或作为一种数据容器，以保留历史值或当前值。

格式：

```
signal 信号名: 数据类型 约束条件:=表达式;
```

【例 6-12】 信号的定义及使用。

```
architecture behav of example is
  constant xdata: integer:=2;
  signal y: integer range 0 to 15;
  begin
    process (s)
    variable tmp: integer:=0;
      begin
        if s='0' then tmp:=3;
        else tmp:=7;
        end if;
      y<=tmp+xdata;
    end process;
end behav;
```

【例 6-13】 信号的定义及使用。

```
architecture behav of counter is
        signal count: std_logic_vector (7 downto 0);
      begin
        process (clk)
          begin
            if (clk'event and clk='1') then
            if en='1' then
                count<=data;
            else
                count<=count+1;
            end if;
          end if;
        end process;
    end behav;
```

4. 文件

文件是在 VHDL'93 中扩充的一种对象，是为传输大量数据而定义的一种数据载体，常用于仿真。

下面对常量、变量和信号做一些比较。

(1) 变量常定义在进程与子程序中，用于保存运算的中间临时数据，或作为循环语句中的循环变量，其赋值(用符号“:=”)立即发生。

(2) 常量用于保存静态的数据。

(3) 信号有明显的连线或寄存器的对应关系，具有输出波形，对其赋值(用符号“<=”)需要延迟时间，在进程间或子程序间具有信息传递功能。

(4) 注意各种对象定义的所在位置及适用区域的对应关系。

【例 6-14】 信号赋值语句。

```
Z<=a nor (b nand c);                --delta 延迟
Z<=a nor (b nand c) after 5 ns;
```

```
Z<="1101";                           --设 Z 为 bit_vector (3 downto 0)
Z(2)<='1';                           --设 Z 为 bit_vector (3 downto 0)
Z<=('1','0','1','1');                --设 Z 为 bit_vector (0 to 3)
Z(i)<='0';                           --设 I 为下标变量
(a,b,c,d)<=z;                        --设 Z 为 4 位位矢量,a、b、c、d 都是位类型
```

【例 6-15】 变量赋值语句。

```
a:=2;                                --赋值方法与信号赋值类似,但是立即赋值
c:=d+e;
```

6.2.5 VHDL 运算符

VHDL 中定义了 4 类运算操作符,分别可以进行逻辑运算、算术运算、关系运算和并置运算。需要注意的是,被操作符所操作的对象是操作数,且操作数的类型应该和操作符要求的类型一致。另外,运算符是有优先级的。表 6.5 给出了 VHDL 所有的运算操作符及其优先级次序。

表 6.5 VHDL 运算符及优先级

优先级次序	运算操作符类型	操 作 符	功 能
	逻辑运算符	AND	逻辑与
		OR	逻辑或
		NAND	逻辑与非
		NOR	逻辑或非
低		XOR	逻辑异或
↓	关系运算符	=	等于
		/=	不等于
		<	小于
		>	大于
		<=	小于等于
		>=	大于等于
	加、减、并置运算符	+	加
		−	减
		&	并置
	正、负运算符	+	正
		−	负
	乘、除运算符	*	乘
		/	除
高		MOD	求模
		REM	除余
		**	指数
		ABS	取绝对值
		NOT	取反

(1) 逻辑运算符包括NOT、AND、OR、NAND、NOR、XOR 6种，其中NOT的优先级最高。

(2) 实际上能够综合的算术运算符只有“+”、“-”、“*”，但在数据位数较长时，要审重使用这些操作符，特别是“*”，因为综合时将需要大量的逻辑门。

(3) 对于算术运算符“/”、“MOD”、“REM”，分母的操作数为2乘方的常数时，逻辑电路的综合也是可能的。

(4) 关系运算时左右两边的数据类型必须一致，但位长不一定要相等。关系运算是从左至右按位进行的，当位长不等时，将根据较高位比较的结果决定最终结果。

(5) 并置运算符“&”用于将若干位依次连接构成一个位矢量，或将若干个位长较短的为适量依次连接构成一个位长较长的位矢量。

VHDL'93中扩充了以下移位操作：SLL(逻辑左移)，SRL(逻辑右移)，SLA(算术左移)，SRA(算术右移)，ROL(逻辑循环左移)，ROR(逻辑循环右移)。

6.3　VHDL的基本描述语句

用VHDL描述系统硬件行为时，按语句执行顺序对其分类，可以分为顺序(Sequential)描述语句和并行(Concurrent)描述语句。

如前面所述，结构描述对一个硬件的结构进行描述，主要描述它由哪些子元件组成，以及各个元件之间的关系，它与系统的原理图设计很相似。行为描述能从行为上描述系统和电路，采用的方法主要是通过一系列的顺序语句和一系列并行语句来进行描述，其中，顺序语句用来实现模型的算法描述，并行语句则用来表示各模型算法描述之间的连接关系。

硬件描述语言所描述的是实际系统，系统中的元件在仿真时刻应该是并行工作的。VHDL中并行处理的语句有：进程语句、并行信号代入语句、条件信号代入语句、选择信号代入语句、并行过程调用语句、块语句。并行描述可以是结构性的，也可以是行为性的。

VHDL提供了一系列丰富的顺序语句，用来定义进程(Process)、函数(Function)或过程(Procedure)的行为。所谓“顺序”，意味着完全按照程序中出现的顺序执行各条语句，而且还意味着在层次结构中，前面语句的执行结果可能直接影响后面语句的结果。

顺序语句可分为条件控制语句和迭代控制语句两种形式。条件控制语句有if语句和case语句两种，迭代控制语句有简单循环语句、for循环语句和while循环语句。

6.3.1　进程语句

在VHDL中，进程(Process)用于描述顺序(Sequential)事件并包含在结构体中。一个结构体可以包含多个进程语句。下面给出进程语句的基本格式：

```
<进程标号>:                              --可选项
process                                  --对行为的描述
    <说明部分>                           --敏感表(Sensitivity List)
```

```
    begin
    <语句部分>                                  --段顺序程序，它定义该进程的行为
    End process                                 --描述进程的结束
```

从它的基本格式可以看出，进程语句包含4个部分：进程标号、进程敏感表、进程描述语句和结束语句。其中值得说明的是：敏感表包括进程的一些信号，当敏感表中的某个信号变化时进程被激活。

进程有以下特点。

(1) 进程可以和其他进程并行运行，并可存取结构体或实体信号中定义的信号。

(2) 进程中所有语句都是按顺序来执行的。

(3) 为启动进程，在进程结构中必须包含一个显式的敏感信号量或者一个wait语句。

(4) 进程之间的通信是通过信号量来传递的(参见图6.1)，且process中的信号值在执行end process后才改变。

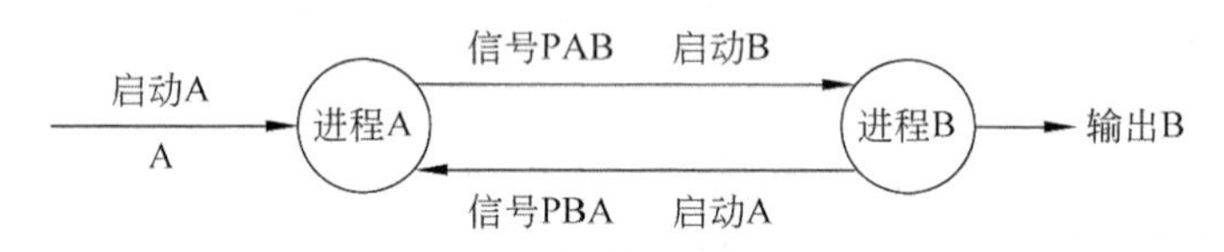

图6.1 进程间通信

【例6-16】 RS触发器的VHDL描述。

```
architecture sequential of rsFF is begin
  RS: process (set,reset)                --set 和 reset 是敏感表中的两个激励信号
    begin
      if set='1'AND reset='0' then       --复位信号有效触发器复位(低电平有效)
          Q<='0' after 4ns;
          Qb<='1' after 2ns;
      elsif set='0' and reset='1' then -置位信号有效触发器置位
          Q<='1' after 2ns;
          Q<='0' after 4ns;
      elsif set='0' and reset='0' then
          Q<='1' after 2ns;
          Qb<='1' after 2ns;
      end if
    end process RS;
end sequential;
```

【例6-17】 BCD_counter60(多进程结构)。

```
library ieee;
use ieee.std_logic_1164.all;
use ieee.std_logic_unsigned.all;
```

```
entity clock is
  port(clk:std_logic;
    second1:out std_logic_vector(3 downto 0);
    second2:out std_logic_vector(3 downto 0));
end clock;

architecture rtl of clock is
    signal second1n:std_logic_vector(3 downto 0);
    signal second2n:std_logic_vector(3 downto 0);
begin
  second1<=second1n;
  second2<=second2n;
    p1: process(clk)
        begin
          if(clk'event and clk='1') then
            if(second1n=9) then
                second1n<="0000";
            else
                second1n<=second1n+1;
            end if;
          end if;
        end process;

    p2: process(clk)
          begin
            if(clk'event and clk='1') then
            if(second1n=9) then        --second1n是一个信号，
              if(second2n=5) then
                                       --将另一个进程中的信息传递到本进程中
                second2n<="0000";
              else
                second2n<=second2n+1;
              end if;
            end if;
        end if;
end process;
end rtl;
```

wait语句是启动进程的另一种方式。wait语句表达进程执行的条件，一般有以下几种形式：

```
wait                           --无限等待
wait on                        --敏感信号发生变化时进程启动
wait until 表达式              --表达式条件成立时进程启动
wait for 时间表达式            --等待时间到进程启动
```

例如：

```
wait until ((x * 10)<100);
wait for 20ns;
```

在进程中使用敏感表和 wait 语句是等价的。例如：

```
process
    begin
        y<=a and b;
        wait on a,b;                    --等待这两个信号中的任一个发生变化则启动进程
end process;
```

等价于下列进程：

```
process (a,b)
    begin
        y<=a and b;
    end process;
```

再如：

```
process
  begin
    wait until clk='1';                 --表达式：clk='1'
    q<=data;
end process;
```

等价于下列进程：

```
process (clk)
  begin
    if clk='1' then q<=data; end if;
end process;
```

注意：

- 在进程中，不能同时有敏感表和 wait 语句。
- 进程中的信号值，有敏感表时，在执行 end process 语句后改变；而有 wait 语句时，执行 wait 语句后改变。

6.3.2 并行语句

1. 块语句

块(block)可以看作是结构体中子模块，它可以把许多并行语句包装在一起。

block 语句的一般格式如下：

```
块名：block[(保护表达式)]
                                        --保护表达式可选，当有它的时候，称为卫式块或保护块
    [类属子句
```

```
    类属接口表;]
  [端口子句
    端口接口表;]
  <块说明语句>
  begin
  <并行语句>
  …
  <并行语句>
  end block[块名];
```

块是一个独立的子结构，可以包含类属子句和端口子句以实现信号的映射及参数的定义，常用 generic 语句、generic_map 语句、port 语句、port_map 语句实现。另外还可以对该块用到的客体加以说明，可以说明的项有 use 子句、子程序说明及子程序体、类型说明及常数说明、信号说明和元件说明。

设计中，一个实体可以有多个结构体，结构体中又包含多个块，一个块中可以包含多个进程，如此嵌套、循环，构成一个复杂的电子系统。

块可以嵌套，但是，只有内层块可以使用外层块所定义的信号，外层块则不能使用内层块定义的信号。块中的 port 子句、generic 子句则允许设计者将块内部的信号映射到块外部，甚至直接映射到结构体外（例如说映射到实体上），以实现块内外信号变化的传递。

【例 6-18】 二选一多路选择器。

```
library ieee;
use ieee.std_logic_1164.all;

entity mux21 is
  port (d0,d1,sel: in std_logic; y: out std_logic);
end mux21;
architecture behav of mux21 is
  begin
      b1: block
          begin
              process (d0,d1,sel)
                  variable x1,x2,x3: std_logic;
              begin
                  x1:=d0 and (not sel);
                  x2:=d1 and sel;
                  x3:=x1 or x2;
                  y<=x3;
          end process;
      end block b1;
end behav;
```

【例 6-19】 半加/减器。

半加/减器逻辑结构如图 6.2 所示。

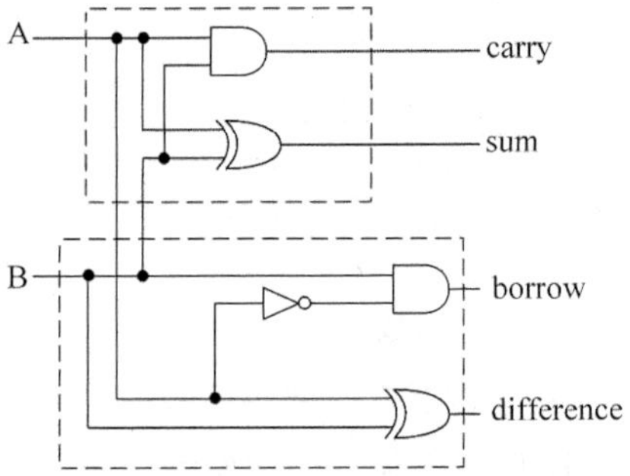

图 6.2 半加/减器逻辑结构图

```
library ieee;
use ieee.std_logic_1164.all;
use ieee.std_logic_arith.all;
use ieee.std_logic_unsigned.all;

entity has is
  port(A,B: in std_logic;
    carry,sum,borrow,difference: out std_
    logic);
end has;

architecture behav of has is
  begin
    half_adder: block                --half adder
      begin
        sum<=A xor B;
        carry<=A and B;
    end block half_adder;
    half_subtractor: block           --half subtractor
      begin
        difference<=A xor B;
        borrow<=not A and B;
    end block half_subtractor;
end behav;
```

【例 6-20】 计数器。

```
entity counters is
    port
    (
        d          : in     integer range 0 to 255;
        clk        : in     bit;
        clear      : in     bit;
        ld         : in     bit;
        enable     : in     bit;
        up_down    : in     bit;
        qa         : out    integer range 0 to 255;
        qb         : out    integer range 0 to 255;
        qc         : out    integer range 0 to 255;
        qd         : out    integer range 0 to 255
        );
end counters;
```

```
architecture block_4 of counters is
begin
    --an enable counter
    b1: block
        begin
            process(clk)
                variable cnt : integer range 0 to 255;
                begin
                  if(clk'event and clk='1') then
                    if enable='1' then
                        cnt:=cnt+1;
                    end if;
                end if;
                qa<=cnt;
            end process;
    end block b1;

--A synchronous load counter
b2: block
    begin
        rocess (clk)
            variable cnt integer range 0 to 255;
            begin
              if(clk'event and clk='1') then
                  if ld='0' then
                    cnt:=d;
                  else
                    cnt:=cnt+1;
                  end if;
              end if;
              qb<=cnt;
        end process;
end block b2;
--a synchronous clear counter
b3: block
    begin
      process(clk)
      variable cnt  : integer range 0 to 255;
      begin
          if(clk'event and clk='1') then
              if clear='0' then
                  cnt:=0;
              else
                  cnt:=cnt+1;
```

```
            end if;
          end if;
          qc<=cnt;
        end process;
    end block b3;

    --An up/down counter
    b4: block
        begin
          process(clk)
            variable cnt: integer range 0 to 255;
            variable direction: integer;
            begin
              if(up_down='1') then
                direction:=1;
              else
                direction:=-1;
              end if;
              if(clk'event and clk='1') then
                cnt:=cnt+direction;
              end if;
              qd<=cnt;
            end process;
      end block b4;
    end block_4;
```

【例 6-21】 卫式块。

```
entity latch is
    port (d,clk: in bit;
        q,qb: out bit);
end latch;
architecture block_guard of latch is
begin
    b1: block (clk='1')       --条件成立,该块执行
    begin
        q<=guarded d after 5ns;
        qb<=guarded not (d) after 10ns;
    end block b1;
end block_guard;
```

2. 子程序调用结构

子程序是主程序调用以后能将结果返回给主程序的模块，子程序可以反复调用。调用时，首先初始化，执行结束后，子程序就会终止；再调用，再初始化。子程序内部的值不能保持，子程序返回，才能被再次调用。

在 VHDL 中，子程序分两类：函数和过程。

(1) 函数(function)。

定义格式如下：

```
function 函数名 (参数表) return 数据类型;           --函数首
function 函数名 (参数表) return 数据类型 is        --以下是函数体
    [ 说明部分 ];
    begin
      顺序语句;
end 函数名;
```

【例 6-22】 函数说明。

```
entity func is
  port (a: in bit_vector (0 to 2); m: out bit_vector (0 to 2));
end func;
architecture demo of func is
  function sam (x,y,z: bit) return bit is       --定义函数 sam, 是函数体
    begin                                       --函数在本结构体中使用,不必是函数首
      return (x and y) or z;
  end sam;
begin
  process (a)
    begin
      m(0)<=sam(a(0),a(1),a(2));                --调用函数 sam
      m(1)<=sam(a(2),a(0),a(1));
      m(0)<=sam(a(1),a(2),a(0));
    end process;
end demo;
```

如库中已有该函数包，可直接调用：

```
entity func is
  port (a: in bit_vector (0 to 2); m: out bit_vector (0 to 2));
end func;
architecture demo of func is
begin
  process (a)
    begin
      m(0)<=sam (a(0),a(1),a(2));               --调用函数 sam
      m(1)<=sam (a(2),a(0),a(1));
      m(0)<=sam (a(1),a(2),a(0));
  end process;
end demo;
```

(2) 过程(procedure)。

格式如下：

```
procedure 过程名(参数 1; 参数 2;…)is
    [定义语句];                                  --变量等定义
      begin
        [顺序处理语句];                          --过程语句
end 过程名;
```

【例 6-23】 过程说明。

```
procedure and2 (x,y: in bit;   O: out bit);     --过程首
procedure and2 (x,y: in bit;   O: out bit) is   --过程体
  begin
    if x='1' and y='1' then O<='1';
      else O<='0';
    end if;
end and2;
```

过程调用：

```
signal a: bit:='1';
signal b: bit:='0';
signal c: bit;
…
And2 (a,b,c);                     --假定已有该过程的程序包,过程直接调用(c<='0')
…
```

作为子程序的两种类型，函数与过程具有以下异同点。

(1) 函数与过程都可用于数值计算、类型转换或有关设计中的描述。

(2) 函数和过程中都必须是顺序语句，并且不能在它们中说明信号（但在过程说明部分中可以说明变量）。

(3) 过程中可以有 wait 语句（综合器一般不支持），函数中不能。

(4) 过程有多个返回值，函数只有一个返回值。

子程序可以重载。所谓子程序重载，是指一个或多个子程序使用相同的名字，但是每个子程序分别使用不同的参数表（参数类型、变量数或返回值不同）。子程序重载允许（名字相同的）子程序对不同类型的对象（客体）进行操作处理。

同样地，运算符（其实对应的就是一个函数）也可以重载。运算符重载允许（相同的）运算符对不同类型的对象（客体）进行相同的运算。例如，加法运算符重载，尽管被运算的客体可能不同，但都是加法运算。

重载子程序和重载运算符，使得 VHDL 程序易读、易与维护，使设计者避免了重复操作而写多个不同名字的子程序。

3. 并行信号赋值语句（Concurrent Signal Assignment Statement）

赋值语句在进程中是作为顺序执行语句出现，当赋值语句在结构体内、进程之外执行时，作为并行语句执行，这就是并行信号赋值语句。

一个并行信号赋值语句等价于一个对应信号赋值的进程语句，并行信号赋值语句是

该进程语句的简明形式，它位于进程语句的外部。如：

```
a<=b+c;
d<=e * f;
```

这两个信号是并行工作的。表达式右边可以是算术表达式，也可以是逻辑表达式，还可以用关系表达式来表示。

并行信号赋值语句的一般格式为：

```
<对象><=<表达式>
```

【例 6-24】 减法器 VHDL 描述。

```
library ieee;                                          --包含 IEEE 库
use ieee.std_logic_1164.all;                           --包含程序包
entity subtractor is port (in1,in2: in integer;
        outp: out integer);
end subtractor;                                        --实体描述，定义输入输出信号
architecture simplest of subtractor is begin
        outp<=in2.in1 after 8ns;                       --并行信号赋值语句
end simplest;
```

当 IN1 或 IN2 端有事件发生时，该赋值操作将自动执行。这里要注意的是：在所有并行语句中，两个并行赋值语句在字面上的顺序并不表示它们的执行顺序。

VHDL 中有几种特殊的信号赋值语句：

(1) 条件信号赋值语句。

并行信号赋值语句的一种特殊形式是条件信号赋值语句(Condition Signal Assignment Statement)。在这种语句中，赋给的波形(值)要根据赋值语句所给出的一系列布尔条件来选择。当敏感表中的信号发生变化时，程序对给定条件进行测试，如果给定条件满足，然后将与该条件相关联的波形赋予赋值对象。条件信号赋值语句的基本格式为：

```
<赋值对象><=<选择项>
<波形 1>when<条件 1>else
          ⋮
<波形 n-1>when<条件 n-1>else
<波形 n>
```

其中的赋值对象就是被赋值的信号。赋值语句的格式写成如下形式：

```
signal_name<=value_a when conditional a else
          value_b when conditional b else
          value_c when conditional c else
          ...
        value_ x;
```

其中 signal_name 根据条件的判断来赋值，当第一个条件为 true 时，signal_name 被相应

赋值为 value_a；如第一个条件为 false，而第二个条件为 true 时，那么 signal_name 被相应赋值为 value_b；依此类推。例如，用一组条件信号赋值语句，描述一个可用于选通 4 位总线的四选一多路选择器。

条件信号赋值语句和 if 语句的区别在于：后者只能在进程内部使用（因为它是顺序执行的）；而且，条件信号赋值语句中的 else 是一定要有的，而 if 中就可有可无。条件信号赋值语句不能像 if 语句那样嵌套。

（2）选择信号赋值语句。

选择信号赋值语句（Selection Signal Assignments Statement）也是并行信号赋值语句中的一种。它的基本格式为：

```
with<选择表达式>select
<目标信号><=<波形 1>when<分支 1>,
            <波形 2>when<分支 2>,
                 ⋮
            <波形 n>when<分支 n>;
```

选择信号赋值语句提供选择信号赋值，它也可以被写成如下格式：

```
with selection_signal select
signal_name<=value_a when value_1_of_selection_signal,
             value_b when value_2_of_selection_signal,
             value_c when value_3_of_selection_signal,
                 …
             value_x when last_value_of_selection_signal;
```

signal_name 根据 selection_signal 的当前值而赋值，而且 selection_signal 的所有值必须被列在 when 从句中，并且互相独立。

【例 6-25】 使用选择信号赋值语句来描述多路选择器。

```
library ieee;
use ieee.std_logic_1164.all;
entity mux is port(a,b,c,d: in std_logic_vector(3 downto 0);
    s: in std_logic(1 downto 0);
    x: out std_logic_vector (3 downto 0));
end mux;
architecture archmux of mux is begin
    with s select
        x<=a when "00",
            b when "01",
            c when "10",
            d when others;
end archmux;
```

根据信号 s 的值，信号 x 被赋予 a、b、c 或 d 中的 4 个值之一，这个描述使四选一多路选择器的设计更简短。s 的 3 个值是明确的被规定为 00、01 和 10，保留字 others 用于表示 s 的所有其他的可能值。

【例 6-26】 使用选择信号赋值语句定义一个译码器电路。

```
library ieee;
use ieee.std_logic_1164.all;
entity Decoder is port (enacle: in bit;
      sel: bit_vector (2 downto 0);
      Yout: out bit_vector(7 downto 0));
end Decoder;
architecture Selected of Decoder is
      signal z: bit_vector (7 downto 0)              --定义临时信号
begin
      with sel selelct
        z<="00000001" when "000" ,
           "00000010" when "001" ,
           "00000100" when "010" ,
           "00001000" when "011" ,
           "00010000" when "100" ,
           "00100000" when "101" ,
           "01000000" when "110" ,
           "10000000" when "111" ;
        with enable select
          yout<=z when'1',                           --使能有效,yout<=z
           "00000000" when "0";                      --使能无效,输出全 0
end selected;
```

4. 其他并行语句

(1) 端口映射(port map)语句。

端口映射语句将现成元件的端口映射成高层次设计电路中的信号,于是下层元件的信号名通过映射与上层信号连接起来。各模块之间、各元件之间的信号连接关系就使用这种语句将信号映射而实现的。

port map 语句的一般格式为:

```
标号名: 元件名 port map(信号,…);
```

其中,标号名在层次化设计中是唯一的,它代表着一个特定的子元件;元件名必须是库中已经存在的。

(2) component 语句。

component 语句是通用模块(元件)调用语句,可用于 architecture、package、block 的说明部分,它指定了本结构体中所调用的是哪一个模块(元件)。在本结构体中,无须对所调用的模块、元件进行行为描述。语句中间可以有 generic 语句和 port 语句,前者用于该元件参数的代入或赋值,后者用于该元件的输入、输出端口信号的规定。

component 语句格式如下:

```
componct 元件名                                       --调用元件指定
    generic 说明;                                     --被调用元件参数映射
    port 说明;                                        --被调用元件端口映射
end component;
```

(3) 类属(generic)语句。

类属语句用于不同层次设计模块之间信息和参数的传递(如位矢量的长度、数组的位长、器件的延时时间等)。注意,这些参数都应该是整数类型,其他类型不能综合。

【例 6-27】 类属语句的使用。

```
entity and2 is
    generic(rise,fall: time);                         --类属
    port (a,b: in bit; c: out bit);
end and2;

architecture behav of and2 is
    signal internal: bit;
    begin
    internal<=a and b;
        c<=internal after (rise) when internal='1' else
        internal after (fall);                        --类属的应用
      end behave;
```

使用 generic 语句易于使器件模块化、通用化。例如,有些模块其逻辑关系是明确的,但是由于半导体工艺、材料的不同,而使器件具有不同的延时、不同的上升沿和下降沿。为了简化设计,对该模块进行通用设计,参数根据不同的材料、工艺待定。使用时,通过 generic 语句将参数初始化后,即可实现不同材料、工艺电路模块的仿真和综合。

【例 6-28】 使用类属语句重新指定物理参数。

```
entity sample is
    generic(rise,fall: time);
    port(ina,inb,inc,ind: in bit; q: out bit);
end sample;

architecture cons of sample is
    component and2
        generic (rise,fall: time);
        port(a,b: in bit; c: out bit);
end component;
signal U0_c,U1_c: bit;
begin
    U0: and2 generic map (5ns,5ns)                    --在外部环境改变类属参量的值
        Port map (ina,inb,U0_c);
    U1: and2 generic map (8ns,10ns)
        Port map (inc,ind,U1_c);
```

```
    U2: and2 generic map (9ns,11ns)
        Port map (U0_c,U1_c,q);
end cons;
```

本例描述的对应逻辑结构如图 6.3 所示。

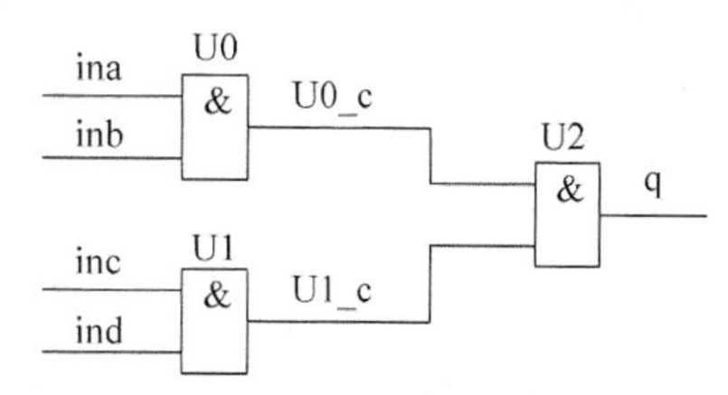

图 6.3　例 6-28 描述的对应逻辑结构

(4) 生成(generate)语句。

作用：产生多个相同的电路结构和描述规则结构，如块阵列、元件例化或进程。

生成语句有两种形式，其中之一是 for-generate 语句：

```
标号: for 变量 in 不连续区间 generate
    并行语句;
     end generate [标号];
```

for-generate 语句用于描述多重模式，但结构中所列举的是并行处理语句，因此不能出现 exit 语句和 next 语句。

generate 的另外一种形式是 if-generate 语句：

```
标号: if 条件 generate
    并行语句;
     end generate [标号];
```

if-generate 语句用于描述结构的例外情况，例如边界处发生的特殊情况，它只有在 if 条件为"真"时，才会执行结构内部的语句。它与 if 语句不同的是，结构内部是并发执行语句，而且不能有 else 语句。

【例 6-29】　shift4 的 VHDL 描述。

shift 4 的逻辑结构如图 6.4 所示。

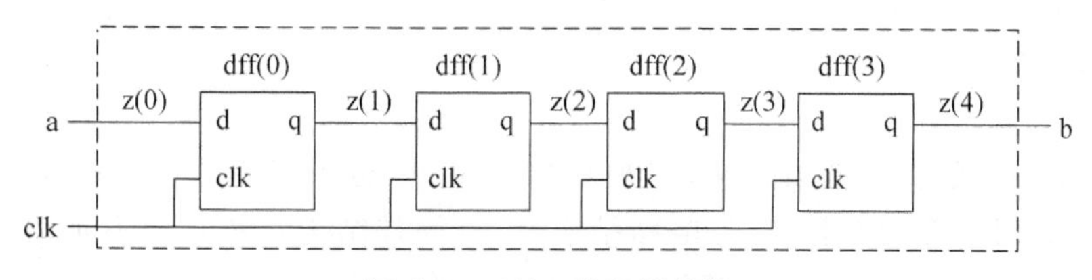

图 6.4　shift4 的逻辑结构

解法 1：

```
entity shift4 is
    port(a,clk: in std_logic;
      b: out std_logic);
end shift4;
architecture cons of shift4 is
    component dff
        port (d,clk: std_logic; q: out std_logic);
end component;
```

```
signal z: std_logic_vector (0 to 4);

begin
    z(0)<=a;
    dff1: dff port map (z(0),clk,z(1));              --元件例化
    dff2: dff port map (z(1),clk,z(2));
    dff3: dff port map(z(2),clk,z(3));
    dff4: dff port map(z(3),clk,z(4));
    b<=z(4);
end cons;
```

解法 2：

```
entity shift is
  port (a,clk: in std_logic; b: out std_logic);
end shift;
architecture gen of shift is
  component dff
    port (d,clk: in std_logic); q: out std_logic);
  end component;

signal z: std_logic_vector (0 to 4);

begin
    z(0)<=a;
    g1: for i in 0 to 3 generate
        dffx: dff port map (z(i),clk,z(i+1));
      end generate;
    b<=z(4);
end gen;
```

在解法 2 中，变量 2 无须定义，在模块中不可见，也不能赋值。也就是说，i 变量是EDA 工具综合时需要的变量，它是电路结构变量（硬件结构参数），而不是信号变量和硬件行为，i 的取值范围变化时，移位寄存器的长度也在变化。

(5) 断言(assert)语句。

断言语句用于仿真调试中的人机对话。

格式：

```
assert   条件表达式
report   "条件不满足时输出的相关信息"
severity 错误等级;                          --(note,warning,error,failure)
```

【例 6-30】 断言语句的使用。

```
entity RSFF is
    port(s,r: in bit; q,qb: out bit);
```

```
end RSFF;

architecture behav of RSFF is
    begin
      process
        begin
          assert not (s='1' and r='1')
          report "both S and R equal to '1' "
          severity error;                              --设为或非门构成的 RSFF
        if s='0' and r='0' then
            next_state:=present_state;
        else
…;
```

在 1164 版中，可单独使用 report 语句。例如：

```
if count>50 then report "the count is over 50";
end if;
```

6.3.3 顺序语句

1. if 语句

if 语句有以下 3 种形式：

```
if <条件>then
   <语句>
end if;

if <条件>then
  <语句>
else
  <语句>
end if;

if <条件>then
  <语句>
elsif<条件>then
  <语句>
else
  <语句>
end if;
```

以上 if 语句的 3 种形式中的任一种，如果规定的条件判断为 true，关键词 then 后面的顺序语句则执行，如果条件判断为 false，则 else 后面的顺序语句则执行。例如：

```
if (a='1') then
```

```
      c<=b;
    end if;                                    --条件涵盖不完整,引入一个锁存器
```

【例 6-31】 if 语句的使用。

```
architecture rtl of mux1 is
begin
      process(a,b,sel)
      begin
        if(sel='1')then
          c<=a;
        else
          c<=b;
        end if;
      end process;
end rtl;                    --引入一个 2-1 多路选择器,顺序语句并非一定引入寄存器
```

2. case 语句

case 语句是 VHDL 提供的另一种形式的条件控制语句,它根据所给表达式的值选择执行语句。

case 语句与 if 语句的相同之处在于：它们都根据某个条件在多个语句集中进行选择。

case 语句与 if 语句的不同之处：case 语句根据某个表达式的值来选择执行体,且 if 语句是有优先权的顺序语句,case 是并行语句。另外,case 语句中的条件必须穷举,不能重复,不能穷举的条件用 others 表示;而 if 语句则不一定要穷举。

case 语句的一般形式为：

```
case <表达式> is
      when<值>=><语句>
      when<值>=><语句>
      when<离散范围>=><语句>
      when others=><语句>
end case;
```

根据以上 case 语句的形式可知,如果表达式的值落在某个分支所给出的离散范围内,那么该分支所选择的语句就要被执行。在 case 语句中的选择必须是唯一的,即计算表达式所得的值必须且只能是 case 语句中的一个分支。

【例 6-32】 case 语句的使用。

```
library ieee;
use ieee.std_logic_1164;
entity mux4 is
  port (a,b,d0,d1,d2,d3: in std_logic; y: out std_logic);
end mux4;
architecture behav of mux4 is
```

```
  signal sel: integer range 0 to 3;
begin
  process (a,b,d0,d1,d2,d3)
    begin
    sel<='0';
    if (a='1') then sel<=sel+1; end if;
    if (b='1') then sel<=sel+2; end if;
    case sel is
      when 0=>y<=d0;
      when 1=>y<=d1;
      when 2=>y<=d2;
      when 3=>y<=d3;
    end case;
  end process;
end behav;
```

case语句中分支的个数没有限制，各分支的次序也可以任意排列，但关键字 others 的分支例外，一个 case 语句最多只能有一个 others 分支，而且该分支必须放在 case 语句的最后一个分支的位置上。例如：

```
case opcode is
  when "001"=>tmp:=rega and regb;
  when "101"=>tmp:=rega or regb;
  when "110"=>tmp:=not rega;
  when others=>null;                --空语句,不作任何操作,跳到下一语句
end case;
```

3. 循环语句

循环语句(Loop Statement 又称 loop 语句)用于实现重复的操作，由 for 循环或 while 循环组成。for 语句根据控制值的数目重复执行，而 while 语句将连续执行操作，直到控制逻辑条件判断为 false。

下面给出循环语句的一般形式。

for 循环语句的一般形式：

```
<循环标号>: for<循环变量>in<范围>loop
            <语句>
            end loop<循环标号>;
```

while 循环语句的一般形式：

```
<循环标号>: while<条件>loop
            <语句>
            end loop<循环标号>;
```

【例 6-33】 异步复位 8 位 FIFO 寄存器的 for 循环语句描述。

```
L1: for i in 7 downto 0 loop
```

```
    fifo(i)<-'0';
    end loop L1;
```

此描述通过8次循环,对组成FIFO寄存器的8个std_logic_vector矢量元素分别置'0'。

【例6-34】 异步复位FIFO寄存器的while循环语句描述。

```
reg_array: process (rst,clk)
variable i: interger:=0;              --初始化 i=0
  begin
    if rst='1' then                   --复位信号有效
        i:=0;
    L1: while i<7 loop
        fifo(i)<='0';
        i:=i+1;
    end loop L1;
```

while循环语句在这里可用于替代for循环语句,但需要有附加的说明、初始化和递增循环变量的操作。在循环语句中,还有一种条件性的迭代循环语句,它的一般形式为:

```
next [循环标号] when [条件];
```

在这里,循环标号与条件都是可选项,执行了next语句之后,控制就转到有循环标号标识的循环体(如果未给出循环标号,就转到当前循环的尾部),并且开始新的一次循环。

for循环通过循环变量的递增(减)来控制循环,而while循环则通过不断地测试所给的条件,从而达到控制循环的目的。如果next语句有判断条件,那么,对条件进行测试并且测试结果为真时,就退出当前一轮循环,同时进入下一轮迭代;若测试结果为假,则不执行next语句。

【例6-35】 假设当rst有效,除fifo(4)之外的所有fifo寄存器都复位。

```
reg_array: process (rst,clk)
  begin
    if rst='1' then
      for i in 7 downto 0 loop
        next when i=4;
        fifo (i)<='0';
    end loop;
...
```

通过这个例子,可以看出该语句(next)用于loop语句内部,它有条件地终止当前循环迭代,开始下一次循环。同样也可以用while循环语句将上例写为:

```
reg_array: process(rst,clk)
      variable i:=integer;
  begin
```

```
    i:=0;
    if rst='1'then
      while i<8 loop
        next when i=4;
        fifo(i)<='0';
        i:=i+1;
      end loop;
  …
```

【例 6-36】 用条件性迭代循环语句对矩阵进行赋值。

```
L1: for I in 10 downto 1 loop
  L2: for j in 0 to I loop
      next L1 when I=j;
      matrix(I,j):=I * j+1;
  end loop L2;
end loop L1;
```

在此例中，当 I 不等于 j 时，这种行为将继续下去，不执行 next 语句；当 I 等于 j 时，将执行 next 语句，转向循环标号 L1，重新开始迭代。

4. 退出循环语句(Exiting Loop Statement)

exit 语句用于退出循环，并用在循环语句内部，其一般形式为：

```
exit<循环标号>;
```

或

```
exit<循环标号>when<条件>;
```

前者使得从循环标号所标明的循环中退出；后者完成与此相同的动作，但是必须要在所给条件为 true 的前提下。两种形式中的循环标号都是可选项。如果语句中未给出循环标号，则从当前循环中退出。

【例 6-37】 假如 FIFO 是在电路设计中例化的元件，现在假设 FIFO 的深度(deep)由类属(generic)或参数(parameter)确定，而且当 FIFO 的深度大于预定值时就要退出循环。

```
reg_array: process (rst,clk)
  begin
      if rst='1' then
          loop1: for i in deep downto 0 loop            --类属中定义的 FIFO 深度
          if i>20 then exit loop1;
              else fifo (i)<='0';
              end if
        end loop1;
```

6.4 属性的描述与定义

属性是信号、数值、函数等的特征。

6.4.1 数值类属性

1. 一般数据的数值属性(left,right,high,low)

例如：

```
…;
type number is 0 to 9;
        …;
        I:=number'left;          --返回数据类型或数据子类型的左边界值,I=0
        I:=number'right;         --返回数据类型或数据子类型的右边界值,I=9
        I:=number'high;          --返回数据类型或数据子类型的上限值,I=9
        I:=number'low;           --返回数据类型或数据子类型的下限值,I=0
```

2. 数组的数值属性(length)

格式：

```
对象'length;                 --获得标量类型数组或带标量类型的多位数组范围的总长度
```

【例 6-38】 数组的数值属性。

```
process (a)
  type a4 is array (0 to3);
  type a20 is array (10 to 20);
  variable L1,L2: integer;
  begin
    L1:=A4'length;               --L1=4
    L2:=A20'length;              --L2=11
End process;
```

3. 块的数值属性(behavior;structure)

块的数值属性用于测试块或结构体中的描述特性。

格式：

```
块或结构体名'behavior;           --返回值是 true 或 false
块或结构体名'structure;          --返回值是 true 或 false
```

【例 6-39】 块的数值属性。

```
library ieee;
use ieee.std_logic.1164.all;
entity shifter is
  port (clk,left: in std_logic;
```

```
      right:out std_logic);
end shifter;
architecture struct of shifter is
    component dff
      port (d,clk: in std_logic; q: out std_logic);
  end component;
signal i1,i2,i3: std_logic;
begin
  u1: dff port map (left,clk,i1);
  u2: dff port map (i1,clk,i2);
  u3: dff port map (i2,clk,i3);
  u4: dff port map (i3,clk,right);
end struct;
...
struct' behavior                      --返回值为 false
struct' structure                     --返回值为 true
```

6.4.2 函数类属性

函数类属性是以函数形式表达的一种属性。

1. 数据类型的函数属性(求数据类型的相关信息)

```
数据类型名'pos(x)                  --得到输入 x 值的位置序号
数据类型名'val(x)                  --得到输入序号 x 的对应值
数据类型名'succ(x)                 --得到输入值 x 的下一个值
数据类型名'pred(x)                 --得到输入值(x)的前一个值
数据类型名'leftof(x)               --得到输入值 x 的左边值
数据类型名'rightof(x);             --得到输入值 x 的右边值
```

【例 6-40】 数据类型的函数属性。

```
...
type time is (sec,min,hour,day,month,year);
type reverse_time is time range year downto sec;
time'succ(hour);                      --day
time'pred(hour);                      --min
time'leftof(hour);                    --min
time'rightof(hour);                   --day
reverse_time'pos(hour);               --3
time'val(3)                           --day
```

2. 数组的函数属性(求多维数组指定区间号 N 的边界值)

设 N 为 n 维数组中指定的一个区间序号,默认值为 1。则:

```
数组名'right(N);                   --获得 N 号索引区间的右端边界值
数组名'left(N)                     --获得 N 号索引区间的左端边界值
```

```
数组名'high(N)                          获得 N 号索引区间高端的上限值
数组名'low(N)                         --获得 N 号索引区间低端的下限值
```

【例 6-41】 数组的函数属性。

```
type ram_data is array (0 to 255,100 to 200) of integer;     --二维数组
     ram_data'low;                    --得到默认值区间号 1 所对应的下边界值 0
     ram_data'high;                   --得到值 255
     ram_data'right(2);               --得到值 200
    …
```

3. 信号的函数属性

```
signal'event;              --在当前Δ时间内有事件发生为 true,否则为 false
signal'active;             --在当前Δ时间内有事件发生而且已处理为 true,否则为 false
signal'last_event;         --得到信号最后一次变化至现在时刻所经历的时间
signal'last_value;         --得到信号最后一次变化前的值
signal'last_active;        --得到信号最后一次事件处理至当前时刻所经历的时间
```

信号的函数属性结合使用,可以实现时钟边沿的描述。

在上升沿发生以前,时钟信号初始值为 0,故其属性值为 clk'last_value='0';上升沿的到来表示发生了一个事件,故用 clk'event 表示;上升沿以后,时钟信号的值为'1',故其当前值为 clk='1'。这样,表示上升沿到来的条件为:

```
if clk='1' and clk'last_value='0' and clk'event
```

有的 EDA 工具中将这种边沿条件简化为:

```
if clk='1' and clk'event
```

【例 6-42】 时钟边沿的描述。

```
if clk'event and clk='1' then …
if (not clk'stable) and clk='1' then …
if clk='1' and clk'event and clk'last_value='0' then …;
```

【例 6-43】 检查 dff 的建立时间 t_s。

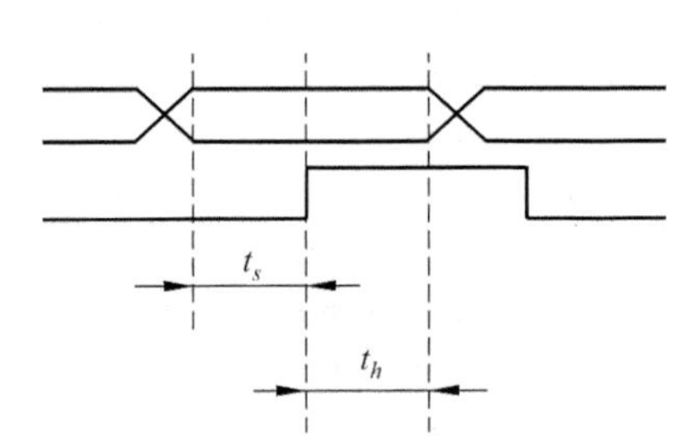

图 6.5 建立时间与保持时间

```
entity dff is
  generic (setup_time,hold_time: time);
    port (clk,d: in bit; q: out bit);
end dff;
architecture behav of dff is
  begin
  p1: process (clk)      --p1 是无源进程,可放在
                            entity 中,
                         --以便 entity 对应的各结构体共享
    begin
        if clk='1' and clk'event then
```

```
          assert (d'last_event >=setup_time)
          report "setup time violation"
          severity error;
        end if;
  end process p1;
  p2: process(clk)
    ...;
  end process p2;
end behav;
```

6.4.3　带属性函数的信号

带属性函数的信号是一类由属性函数指定的特别信号。这个特别信号是以所加的属性函数为基础、为规则而形成的，它包含了属性函数所增加的有关信息。

1. signal'delayed [(time)]

该信号得到参考信号(signal)延迟 time 时间的信号。

【例 6-44】　signal'delayed 的使用。

```
entity and2 is
    generic (apd,bpd,cpd: time);
    port (a,b: in bit; c: out bit);
end and2;
architecture behav of and2 is
begin
    c<=a'delayed (apd) and b'delayed(bpd) after cpd;
end behav;
```

本例描述的信号模型如图 6.6 所示。

2. signal'stable [(time)]

当信号(signal)在时间表达式指定的时间间隔内无事件发生时，返回布尔信号 true。该属性函数所对应的输出信号由输入信号的边缘触发。

【例 6-45】　signal'stable 的使用。

```
entity stable-exam is
  port (a in bit; b: out bit);
end stable_exam;
architecture behav of stable_exam is
  begin
    b<=a'stable(10ns);--如 a 不稳定(有变化),输出 false
end behav;
```

本例描述的信号模型如图 6.7 所示。

3. signal'quiet [(time)]

每当信号(signal)在时间表达式指定的时间间隔内无事件处理，返回布尔信号 true。

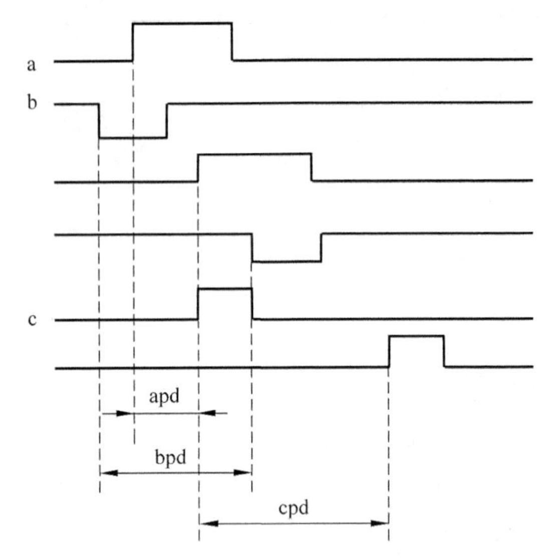

图 6.6 例 6-44 描述的信号模型

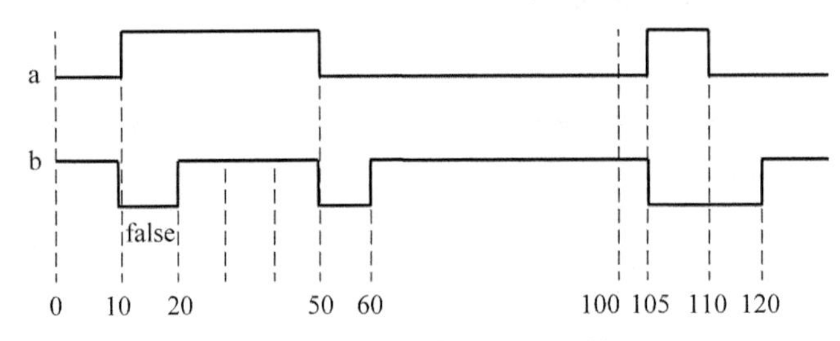

图 6.7 例 6-45 描述的信号模型

该属性函数所对应的输出信号由输入信号的电平触发。

4. signal'transaction

建立数据类型为 BIT 的信号，每当信号有事件发生即触发该 BIT 信号。可用于启动一个进程（但不能用于子程序中的进程）。

【例 6-46】 signal'transaction 的使用。

```
  …
process
    begin
    wait on a'transaction;
    …
end process;
```

6.5 决断函数与信号延迟

当某一个进程为给定信号赋值时，可能立即生效，也可能经过一段指定时间才让该信号生效，称用于保存每个事项的值和时间的时间-数值对为信号驱动源。例如：

```
A<=B after 20ns;
```

一个信号可能有一个驱动源，也可能有多个驱动源。但是，一个进程只能为某个信号建立起一个驱动源，而不管赋值多少次。当某个信号有多个驱动源时，要有决断函数决定采用哪一个驱动源。

6.5.1 决断信号与决断函数

决断信号：可允许多个驱动源驱动的信号。

决断函数：使信号成为决断信号的函数。

【例 6-47】 线与(决断函数)。

```
package res_pack is
    function res_func (data: in bit_vector) return bit;
  end res_pack;

package body res_pack is
    function res_func (data: in bit_vector) return bit is       --决断函数
      begin
        for i in data'range loop
          if data (i)='0' then
            return '0';
          end if;
      end loop;
      return '1';
  end res_func;
end res_pack;

use work .res_pack..all;
entity example is
  port (x,y: in bit; z:out resolved_bit);                      --z 是决断信号
end example;
architecture behav of example is
  begin
    z<=x;
    z<=y;                                                       --多驱动源
end behav;
```

通常决断函数只在 VHDL 仿真时使用，但许多综合器支持预定义的几种决断信号。处理多驱动源的另一个办法是使用多路选择器 MUX。

6.5.2 信号延迟

(1) 元件延迟模型。

零延迟模型：理想元件。

单位延迟模型：所有元件延迟时间相同，单位为 1 个时间单位。

标准延迟模型：对每种元件设定一个标准延迟时间，不考虑元件的离散性。

上升下降延迟模型：分别考虑上升、下降延迟时间。

模糊延迟模型：给出元件的最大、最小延迟时间。

(2) 惯性延迟与传输延迟特性。

惯性延迟(inertial)：输入脉冲信号能在输出得到响应所需最小脉冲宽度。

传输延迟(transport)：信号通过元件和连线传输过程中所引起的延迟。

延迟模型关键字为 inertial 或 transport，若无关键字，则默认为惯性延迟。

惯性延迟模型中可用保留字 reject 指定脉冲宽度，小于或等于限定宽度的脉冲将被忽略，这样，它滤掉了过快的输入变化，于是毛刺、干扰将被去除。如果没有 reject 子句指定，则默认的脉冲宽度为波形中第一个保留字 after 定义的时间值。

若一个赋值语句中没有 reject 脉冲宽度约定，又没有 after 字句说明延时长度，则默认为延时时间为 0，其作用发生在无穷小延迟之后，称为 δ 延迟。

惯性模型举例：

```
Q1<=a after 5 ns;                         --元件延迟=5ns；是惯性延迟，a 变化的脉冲宽
                                            度大于等于 5ns 才能使 Q1 值改变，且输入、输
                                            出延迟 5ns
Q2<=a transport after 5ns;                --不管 a 变化脉冲宽度多少，都能在输出得到响
                                            应，且输入、输出延迟 5ns
Q3<=reject 4 ns inertial a after 10 ns;   --惯性延迟 4ns，小于 4 的脉冲不能在 Q 端得到
                                            响应，大于等于 4ns 的脉冲经过 10ns 延迟后
                                            在输出得到响应
```

注意：延迟时间对综合工具无效，仅用于仿真。

第7章

Verilog HDL 基本语法

Verilog HDL 是硬件描述语言的一种，用于数字电子系统设计。它允许设计者用它来进行各种级别的逻辑设计，可以用它进行数字逻辑系统的仿真验证、时序分析、逻辑综合。它是目前应用最广泛的一种硬件描述语言之一。

Verilog HDL 是在 1983 年由 GDA(GateWay Design Automation)公司的 Phil Moorby 首创的。Phil Moorby 后来成为 Verilog-XL 的主要设计者和 Cadence 公司(Cadence Design System)的第一个合伙人。在 1984—1985 年，Moorby 设计出了第一个关于 Verilog-XL 的仿真器。1986 年，他对 Verilog HDL 的发展又作出了另一个巨大贡献：即提出了用于快速门级仿真的 XL 算法。随着 Verilog-XL 算法的成功，Verilog HDL 得到迅速发展。1989 年，Cadence 公司收购了 GDA 公司，Verilog HDL 成为 Cadence 公司的私有财产。1990 年，Cadence 公司决定公开 Verilog HDL，于是成立了 OVI(Open Verilog International)组织来负责 Verilog HDL 的发展。基于 Verilog HDL 的优越性，IEEE 于 1995 年制定了 Verilog HDL 的 IEEE 标准，即 Verilog HDL1364—1995。

Verilog HDL 和 VHDL 都是用于逻辑设计的硬件描述语言，并且都已成为 IEEE 标准，作为描述硬件电路设计的语言，其共同的特点在于：能形式化地抽象表示电路的结构和行为，支持逻辑设计中层次与领域的描述，可借用高级语言的精巧结构来简化电路的描述，具有电路仿真与验证机制以保证设计的正确性，支持电路描述由高层到低层的综合转换，硬件描述与实现工艺无关(有关工艺参数可通过语言提供的属性包括进去)，便于文档管理，易于理解和设计重用。

但是 Verilog HDL 和 VHDL 又各有其自己的特点。由于 Verilog HDL 早在 1983 年就已推出，至今已有 30 多年的应用历史，因而 Verilog HDL 拥有更广泛的设计群体，成熟的资源也远比 VHDL 丰富。与 VHDL 相比，Verilog HDL 的最大优点是：它是一种非常容易掌握的硬件描述语言，只要有 C 语言的编程基础，通过 20 学时的学习，再加上一段实际操作，一般同学可在 2～3 个月内掌握这种设计技术。而掌握 VHDL 设计技术就比较困难。这是因为 VHDL 不很直观，需要有 Ada 编程基础，一般认为至少需要半年以上的专业培训，才能掌握 VHDL 的基本设计技术。目前版本的 Verilog HDL 和 VHDL 在行为级抽象建模的覆盖范围方面也有所不同。一般认为 Verilog HDL 在系统级抽象方面比 VHDL 略差一些，而在门级开关电路描述方面比 VHDL 强得多。

7.1 简单的 Verilog HDL 模块

7.1.1 简单的 Verilog HDL 程序介绍

下面先介绍几个简单的 Verilog HDL 程序，然后从中分析 Verilog HDL 程序的特性。

【例 7-1】 三位加法器。

```
module adder (count,sum,a,b,cin);
  input [2:0] a,b;
  input    cin;
  output    count;
  output [2:0] sum;
    assign {count,sum}=a+b+cin;
endmodule
```

这个例子通过连续赋值语句描述了一个名为 adder 的三位加法器可以根据两个三比特数 a、b 和进位(cin)计算出和(sum)和进位(count)。从例子中可以看出整个 Verilog HDL 程序是嵌套在 module 和 endmodule 声明语句里的。

【例 7-2】 比较器。

```
module compare (equal,a,b);
  output equal;                    //声明输出信号 equal
  input [1:0] a,b;                 //声明输入信号 a,b
    assign equal= (a==b)?1: 0;     /* 如果 a、b 两个输入信号相等,输出为 1。否则为 0 */
endmodule
```

这个程序通过连续赋值语句描述了一个名为 compare 的比较器。对两比特数 a、b 进行比较，如 a 与 b 相等，则输出 equal 为高电平，否则为低电平。在这个程序中，/ * …… * / 和//……表示注释部分，注释只是为了方便程序员理解程序，对编译不起作用。

【例 7-3】 三态门 1。

```
module trist2(out,in,enable);
  output  out;
  input   in,enable;
    bufif1  mybuf(out,in,enable);
endmodule
```

这个程序描述了一个名为 trist2 的三态驱动器。程序通过调用一个在 Verilog 语言库中现存的三态驱动器实例元件 bufif1 来实现其功能。

【例 7-4】 三态门 2。

```
module trist1(out,in,enable);
  output out;
```

```
  input in,enable;
    mytri tri_inst(out,in,enable);     //调用由 mytri 模块定义的实例元件 tri_inst
endmodule

module mytri(out,in,enable);
  output out;
  input in,enable;
    assign out=enable? in: 'bz;
endmodule
```

这个程序例子通过另一种方法描述了一个三态门。在这个例子中存在着两个模块。模块 trist1 调用由模块 mytri 定义的实例元件 tri_inst。模块 trist1 是顶层模块。模块 mytri 则被称为子模块。

通过上面的例子可以看到：

(1) Verilog HDL 程序是由模块构成的。每个模块的内容都是嵌在 module 和 endmodule 两个语句之间。每个模块实现特定的功能。模块是可以进行层次嵌套的。正因为如此，才可以将大型的数字电路设计分割成不同的小模块来实现特定的功能，最后通过顶层模块调用子模块来实现整体功能。

(2) 每个模块要进行端口定义，并说明输入、输出口，然后对模块的功能进行行为逻辑描述。

(3) Verilog HDL 程序的书写格式自由，一行可以写几个语句，一个语句也可以分写多行。

(4) 除了 endmodule 语句外，每个语句和数据定义的最后必须有分号。

(5) 可以用/ * …… * /和//……对 Verilog HDL 程序的任何部分做注释。一个好的有使用价值的源程序都应当加上必要的注释，以增强程序的可读性和可维护性。

7.1.2 模块的结构

Verilog 的基本设计单元是模块(block)。一个模块是由两部分组成的，一部分描述接口，另一部分描述逻辑功能，即定义输入是如何影响输出的。图 7.1 形象地表示了 Verilog 程序模块与相应电路图符号的关系，图 7.1 中，程序模块旁边有一个电路图的符号。在许多方面，程序模块和电路图符号是一致的，这是因为电路图符号的引脚也就是程序模块的接口。而程序模块描述了电路图符号所实现的逻辑功能。

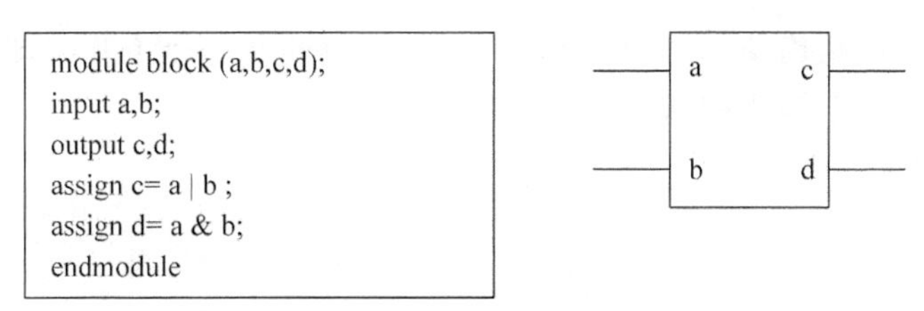

图 7.1 Verilog 程序模块与相应电路图符号的关系

图 7.1 的 Verilog 设计中，模块中的第 2、3 行说明接口的信号流向，第 4、5 行说明了

模块的逻辑功能。

以上就是设计一个简单的 Verilog 程序模块所需的全部内容。

从上面的例子可以看出，Verilog 结构完全嵌在 module 和 endmodule 声明语句之间，每个 Verilog 程序包括 4 个主要部分：端口定义、I/O 说明、内部信号声明、功能定义。

7.1.3 模块的端口定义

模块的端口声明了模块的输入输出口。其格式如下：

```
module          模块名(口 1,口 2,口 3,口 4,…);
```

7.1.4 模块内容

模块的内容包括 I/O 说明、内部信号声明、功能定义。

1. I/O 说明

I/O 说明的格式如下：

输入口：input 端口名 1,端口名 2,…,端口名 i;　　　　//(共有 i 个输入口)

输出口：output 端口名 1,端口名 2,…,端口名 j;　　　//(共有 j 个输出口)

I/O 说明也可以写在端口声明语句里。其格式如下：

```
module module_name(input port1,input port2,…
output port1,output port2,…);
```

2. 内部信号说明

内部信号说明是对在模块内用到的和与端口有关的 wire 和 reg 变量的声明。如：

```
reg [width-1: 0] R变量 1,R变量 2…;
wire [width-1: 0] W变量 1,W变量 2…;
…
```

3. 功能定义

模块中最重要的部分是逻辑功能定义部分。有 3 种方法可在模块中产生逻辑。

(1) 用 assign 声明语句。

例如：

```
assign a=b & c;
```

这种方法的句法很简单，只需写一个 assign，后面再加一个方程式即可。例子中的方程式描述了一个有两个输入的与门。

(2) 用实例元件。

例如：

```
and and_inst(q,a,b);
```

采用实例元件的方法像在电路图输入方式下调入库元件一样。输入元件的名字和相连的引脚即可，表示在设计中用到一个跟与门(and)一样的名为 and_inst 的与门，其输入端为 a、b，输出为 q。要求每个实例元件的名字必须是唯一的，以避免与其他调用与门(and)的实例混淆。

(3) 用 always 块。

例如：

```
always @ (posedge clk or posedge clr)
    begin
      if(clr)  q<=0;
      else if(en) q<=d;
end
```

采用 assign 语句是描述组合逻辑最常用的方法之一。而 always 块既可用于描述组合逻辑也可描述时序逻辑。上面的例子用 always 块生成了一个带有异步清除端的 D 触发器。always 块可用很多种描述手段来表达逻辑，例如上例中就用了 if…else 语句来表达逻辑关系。如果按一定的风格来编写 always 块，可以通过综合工具把源代码自动综合成用门级结构表示的组合或时序逻辑电路。

注意：如果用 Verilog 模块实现一定的功能，首先应该清楚哪些是同时发生的，哪些是顺序发生的。上面 3 个例子分别采用了 assign 语句、实例元件和 always 块。这 3 个例子描述的逻辑功能是同时执行的。也就是说，如果把这 3 项写到一个 Verilog 模块文件中去，它们的次序不会影响逻辑实现的功能。这 3 项是同时执行的，也就是并行的。

然而，在 always 模块内，逻辑是按照指定的顺序执行的。always 块中的语句称为顺序语句，因为它们是顺序执行的。请注意，两个或更多的 always 模块也是同时执行的，但是模块内部的语句是顺序执行的。看一下 always 内的语句，你就会明白它是如何实现功能的。if…else…if 必须顺序执行，否则其功能就没有任何意义。如果 else 语句在 if 语句之前执行，功能就会不符合要求。为了能实现上述描述的功能，always 模块内部的语句将按照书写的顺序执行。

7.2　数据类型及其常量、变量

Verilog HDL 中总共有 19 种数据类型，数据类型是用来表示数字电路硬件中的数据储存和传送元素的。这里先介绍 4 种最基本的数据类型，reg 型、wire 型、integer 型、parameter 型。其他数据类型在后面的章节里逐步介绍，包括 large 型、medium 型、scalared 型、time 型、small 型、tri 型、trio 型、tri1 型、triand 型、trior 型、trireg 型、vectored 型、wand 型、wor 型。这些数据类型除 time 型外都与基本逻辑单元建库有关，与系统设计没有很大的关系。在一般电路设计自动化的环境下，仿真用的基本部件库是由半导体厂家和 EDA 工具厂家共同提供的。系统设计工程师不必过多地关心门级和开关级的 Verilog HDL 语法现象。

Verilog HDL 中也有常量和变量之分。它们分别属于以上这些类型。下面就最常用的几种进行介绍。

7.2.1 常量

在程序运行过程中,其值不能被改变的量称为常量。下面首先对在 Verilog HDL 中使用的数字及其表示方式进行介绍。

1. 数字

(1) 整数。

在 Verilog HDL 中,整型常量即整常数有以下 4 种进制表示形式。

- 二进制整数(b 或 B)。
- 十进制整数(d 或 D)。
- 十六进制整数(h 或 H)。
- 八进制整数(o 或 O)。

数字表达方式有以下 3 种表示形式。

- <位宽><进制><数字>。

这是一种全面的描述方式。

- <进制><数字>。

在这种描述方式中,数字的位宽采用默认位宽(这由具体的机器系统决定,但至少 32 位)。

- <数字>。

在这种描述方式中,采用默认进制十进制。

在表达式中,位宽指明了数字的精确位数。例如:一个 4 位二进制数的数字的位宽为 4,一个 4 位十六进制数的数字的位宽为 16(因为每单个十六进制数就要用 4 位二进制数来表示)。例如:

```
8'b10101100        //位宽为 8 的数的二进制表示,'b 表示二进制
8'ha2              //位宽为 8 的数的十六进制表示,'h 表示十六进制
```

(2) x 和 z 值。

在数字电路中,x 代表不定值,z 代表高阻值。一个 x 可以用来定义十六进制数的 4 位二进制数的状态,八进制数的 3 位,二进制数的 1 位。z 的表示方式同 x 类似。z 还有一种表达方式是可以写作"?"。在使用 case 表达式时建议使用这种写法,以提高程序的可读性。例如:

```
4'b10x0            //位宽为 4 的二进制数从低位数起第二位为不定值
4'b101z            //位宽为 4 的二进制数从低位数起第一位为高阻值
12'dz              //位宽为 12 的十进制数其值为高阻值(第一种表达方式)
12'd?              //位宽为 12 的十进制数其值为高阻值(第二种表达方式)
8'h4x              //位宽为 8 的十六进制数其低四位值为不定值
```

(3) 负数。

一个数字可以被定义为负数,只需在位宽表达式前加一个减号,减号必须写在数字定义表达式的最前面。注意减号不可以放在位宽和进制之间,也不可以放在进制和具体的

数之间。例如：

```
-8'd5                              //这个表达式代表 5 的补数(用 8 位二进制数表示)
8'd-5                              //非法格式
```

(4) 下画线。

下画线可以用来分隔开数的表达以提高程序可读性。但不可以用在位宽和进制处，只能用在具体的数字之间。例如：

```
16'b1010_1011_1111_1010            //合法格式
8'b_0011_1010                      //非法格式
```

当常量不说明位数时，默认值是 32 位，每个字母用 8 位的 ASCII 值表示。例如：

```
10=32'd10=32'b1010
1=32'd1=32'b1
-1=-32'd1=32'hFFFFFFFF
'BX=32'BX=32'BXXXXXXX…X
"AB"=16'B01000001_01000010
```

2. 参数(parameter)型

在 Verilog HDL 中用 parameter 来定义常量，即用 parameter 来定义一个标识符代表一个常量，称为符号常量，即标识符形式的常量。采用标识符代表一个常量可提高程序的可读性和可维护性。parameter 型数据是一种常数型的数据，其说明格式如下：

```
parameter 参数名 1=表达式,参数名 2=表达式,…, 参数名 n=表达式;
```

parameter 是参数型数据的确认符，确认符后跟着一个用逗号分隔开的赋值语句表。在每一个赋值语句的右边必须是一个常数表达式。也就是说，该表达式只能包含数字或先前已定义过的参数。例如：

```
parameter msb=7;                   //定义参数 msb 为常量 7
parameter e=25,f=29;               //定义二个常数参数
parameter r=5.7;                   //声明 r 为一个实型参数
parameter byte_size=8,byte_msb=byte_size-1;      //用常数表达式赋值
parameter average_delay=(r+f)/2;      //用常数表达式赋值
```

参数型常数经常用于定义延迟时间和变量宽度。在模块或实例引用时可通过参数传递改变在被引用模块或实例中已定义的参数。下面将通过两个例子进一步说明在层次调用的电路中改变参数常用的一些用法。

【例 7-5】 通过参数传递改变在被引用模块或实例中已定义的参数。

```
module Decode(A,F);
parameter Width=1,Polarity=1;
…
endmodule
module  Top;
```

```
  wire[3:0] A4;
  wire[4:0] A5;
  wire[15:0] F16;
  wire[31:0] F32;
  Decode #(4,0)  D1(A4,F16);
  Decode #(5)    D2(A5,F32);
endmodule
```

例 7-5 中，在引用 Decode 实例时，D1、D2 的 Width 将采用不同的值 4 和 5，且 D1 的 Polarity 将为 0。可用例子中所用的方法来改变参数，即用 #(4,0)向 D1 中传递 Width=4，Polarity=0；用 #(5)向 D2 中传递 Width=5，Polarity 仍为 1。

【例 7-6】 使用 defparam 命令在多层次模块电路的一个模块中改变另一个模块的参数。

```
module Test;
  wire W;
  Top T ();
endmodule

module Top;
  wire W
  Block B1 ();
  Block B2 ();
endmodule

module Block;
  Parameter P=0;
endmodule

module Annotate;
  defparam
    Test.T.B1.P=2,
    Test.T.B2.P=3;
endmodule
```

7.2.2 变量

变量即在程序运行过程中其值可以改变的量。在 Verilog HDL 中变量的数据类型有很多种，这里只对常用的几种进行介绍。

网络数据类型表示结构实体（例如门）之间的物理连接。网络类型的变量不能储存值，而且它必须受到驱动器（例如门或连续赋值语句，assign）的驱动。如果没有驱动器连接到网络类型的变量上，则该变量就是高阻的，即其值为 z。常用的网络数据类型包括 wire 型和 tri 型。这两种变量都是用于连接器件单元，它们具有相同的语法格式和功能。

之所以提供这两种名字来表达相同的概念，是为了与模型中所使用的变量的实际情况相一致。wire 型变量通常是用来表示单个门驱动或连续赋值语句驱动的网络型数据，tri 型变量则用来表示多驱动器驱动的网络型数据。如果 wire 型或 tri 型变量没有定义逻辑强度(logic strength)，在多驱动源的情况下，逻辑值会发生冲突从而产生不确定值。表 7.1 为 wire 型和 tri 型变量的真值表(注意：这里假设两个驱动源的强度是一致的，关于逻辑强度建模请参阅 Verilog 语言参考书)。

表 7.1　wire 型和 tri 型变量真值表

wire/tri	0	1	x	z
0	0	x	x	0
1	x	1	x	1
x	x	x	x	x
z	0	1	x	z

1. wire 型

wire 型数据常用于以 assign 关键字指定的组合逻辑信号。Verilog 程序模块中输入、输出信号类型默认时自动定义为 wire 型。wire 型信号可以用作任何方程式的输入，也可以用作 assign 语句或实例元件的输出。

wire 型信号的格式同 reg 型信号的很类似。其格式如下：

```
wire[n-1:0] 数据名 1,数据名 2,…,数据名 i;        //共有 i 条总线,每条总线内有 n 条线路
```

或

```
wire[n:1] 数据名 1,数据名 2,…,数据名 i;
```

wire 是 wire 型数据的确认符；[n－1：0]和[n：1]代表该数据的位宽，即该数据有几位；最后跟着的是数据的名字。如果一次定义多个数据，数据名之间用逗号隔开。声明语句的最后要用分号表示语句结束。看下面的几个例子。

```
wire a;                                  //定义了一个 1 位的 wire 型数据
wire [7:0] b;                            //定义了一个 8 位的 wire 型数据
wire [4:1] c,d;                          //定义了两个 4 位的 wire 型数据
```

2. reg 型

寄存器是数据储存单元的抽象。寄存器数据类型的关键字是 reg，通过赋值语句可以改变寄存器储存的值，其作用与改变触发器储存的值相当。Verilog HDL 提供了功能强大的结构语句，使设计者能有效地控制是否执行这些赋值语句。这些控制结构用来描述硬件触发条件，例如时钟的上升沿和多路器的选通信号。reg 类型数据的默认初始值为不定值 x。

reg 型数据常用于 always 模块内的指定信号，常代表触发器。通常，在设计中要由 always 块通过使用行为描述语句来表达逻辑关系。在 always 块内被赋值的每一个信号都必须定义成 reg 型。

reg 型数据的格式如下：

```
reg [n-1:0] 数据名 1,数据名 2,…,数据名 i;
```

或

```
reg [n:1]     数据名 1,数据名 2,…,数据名 i;
```

reg 是 reg 型数据的确认标识符；[n－1:0]和[n:1]代表该数据的位宽，即该数据有几位(bit)；最后跟着的是数据的名字。如果一次定义多个数据，数据名之间用逗号隔开。声明语句的最后要用分号表示语句结束。看下面的几个例子：

```
reg rega;                  //定义了一个 1 位的名为 rega 的 reg 型数据
reg [3:0] regb;            //定义了一个 4 位的名为 regb 的 reg 型数据
reg [4:1] regc,regd;       //定义了两个 4 位的名为 regc 和 regd 的 reg 型数据
```

对于 reg 型数据，其赋值语句的作用就像改变一组触发器的存储单元的值。在 Verilog 中有许多构造(construct)用来控制何时或是否执行这些赋值语句。这些控制构造可用来描述硬件触发器的各种具体情况，如触发条件用时钟的上升沿等；或用来描述具体判断逻辑的细节，如各种多路选择器。reg 型数据的默认初始值是不定值。reg 型数据可以赋正值，也可以赋负值。但当一个 reg 型数据是一个表达式中的操作数时，它的值被当作是无符号值，即正值。例如，当一个 4 位的寄存器用作表达式中的操作数时，如果开始寄存器被赋予值－1，则在表达式中进行运算时，其值被认为是＋15。

注意：reg 型只表示被定义的信号将用在 always 块内，理解这一点很重要。并不是说 reg 型信号一定是寄存器或触发器的输出。虽然 reg 型信号常常是寄存器或触发器的输出，但并不一定总是这样。

3. memory 型

Verilog HDL 通过对 reg 型变量建立数组来对存储器建模，可以描述 RAM 型存储器、ROM 存储器和 reg 文件。数组中的每一个单元通过一个数组索引进行寻址。在 Verilog 语言中没有多维数组存在。memory 型数据是通过扩展 reg 型数据的地址范围来生成的。其格式如下：

```
reg [n-1:0]  存储器名[m-1:0];
```

或

```
reg [n-1:0] 存储器名[m:1];
```

在这里，reg[n－1:0]定义了存储器中每一个存储单元的大小，即该存储单元是一个 n 位的寄存器。存储器名后的[m－1:0]或[m:1]则定义了该存储器中有多少个这样的寄存器。最后用分号结束定义语句。下面举例说明：

```
reg [7:0] mema[255:0];
```

这个例子定义了一个名为 mema 的存储器，该存储器有 256 个 8 位的存储器。该存储器的地址范围是 0～255。注意：对存储器进行地址索引的表达式必须是常数表达式。

另外，在同一个数据类型声明语句里，可以同时定义存储器型数据和 reg 型数据。

例如：

```
parameter wordsize=16,     //定义两个参数
memsize=256;
reg [wordsize-1:0] mem[memsize-1:0],writereg,readreg;
```

尽管 memory 型数据和 reg 型数据的定义格式很相似，但要注意其不同之处。如一个由 n 个 1 位寄存器构成的存储器组是不同于一个 n 位的寄存器的。例如：

```
reg [n-1:0] rega;          //一个 n 位的寄存器
reg mema [n-1:0];          //一个由 n 个 1 位寄存器构成的存储器组
```

一个 n 位的寄存器可以在一条赋值语句里进行赋值，而一个完整的存储器则不行。例如：

```
rega=0;                    //合法赋值语句
mema=0;                    //非法赋值语句
```

如果想对 memory 中的存储单元进行读写操作，必须指定该单元在存储器中的地址。下面的写法是正确的。

```
mema[3]=0;                 //给 memory 中的第 3 个存储单元赋值为 0
```

进行寻址的地址索引可以是表达式，这样就可以对存储器中的不同单元进行操作。表达式的值可以取决于电路中其他的寄存器的值。例如，可以用一个加法计数器来做 RAM 的地址索引。本小节里只对以上几种常用的数据类型和常数进行了介绍，其余的数据类型和常数在后面示例中用到之处再逐一介绍。

7.3 运算符及表达式

Verilog HDL 的运算符范围很广，其运算符按其功能可分为以下几类。

(1) 算术运算符(＋、－、×、/、%)。

(2) 赋值运算符(＝、＜＝)。

(3) 关系运算符(＞、＜、＞＝、＜＝)。

(4) 逻辑运算符(&&、||、!)。

(5) 条件运算符(?:)。

(6) 位运算符(～、|、^、&、^～)。

(7) 移位运算符(＜＜、＞＞)。

(8) 拼接运算符({ })。

(9) 其他。

在 Verilog HDL 中运算符所带的操作数是不同的，按其所带操作数的个数运算符可分为 3 种。

(1) 单目运算符(unary operator)：可以带一个操作数，操作数放在运算符的右边。

(2) 二目运算符(binary operator)：可以带两个操作数，操作数放在运算符的两边。

(3) 三目运算符(ternary operator):可以带三个操作,这三个操作数用三目运算符分隔开。

例如:

```
clock=~clock;              //~是一个单目取反运算符,clock是操作数
c=a|b;                     //|是一个二目按位或运算符,a和b是操作数
r=s?t: u;                  //?:是一个三目条件运算符,s、t、u是操作数
```

下面对常用的几种运算符进行介绍。

7.3.1 基本的算术运算符

在 Verilog HDL 中,算术运算符又称二进制运算符,共有下面几种。

(1) +:加法运算符,或正值运算符,如 rega+regb,+3。

(2) -:减法运算符,或负值运算符,如 rega-3,-3。

(3) ×:乘法运算符,如 rega * 3。

(4) /:除法运算符,如 5/3。

(5) %:模运算符,或称为求余运算符,要求%两侧均为整型数据,如 7%3 的值为 1。

在进行整数除法运算时,结果值要略去小数部分,只取整数部分。而进行取模运算时,结果值的符号位采用模运算式里第一个操作数的符号位,如表 7.2 所示。

表 7.2 模运算符%的运算规则

模运算表达式	结　果	说　　明
10%3	1	余数为 1
11%3	2	余数为 2
12%3	0	余数为 0,即无余数
-10%3	-1	结果取第一个操作数的符号位,所以余数为-1
11%3	2	结果取第一个操作数的符号位,所以余数为 2

注意:在进行算术运算操作时,如果某一个操作数有不确定的值 x,则整个结果也为不定值 x。

7.3.2 位运算符

Verilog HDL 作为一种硬件描述语言,是针对硬件电路而言的。在硬件电路中信号有 4 种状态值:1,0,x,z。在电路中信号进行与或非时,反映在 Verilog HDL 中则是相应的操作数的位运算。Verilog HDL 提供了 5 种位运算符,具体如表 7.3 所示。

表 7.3 位运算符

运　算　符	含　　义	运　算　符	含　　义
~	取反	^	按位异或
&	按位与	^~	按位同或(异或非)
|	按位或		

说明：位运算符中除了～是单目运算符以外，均为二目运算符，即要求运算符两侧各有一个操作数。

位运算符中的二目运算符要求对两个操作数的相应位进行运算操作。

下面对各运算符分别进行介绍。

1. 取反运算符～

～是一个单目运算符，用来对一个操作数进行按位取反运算，其运算规则如表 7.4 所示。

举例说明：

```
rega='b1010;          //rega 的初值为'b1010
rega=~rega;           //rega 的值进行取反运算后变为'b0101
```

2. 按位与运算符 &

按位与运算就是将两个操作数的相应位进行与运算，其运算规则如表 7.5 所示。

表 7.4　取反运算符 ～ 运算规则

～	
1	0
0	1
x	x

表 7.5　按位与运算符 & 运算规则

&	0	1	x
0	0	0	0
1	0	1	x
x	0	x	x

3. 按位或运算符|

按位或运算就是将两个操作数的相应位进行或运算，其运算规则如表 7.6 所示。

4. 按位异或运算符^

按位异或运算(也称 XOR 运算符)就是将两个操作数的相应位进行异或运算，其运算规则如表 7.7 所示。

表 7.6　按位或运算符|运算规则

|	0	1	x
0	0	1	x
1	1	1	1
x	x	1	x

表 7.7　按位异或运算符^运算规则

^	0	1	x
0	0	1	x
1	1	0	x
x	x	x	x

5. 按位同或运算符^～

按位同或运算就是将两个操作数的相应位先进行异或运算再进行非运算，其运算规则如表 7.8 所示。

表 7.8　按位同或运算符^～运算规则

^～	0	1	x
0	1	0	x
1	0	1	x
x	x	x	x

两个长度不同的数据进行位运算时，系统会自动地将两者按右端对齐。位数少的操作数会在相应的高位用0填满，以使两个操作数按位进行操作。

7.3.3 逻辑运算符

在Verilog HDL中存在3种逻辑运算符，具体如表7.9所示。

&& 和 ‖ 是二目运算符，它要求有两个操作数，如(a>b)&&(b>c)、(a<b)‖(b<c)。! 是单目运算符，只要求一个操作数，如！(a>b)。表7.10为逻辑运算的规则表，它表示当a和b的值为不同的组合时，各种逻辑运算所得到的值。

表7.9 逻辑运算符

运算符	含义
&&	逻辑与
‖	逻辑或
!	逻辑非

表7.10 逻辑运算规则表

a	b	!a	!b	a&&b	a‖b
真	真	假	假	真	真
真	假	假	真	假	真
假	真	真	假	假	真
假	假	真	真	假	假

逻辑运算符中 && 和 ‖ 的优先级别低于关系运算符，! 高于算术运算符。例如：

```
(a>b)&&(x>y)          可写成      a>b && x>y
(a==b)||(x==y)        可写成      a==b || x==y
(!a)||(a>b)           可写成      !a||a>b
```

为了提高程序的可读性，明确表达各运算符间的优先关系，建议使用括号。

7.3.4 关系运算符

关系运算符共有4种，如表7.11所示。

表7.11 关系运算符

运算符	含义	运算符	含义
a<b	a小于b	a<=b	a小于或等于b
a>b	a大于b	a>=b	a大于或等于b

在进行关系运算时，如果声明的关系是假的(false)，则返回值是0；如果声明的关系是真的(true)，则返回值是1；如果某个操作数的值不定，则关系是模糊的，返回值是不定值。

所有的关系运算符有着相同的优先级别。关系运算符的优先级别低于算术运算符的优先级别。例如：

```
a<size-1              //这种表达方式等同于下面这种表达方式
a<(size-1)
size-(1<a)            //这种表达方式不等同于下面这种表达方式
size-1<a
```

从上面的例子可以看出这两种不同运算符的优先级别。当表达式size－(1<a)进行运算时，关系表达式先被运算，然后返回结果值0或1被size减去。而当表达式size－1<a进

行运算时，size 先被减去 1，然后再同 a 相比。

7.3.5　等式运算符

在 Verilog HDL 中存在 4 种等式运算符，如表 7.12 所示。

表 7.12　等式运算符

运 算 符	含　义	运 算 符	含　义
==	等于	===	等于
!=	不等于	!==	不等于

这 4 个运算符都是二目运算符，它要求有两个操作数。==和!=又称逻辑等式运算符，其结果由两个操作数的值决定。由于操作数中某些位可能是不定值 x 和高阻值 z，结果可能为不定值 x。而===和!==运算符则不同，它在对操作数进行比较时对某些位的不定值 x 和高阻值 z 也进行比较，两个操作数必须完全一致，其结果才是 1，否则为 0。===和!==运算符常用于 case 表达式的判别，所以又称 case 等式运算符。这 4 个等式运算符的优先级别是相同的。表 7.13 列出了==与===的运算规则表，帮助理解两者间的区别。

表 7.13　等式运算符运算规则

==	0	1	X	Z	===	0	1	X	Z
0	1	0	X	X	0	1	0	0	0
1	0	1	X	X	1	0	1	0	0
X	X	X	X	X	X	0	0	1	0
Z	X	X	X	X	Z	0	0	0	1

下面举例说明==和===的区别。

```
if(A==1'bx) $display("AisX");        //当 A 等于 X 时，这个语句不执行
if(A===1'bx) $display("AisX");       //当 A 等于 X 时，这个语句执行
```

7.3.6　移位运算符

在 Verilog HDL 中有 2 种移位运算符：≪（左移位运算符）和≫（右移位运算符）。其使用方法如下：

```
a>>n  或  a<<n
```

其中，a 代表要进行移位的操作数，n 代表要移几位。这 2 种移位运算都用 0 来填补移出的空位。下面举例说明。

【例 7-7】 移位运算。

```
module shift;
reg [3:0] start,result;
initial
```

```
begin
start=1;                              //start 在初始时刻设为值 0001
result=(start<<2);                    //移位后,start 的值 0100,然后赋给 result
end
endmodule
```

从上面的例子可以看出,start 在移过 2 位以后,用 0 来填补空出的位。

进行移位运算时应注意移位前后变量的位数,例如:

```
4'b1001<<1=5'b10010;        4'b1001<<2=6'b100100;
1<<6=32'b1000000;           4'b1001>>1=4'b0100;      4'b1001>>4=4'b0000;
```

7.3.7 位拼接运算符

在 Verilog HDL 中有一个特殊的运算符:位拼接运算符{}。用这个运算符可以把两个或多个信号的某些位拼接起来进行运算操作。其使用方法如下:

```
{信号 1 的某几位,信号 2 的某几位,…,信号 n 的某几位}
```

即把某些信号的某些位详细地列出来,中间用逗号分开,最后用大括号括起来表示一个整体信号。例如:

```
{a,b[3:0],w,3'b101}
```

也可以写成:

```
{a,b[3],b[2],b[1],b[0],w,1'b1,1'b0,1'b1}
```

在位拼接表达式中不允许存在没有指明位数的信号,这是因为在计算拼接信号的位宽的大小时必须知道其中每个信号的位宽。

位拼接还可以用重复法来简化表达式。例如:

```
{4{w}}                      //这等同于{w,w,w,w}
```

位拼接还可以用嵌套的方式来表达。例如:

```
{b,{3{a,b}}}                //这等同于{b,a,b,a,b,a,b}
```

用于表示重复的表达式,如上例中的 4 和 3,必须是常数表达式。

7.3.8 缩减运算符

缩减运算符是单目运算符,也有与或非运算。其与或非运算规则类似于位运算符的与或非运算规则,但其运算过程不同。位运算是对操作数的相应位进行与或非运算,操作数是几位数则运算结果也是几位数。而缩减运算则不同,缩减运算是对单个操作数进行或与非递推运算,最后的运算结果是一位的二进制数。缩减运算的具体运算过程如下:第一步,先将操作数的第一位与第二位进行或与非运算;第二步,将运算结果与第三位进行或与非运算,依此类推,直至最后一位。

例如：

```
reg [3:0] B;
reg C;
C=&B;
```

相当于：

```
C=((B[0]&B[1]) & B[2]) & B[3];
```

由于缩减运算的与、或、非运算规则类似于位运算符与、或、非运算规则，这里不再详细讲述，请参照位运算符的运算规则介绍。

7.3.9 优先级别

下面对各种运算符的优先级别关系做一总结，如表7.14所示。

表7.14 运算符优先级

运 算 符	优 先 级 别
! ~	高优先级别
* / %	↓
+ -	
<< >>	
< <= > >=	
== != === !==	
&	
^ ^~	
|	
&&	
||	
?:	低优先级别

7.3.10 关键词

在 Verilog HDL 中，所有的关键词是事先定义好的确认符，用来组织语言结构。关键词是用小写字母定义的，因此在编写原程序时要注意关键词的书写，以避免出错。下面是 Verilog HDL 中使用的关键词：always，and，assign，begin，buf，bufif0，bufif1，case，casex，casez，cmos，deassign，default，defparam，disable，edge，else，end，endcase，endmodule，endfunction，endprimitive，endspecify，endtable，endtask，event，for，force，forever，fork，function，highz0，highz1，if，initial，inout，input，integer，join，large，macromodule，medium，module，nand，negedge，nmos，nor，not，notif0， notifl，or，output，parameter，pmos，posedge，primitive，pull0，pull1，pullup，pulldown，rcmos，reg，release，repeat，rnmos，rpmos，rtran，rtranif0，rtranif1，scalared，small，specify，specparam，strength，strong0，strong1，supply0，supply1，table，task，time，tran，tranif0，tranif1，tri，tri0，tri1，triand，trior，trireg，vectored，wait，wand，weak0，weak1，while，wire，wor，xnor，xor。

注意：*在编写 Verilog HDL 程序时，变量的定义不要与这些关键词冲突。*

7.4 赋值语句和块语句

7.4.1 赋值语句

在 Verilog HDL 中，信号有两种赋值方式：非阻塞赋值与阻塞赋值。

1. 非阻塞(non_blocking)赋值方式

块结束后才完成赋值操作，例如：

```
b<=a;
```

b 的值并不是立刻就改变的。这是一种比较常用的赋值方法(特别在编写可综合模块时)。

2. 阻塞(blocking)赋值方式()

赋值语句执行完后，块才结束。如：

```
b=a;
```

b 的值在赋值语句执行完后立刻就改变的。这种赋值方式可能会产生意想不到的结果。

非阻塞赋值方式和阻塞赋值方式的区别常给设计人员带来问题。问题主要是给 always 块内的 reg 型信号的赋值方式不易把握。到目前为止，前面所举的例子中的 always 块内的 reg 型信号都是采用下面的这种赋值方式：

```
b <=a;
```

这种方式的赋值并不是马上执行的，也就是说 always 块内的下一条语句执行后，b 并不等于 a，而是保持原来的值。always 块结束后，才进行赋值。而采用阻塞赋值方式，如下所示：

```
b=a;
```

这种赋值方式是马上执行的。也就是说执行下一条语句时，b 已等于 a。尽管这种方式看起来很直观，但是可能引起麻烦。下面举例说明。

【例 7-8】 非阻塞赋值方式。

```
always@ (posedge clk)
    begin
        b<=a;
```

```
        c<=b;
    end
```

例 7-8 中的 always 块中用了非阻塞赋值方式，定义了两个 reg 型信号 b 和 c，clk 信号的上升沿到来时，b 就等于 a，c 就等于 b，这里应该用到两个触发器。请注意：赋值是在 always 块结束后执行的，c 应为原来 b 的值。这个 always 块实际描述的电路功能如图 7.2 所示。

【例 7-9】 阻塞赋值方式。

```
always @ (posedge clk)
    begin
        b=a;
        c=b;
    end
```

例 7-9 中的 always 块用了阻塞赋值方式。clk 信号的上升沿到来时，将发生如下变化：b 马上取 a 的值，c 马上取 b 的值(即等于 a)，生成的电路如图 7.3 所示，只用一个触发器来保存寄存器 a 的值，又输出给 b 和 c。这不是设计者的初衷，如果采用例 7-8 中所示的非阻塞赋值方式就可以避免这种错误。

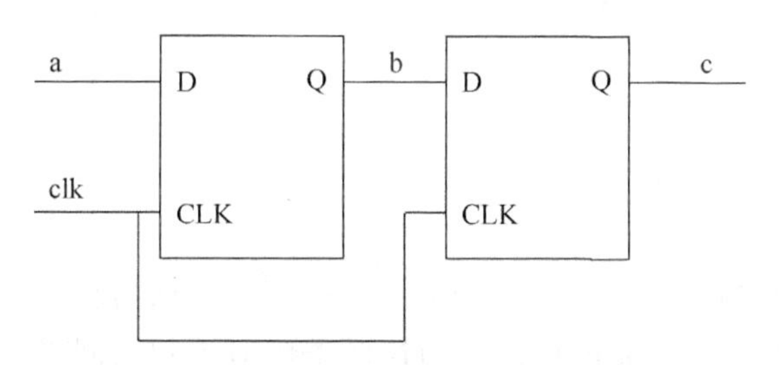

图 7.2　非阻塞赋值方式的设计结果

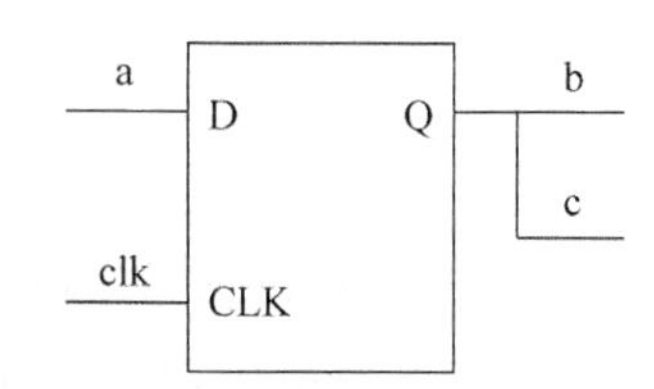

图 7.3　阻塞赋值方式的设计结果

7.4.2　块语句

块语句通常用来将两条或多条语句组合在一起，使其在格式上看更像一条语句。块语句有两种：一种是 begin_end 语句，通常用来标识顺序执行的语句，用它来标识的块称为顺序块；一种是 fork_join 语句，通常用来标识并行执行的语句，用它来标识的块称为并行块。

1. 顺序块

顺序块有以下特点。

(1) 块内的语句是按顺序执行的，即只有上面一条语句执行完后下面的语句才能执行。

(2) 每条语句的延迟时间是相对于前一条语句的仿真时间而言的。

(3) 直到最后一条语句执行完，程序流程控制才跳出该语句块。

顺序块的格式如下：

```
begin
```

```
    语句 1;
    语句 2;
    ⋮
    语句 n;
end
```

或

```
begin:块名
    块内声明语句
    语句 1;
    语句 2;
    ⋮
    语句 n;
end
```

其中，块名即该块的名字，一个标识名。块内声明语句可以是参数声明语句、reg 型变量声明语句、integer 型变量声明语句、real 型变量声明语句。

下面举例说明。

【例 7-10】 顺序块。

```
begin
    areg=breg;
    creg=areg;              //creg 的值为 breg 的值
end
```

从该例可以看出，第一条赋值语句先执行，areg 的值更新为 breg 的值，然后程序流程控制转到第二条赋值语句，creg 的值更新为 areg 的值。因为这两条赋值语句之间没有任何延迟时间，creg 的值实为 breg 的值。当然可以在顺序块里延迟控制时间来分开两个赋值语句的执行时间：

```
begin
    areg=breg;
    #10 creg=areg;          //在两条赋值语句间延迟 10 个时间单位
end
```

【例 7-11】 用顺序块和延迟控制组合来产生一个时序波形。

```
parameter d=50;             //声明 d 是一个参数
reg [7:0] r;                //声明 r 是一个 8 位的寄存器变量
begin                       //由一系列延迟产生的波形
    #d r='h35;
    #d r='hE2;
    #d r='h00;
    #d r='hF7;
    #d ->end_wave;          //触发事件 end_wave
end
```

2. 并行块

并行块有以下4个特点。

(1) 块内语句是同时执行的，即程序流程控制一进入到该并行块，块内语句则开始同时并行地执行。

(2) 块内每条语句的延迟时间是相对于程序流程控制进入到块内时的仿真时间的。

(3) 延迟时间是用来给赋值语句提供执行时序的。

(4) 当按时间时序排序在最后的语句执行完后或一个 disable 语句执行时，程序流程控制跳出该程序块。

并行块的格式如下：

```
fork
    语句 1;
    语句 2;
    ⋮
    语句 n;
join
```

或

```
fork:块名
    块内声明语句
    语句 1;
    语句 2;
    ⋮
    语句 n;
join
```

其中，块名即标识该块的一个名字，相当于一个标识符。块内说明语句可以是参数说明语句、reg 型变量声明语句、integer 型变量声明语句、real 型变量声明语句、time 型变量声明语句、事件(event)说明语句。

下面举例说明。

【例 7-12】 用并行块产生波形。

```
fork
    #50   r='h35;
    #100  r='hE2;
    #150  r='h00;
    #200  r='hF7;
    #250  ->end_wave;          //触发事件 end_wave
join
```

在这个例子中用并行块来替代了前面例子中的顺序块来产生波形，用这两种方法生成的波形是一样的。

3. 块名

在 Verilog HDL 中，可以给每个块取一个名字，只需将名字加在关键词 begin 或 fork

后面即可。这样做的原因有以下几点。

(1) 这样可以在块内定义局部变量,即只在块内使用的变量。

(2) 这样可以允许块被其他语句调用,如被 disable 语句。

(3) 在 Verilog 中,所有的变量都是静态的,即所有的变量都只有一个唯一的存储地址,因此进入或跳出块并不影响存储在变量内的值。

基于以上原因,块名就提供了一个在任何仿真时刻确认变量值的方法。

4. 起始时间和结束时间

在并行块和顺序块中都有一个起始时间和结束时间的概念。对于顺序块,起始时间就是第一条语句开始被执行的时间,结束时间就是最后一条语句执行完的时间。而对于并行块来说,起始时间对于块内所有的语句是相同的,即程序流程控制进入该块的时间,其结束时间是按时间排序在最后的语句执行完的时间。

当一个块嵌入另一个块时,块的起始时间和结束时间是很重要的。至于跟在块后面的语句只有在该块的结束时间到了才能开始执行,也就是说,只有该块完全执行完后,后面的语句才可以执行。

在 fork-join 块内,各条语句不必按顺序给出,因此在并行块里,各条语句在前还是在后是无关紧要的。

【例 7-13】 并行块与语句顺序。

```
fork
#250  ->end_wave;
#200  r='hF7;
#150  r='h00;
#100  r='hE2;
#50   r='h35;
join
```

在这个例子中,各条语句并不是按被执行的先后顺序给出的,但同样可以生成前面例子中的波形。

7.5 条件语句

7.5.1 if-else 语句

if 语句是用来判定所给定的条件是否满足,根据判定的结果(真或假)决定执行给出的两种操作之一。Verilog HDL 提供了 3 种形式的 if 语句。

1. if(表达式) 语句

例如:

```
if (a>b)    out1<=int1;
```

2. if(表达式) 语句 1; else 语句 2;

例如:

```
if(a>b)  out1<=int1;
else     out1<=int2;
```

3. if(表达式1) 语句1; else if(表达式2) 语句2;…else 语句n;

例如:

```
if(a>b)        out1<=int1;
else if(a==b)  out1<=int2;
else           out1<=int3;
```

关于if语句,有如下几点说明。

(1) 3种形式的if语句中在if后面都有“表达式”(一般为逻辑表达式或关系表达式),系统对表达式的值进行判断,若为0、x、z,按“假”处理;若为1,按“真”处理,执行指定的语句。

(2) 第二、第三种形式的if语句中,在每个else前面有一分号,整个语句结束处有一分号。

例如:

```
if(a>b)
    out1<=int1;          //有一个分号
else
    out1<=int2;          //有一个分号
```

这是由于分号是Verilog HDL语句中不可缺少的部分,这个分号是if语句中的内嵌套语句所要求的。如果无此分号,则出现语法错误。但应注意,不要误认为上面是两个语句(if语句和else语句)。它们都属于同一个if语句。else子句不能作为语句单独使用,它必须是if语句的一部分,与if配对使用。

(3) 在if和else后面可以包含一个内嵌的操作语句(如上例),也可以有多个操作语句,此时用begin和end这两个关键词将几个语句包含起来成为一个复合块语句。例如:

```
if(a>b)
    begin
        out1<=int1;
        out2<=int2;
    end
else
    begin
        out1<=int2;
        out2<=int1;
    end
```

注意: 在end后不需要再加分号。因为begin-end内是一个完整的复合语句,不需再附加分号。

(4) 允许一定形式的表达式简写方式。例如:

```
if(expression)           等同于   if(expression==1)
```

```
if(!expression)      等同于  if(expression !=1)
```

(5) if语句的嵌套。在if语句中又包含一个或多个if语句称为if语句的嵌套。一般形式如下：

```
if(expression1)
    if(expression2) 语句 1                    //内嵌 if
        else 语句 2
else
    if(expression3) 语句 3                    //内嵌 if
        else 语句 4
```

应当注意if与else的配对关系，else总是与它上面的最近的if配对。如果if与else的数目不一样，为了实现程序设计者的企图，可以用begin-end块语句来确定配对关系。例如：

```
if(…)
    begin
        if(…) 语句 1                          //内嵌 if
    end
else
    语句 2
```

这时begin-end块语句限定了内嵌if语句的范围，因此else与第一个if配对。注意begin-end块语句在if-else语句中的使用。因为有时begin-end块语句的不慎使用会改变逻辑行为。例如：

【例7-14】 begin-end块语句在if-else语句中的使用举例1。

```
if(index>0)
    for(scani=0;scani<index;scani=scani+1)
        if(memory[scani]>0)
            begin
                $display("…");
                memory[scani]=0;
            end
else   /*WRONG*/
    $ display("error-indexiszero");
```

尽管程序设计者把else写在与第一个if(外层if)同一列上，希望与第一个if对应，但实际上else是与第二个if对应，因为它们相距最近。正确的写法应当是这样的：

【例7-15】 begin-end块语句在if-else语句中的使用举例2。

```
if(index>0)
    begin
        for(scani=0;scani<index;scani=scani+1)
            if(memory[scani]>0)
                begin
```

```
                $display("…");
                memory[scani]=0;
            end
    end
else   /*RIGHT*/
    $display("error-indexiszero");
```

下面的例子是取自某程序中的一部分。这部分程序用 if_else 语句来检测变量 index 以决定 3 个寄存器 modify_segn 中哪一个的值应当与 index 相加作为 memory 的寻址地址，并且将相加值存入寄存器 index 以备下次检测使用。程序的前 10 行定义寄存器和参数。

【例 7-16】 if-else 使用举例。

```
//定义寄存器和参数
reg [31:0]  instruction,segment_area[255:0];
reg [7:0]   index;
reg [5:0]   modify_seg1,modify_seg2,modify_seg3;
parameter
segment1=0, inc_seg1=1,
segment2=20,inc_seg2=2,
segment3=64,inc_seg3=4,
data=128;
//检测寄存器 index 的值
if(index<segment2)
    begin
        instruction=segment_area[index+modify_seg1];
        index=index+inc_seg1;
    end
else if(index<segment3)
    begin
        instruction=segment_area[index+modify_seg2];
        index=index+inc_seg2;
    end
else if (index<data)
    begin
        instruction=segment_area[index+modify_seg3];
        index=index+inc_seg3;
    end
else
    instruction=segment_area[index];
```

7.5.2 case 语句

case 语句是一种多分支选择语句，if 语句只有两个分支可供选择，而实际问题中常常需要用到多分支选择，Verilog 提供的 case 语句直接处理多分支选择。case 语句通常用于微处理器的指令译码。它的一般形式如下：

```
case(表达式)      <case 分支项>    endcase
casez(表达式)     <case 分支项>    endcase
casex(表达式)     <case 分支项>    endcase
```

case 分支项的一般格式如下：

```
分支表达式:             语句
默认项(default 项):     语句
```

说明：

(1) case 括号内的表达式称为控制表达式，case 分支项中的表达式称为分支表达式。控制表达式通常表示为控制信号的某些位，分支表达式则用这些控制信号的具体状态值来表示，因此分支表达式又可以称为常量表达式。

(2) 当控制表达式的值与分支表达式的值相等时，就执行分支表达式后面的语句。如果所有的分支表达式的值都没有与控制表达式的值相匹配的，就执行 default 后面的语句。

(3) default 项可有可无，一个 case 语句里只准有一个 default 项。

下面是一个简单的使用 case 语句的例子。该例子中对寄存器 rega 译码以确定 result 的值。

【例 7-17】 case 语句使用举例 1。

```
reg [15:0] rega;
reg [9:0]  result;
case(rega)
    16 'd0: result=10 'b0111111111;
    16 'd1: result=10 'b1011111111;
    16 'd2: result=10 'b1101111111;
    16 'd3: result=10 'b1110111111;
    16 'd4: result=10 'b1111011111;
    16 'd5: result=10 'b1111101111;
    16 'd6: result=10 'b1111110111;
    16 'd7: result=10 'b1111111011;
    16 'd8: result=10 'b1111111101;
    16 'd9: result=10 'b1111111110;
    default: result='bx;
endcase
```

每一个 case 分项的分支表达式的值必须互不相同，否则就会出现矛盾现象（对表达式的同一个值，有多种执行方案）。执行完 case 分项后的语句，则跳出该 case 语句结构，终止 case 语句的执行。

在用 case 语句表达式进行比较的过程中，只有当信号的对应位的值能明确进行比较时，比较才能成功。因此要注意详细说明 case 分项的分支表达式的值。

case 语句的所有表达式的值的位宽必须相等，只有这样控制表达式和分支表达式才能进行对应位的比较。一个经常犯的错误是用'bx、'bz 来替代 n'bx、n'bz，这样写是不对的，因为信号 x、z 的默认宽度是机器的字节宽度，通常是 32 位（此处 n 是 case 控制表达式的位宽）。

case 语句与 if-else-if 语句的区别主要有两点：与 case 语句中的控制表达式和多分支表达式这种比较结构相比，if-else-if 结构中的条件表达式更为直观一些。

当那些分支表达式中存在不定值 x 和高阻值 z 位时，case 语句提供了处理这种情况的手段。下面的两个例子介绍了处理 x、z 值位的 case 语句。

【例 7-18】 case 语句使用举例 2。

```
case (select[1:2])
    2 'b00: result=0;
    2 'b01: result=flaga;
    2 'b0x,
    2 'b0z: result=flaga? 'bx: 0;
    2 'b10: result=flagb;
    2 'bx0,
    2 'bz0: result=flagb? 'bx: 0;
default: result='bx;
endcase
```

【例 7-19】 case 语句使用举例 3。

```
case(sig)
    1 'bz:     $display("signal is floating");
    1 'bx:     $display("signal is unknown");
    default:  $display("signal is %b",sig);
endcase
```

Verilog HDL 针对电路的特性提供了 case 语句的其他两种形式来处理 case 语句比较过程中的不必考虑的情况（don't care condition）。其中 casez 语句用来处理不考虑高阻值 z 的比较过程，casex 语句则将高阻值 z 和不定值都视为不必关心的情况。所谓不必关心的情况，即在表达式进行比较时，不将该位的状态考虑在内。这样在 case 语句表达式进行比较时，就可以灵活地设置以对信号的某些位进行比较。

表 7.15 给出了 case、casez、casex 的真值表。

表 7.15 case、casez、casex 真值表

case	0	1	x	z
0	1	0	0	0
1	0	1	0	0
x	0	0	1	0
z	0	0	0	1

casez	0	1	x	z
0	1	0	0	1
1	0	1	0	1
x	0	0	1	1
z	1	1	1	1

casex	0	1	x	z
0	1	0	1	1
1	0	1	1	1
x	1	1	1	1
z	1	1	1	1

【例 7-20】 case 语句使用举例 4。

```
reg[7:0] ir;
casez(ir)
    8 'b1???????: instruction1(ir);
    8 'b01??????: instruction2(ir);
    8 'b00010???: instruction3(ir);
    8 'b000001??: instruction4(ir);
endcase
```

【例 7-21】 case 语句使用举例 5。

```
reg[7:0] r,mask;
mask=8'bx0x0x0x0;
casex(r^mask)
    8 'b001100xx: stat1;
    8 'b1100xx00: stat2;
    8 'b00xx0011: stat3;
    8 'bxx001100: stat4;
endcase
```

7.5.3 由于使用条件语句不当产生意外的锁存器

Verilog HDL 设计中容易犯的一个通病是由于不正确使用语言，生成了并不想要的锁存器。下面给出一个在 always 块中不正确使用 if 语句，造成这种错误的例子。

【例 7-22】 产生锁存器的 always 块。

```
always @ (al or d)
  begin
    if(al)q<=d;
  end
```

上例中，if 语句保证了只有当 al=1 时，q 才取 d 的值。这段程序没有写出 al=0 时的结果，那么当 al=0 时会怎么样呢？在 always 块内，如果在给定的条件下变量没有赋值，这个变量将保持原值，也就是说会生成一个锁存器。

如果设计人员希望当 al=0 时 q 的值为 0，else 项就必不可少。

【例 7-23】 不产生锁存器的 always 块。

```
always @ (al or d)
  begin
    if(al) q<=d;
    else q<=0
  end
```

上例中，由于明确指出 if 条件语句的各种分支下的电路行为，整个 Verilog 程序模块综合出来后，always 块对应的部分不会生成锁存器。

Verilog HDL 程序另一种偶然生成锁存器的错误是在使用 case 语句时缺少 default 项的情况下发生的。

【例 7-24】 产生锁存器的 case 语句结构。

```
always @ (sel[1:0] or a or b)
  case(sel[1:0])
    2'b00: q<=a;
    2'b11: q<=b;
  endcase
```

case 语句的功能是：在某个信号(例 7-24 中的 sel)取不同的值时，给另一个信号(例 7-24 中的 q)赋不同的值。上例中，如果 sel=00，q 取 a 值；而 sel=11 时，q 取 b 的值。这个例子中不清楚的是：如果 sel 取 00 和 11 以外的值时 q 将被赋予什么值？Verilog HDL 中，不指明即默认为保持原值，这就会自动生成锁存器。

【例 7-25】 不产生锁存器的 case 语句结构。

```
always @ (sel[1:0] or a or b)
  case(sel[1:0])
      2'b00: q<=a;
      2'b11: q<=b;
      default: q<='b0;
  endcase
```

上例很明确，程序中的 case 语句有 default 项，指明了如果 sel 不取 00 或 11 时，编译器或仿真器应赋给 q 的值。程序所示情况下，q 赋为 0，因此不会生成锁存器。

以上就是怎样来避免偶然生成锁存器的错误。如果用到 if 语句，最好写上 else 项。如果用 case 语句，最好写上 default 项。遵循上面两条原则，就可以避免发生这种错误，使设计者更加明确设计目标，同时也增强了 Verilog 程序的可读性。

7.6 循环语句

在 Verilog HDL 中存在着 4 种类型的循环语句，用来控制执行语句的执行次数，具体如表 7.16 所示。

表 7.16 循环语句

类 型	说 明
forever	连续的执行语句
repeat	连续执行一条语句 n 次
while	执行一条语句直到某个条件不满足。如果一开始条件即不满足(为假)则语句一次也不能被执行
for	按照指定的次数重复执行过程赋值语句若干次(只要条件为真，循环中的语句就执行)

7.6.1 forever 语句

forever 语句的格式如下：

```
forever          语句;
```

或

```
forever begin    多条语句 end
```

forever 循环语句常用于产生周期性的波形，用来作为仿真测试信号。它与 always 语句的不同处在于不能独立写在程序中，而必须写在 initial 块中。

7.6.2 repeat 语句

repeat 语句的格式如下：

```
repeat(表达式) 语句;
```

或

```
repeat(表达式)      begin 多条语句 end
```

在 repeat 语句中，其表达式通常为常量表达式。下面的例子中使用 repeat 循环语句及加法和移位操作来实现一个乘法器。

【例 7-26】 repeat 循环语句使用举例。

```
parameter size=8,longsize=16;
reg [size:1] opa,opb;
reg [longsize:1] result;

begin: mult
    reg [longsize:1] shift_opa,shift_opb;
    shift_opa=opa;
    shift_opb=opb;
    result=0;
    repeat(size)
        begin
            if(shift_opb[1])
                result=result+shift_opa;
                shift_opa=shift_opa<<1;
                shift_opb=shift_opb >>1;
        end
end
```

7.6.3 while 语句

while 语句的格式如下：

```
while(表达式) 语句
```

或用如下格式：

```
while(表达式) begin 多条语句 end
```

下面举一个while语句的例子，该例子用while循环语句对rega这个8位二进制数中值为1的位进行计数。

【例7-27】 while循环语句使用举例。

```
begin: count1s
    reg[7:0] tempreg;
    count=0;
    tempreg=rega;
    while(tempreg)
        begin
            if(tempreg[0])  count=count+1;
            tempreg=tempreg>>1;
        end
end
```

7.6.4 for语句

for语句的一般形式为：

```
for(表达式1; 表达式2; 表达式3) 语句
```

for通过以下3个步骤来决定语句的循环执行。

(1) 给控制循环次数的变量赋初值。

(2) 判定控制循环的表达式1的值：如为假(0)，则跳出循环语句，执行for语句后面的语句；如为真(非0)，则执行for语句中指定的内嵌语句，然后转到第(3)步。

(3) 执行一次赋值语句表达式3修正控制循环次数的变量的值，然后返回第(2)步。

for语句最简单的应用形式是很易理解的，其形式如下：

```
for(循环变量赋初值;循环结束条件;循环变量增值)
    执行语句
```

for循环语句实际上相当于采用while循环语句建立以下的循环结构：

```
begin
    循环变量赋初值;
    while(循环结束条件)
        begin
            执行语句
            循环变量增值;
        end
end
```

这样对于需要8条语句才能完成的一个循环控制，for循环语句只需两条即可。

下面分别举两个使用for循环语句的例子。例7-28用for语句来初始化memory，例7-29则用for循环语句来实现前面用repeat语句实现的乘法器。

【例7-28】 for循环语句使用举例1。

```
begin: init_mem
    reg[7:0] tempi;
    for(tempi=0;tempi<memsize;tempi=tempi+1)
        memory[tempi]=0;
end
```

【例7-29】 for循环语句使用举例2。

```
parameter size=8,longsize=16;
reg[size:1] opa,opb;
reg[longsize:1] result;

begin:mult
integer bindex;
result=0;
for(bindex=1; bindex<=size; bindex=bindex+1)
    if(opb[bindex])
        result=result+(opa<<(bindex-1));
end
```

在for语句中，循环变量增值表达式可以不必是一般的常规加法或减法表达式。下面是对rega这个8位二进制数中值为1的位进行计数的另一种方法。

【例7-30】 for循环语句使用举例3。

```
begin: count1s
    reg[7:0] tempreg;
    count=0;
        for(tempreg=rega; tempreg; tempreg=tempreg>>1)
            if(tempreg[0])
                count=count+1;
end
```

7.7 结构说明语句

Verilog中的任何过程模块都从属于以下4种结构的说明语句。

(1) initial说明语句。

(2) always说明语句。

(3) task说明语句。

(4) function说明语句。

initial 和 always 说明语句在仿真的一开始即开始执行。initial 语句只执行一次。相反，always 语句则是不断地重复执行，直到仿真过程结束。在一个模块中，使用 initial 和 always 语句的次数是不受限制的。task 和 function 语句可以在程序模块中的一处或多处调用。

7.7.1 initial 语句

initial 语句的格式如下：

```
initial
    begin
        语句 1;
        语句 2;
        ⋮
        语句 n;
    end
```

initial 块常用于测试文件和虚拟模块的编写，用来产生仿真测试信号和设置信号记录等仿真环境。

【例 7-31】 用 initial 语句在仿真开始时对各变量进行初始化。

```
initial
    begin
        areg=0;                     //初始化寄存器 areg
        for(index=0;index<size;index=index+1)
            memory[index]=0;        //初始化一个 memory
end
```

【例 7-32】 用 initial 语句来生成激励波形作为电路的测试仿真信号。

```
initial
    begin
        inputs='b000000;            //初始时刻为 0
        #10 inputs='b011001;
        #10 inputs='b011011;
        #10 inputs='b011000;
        #10 inputs='b001000;
    end
```

一个模块中可以有多个 initial 块，它们都是并行运行的。

7.7.2 always 语句

always 语句在仿真过程中是不断重复执行的。其声明格式如下：

```
always <时序控制><语句>
```

always 语句由于其不断重复执行的特性，只有和一定的时序控制结合在一起才有用。如果一个 always 语句没有时序控制，则这个 always 语句将会发生一个仿真死锁。例如：

```
always areg=~areg;
```

这个 always 语句将会生成一个 0 延迟的无限循环跳变过程，这时会发生仿真死锁。

如果加上时序控制，则这个 always 语句将变为一条非常有用的描述语句。例如：

```
always #half_period areg=~areg;
```

这个例子生成了一个周期为 period(=2 * half_period) 的无限延续的信号波形，常用这种方法来描述时钟信号，作为激励信号来测试所设计的电路。

【例 7-33】 使用 always 语句进行时间控制。

```
reg[7:0] counter;
      reg tick;
      always @ (posedge areg)
begin
    tick=~tick;
    counter=counter+1;
end
```

这个例子中，每当 areg 信号的上升沿出现时把 tick 信号反相，并且把 counter 增加 1。

always 的时间控制可以是沿触发也可以是电平触发的，可以单个信号也可以多个信号，中间需要用关键字 or 连接。例如：

```
always @ (posedge clock or posedge reset)       //由两个沿触发的 always 块
begin
…
end

always @ (a or b or c)                          //由多个电平触发的 always 块
    begin
      …
    end
```

沿触发的 always 块常常描述时序逻辑，如果符合可综合风格要求，可用综合工具自动转换为表示时序逻辑的寄存器组和门级逻辑，而电平触发的 always 块常常用来描述组合逻辑和带锁存器的组合逻辑，如果符合可综合风格要求，可转换为表示组合逻辑的门级逻辑或带锁存器的组合逻辑。

一个模块中可以有多个 always 块，它们都是并行运行的。

7.7.3 task 和 function 说明语句

task 和 function 说明语句分别用来定义任务和函数。利用任务和函数可以把一个很大的程序模块分解成许多较小的任务和函数，便于理解和调试。输入、输出和总线信号的值可以传入、传出任务和函数。任务和函数往往还是大的程序模块中在不同地点多次用到的相同的程序段。学会使用 task 和 function 语句可以简化程序的结构，使程序明白易懂，是编写较大型模块的基本功。

1. task 和 function 说明语句的不同点

任务和函数有些不同，主要的不同有以下 4 点。

(1) 函数只能与主模块共用同一个仿真时间单位，而任务可以定义自己的仿真时间单位。

(2) 函数不能启动任务，而任务能启动其他任务和函数。

(3) 函数至少要有一个输入变量，而任务可以没有或有多个任何类型的变量。

(4) 函数返回一个值，而任务则不返回值。

函数的目的是通过返回一个值来响应输入信号的值。任务却能支持多种目的，能计算多个结果值，这些结果值只能通过被调用的任务的输出或总线端口送出。Verilog HDL 模块使用函数时是把它当作表达式中的操作符，这个操作的结果值就是这个函数的返回值。

例如，定义一任务或函数对一个 16 位的字进行操作让高字节与低字节互换，把它变为另一个字(假定这个任务或函数名为 switch_bytes)。

任务返回的新字是通过输出端口的变量，因此 16 位字字节互换任务的调用源码是这样的：

```
switch_bytes(old_word,new_word);
```

任务 switch_bytes 把输入 old_word 的字的高、低字节互换放入 new_word 端口输出。

而函数返回的新字是通过函数本身的返回值，因此 16 位字字节互换函数的调用源码是这样的：

```
new_word=switch_bytes(old_word);
```

2. task 说明语句

如果传给任务的变量值和任务完成后接收结果的变量已定义，就可以用一条语句启动任务。任务完成以后控制就传回启动过程。如果任务内部有定时控制，则启动的时间可以与控制返回的时间不同。任务可以启动其他的任务，其他任务又可以启动别的任务，可以启动的任务数是没有限制的。不管有多少任务启动，只有当所有的启动任务完成以后，控制才能返回。

(1) 任务的定义。

定义任务的语法如下：

```
task<任务名>;
    <端口及数据类型声明语句>
    <语句 1>
    <语句 2>
```

```
    ⋮
    <语句 n>
endtask
```

这些声明语句的语法与模块定义中的对应声明语句的语法是一致的。

(2) 任务的调用及变量的传递。

启动任务并传递输入输出变量的声明语句的语法如下：

```
<任务名>(端口 1,端口 2,…,端口 n);
```

下面的例子说明怎样定义任务和调用任务。

任务定义如下：

```
task my_task;
    input a,b;
    inout c;
    output d,e;
    …
    <语句>                                    //执行任务工作相应的语句
    …
    c=foo1;                                   //赋初始值
    d=foo2;                                   //对任务的输出变量赋值
    e=foo3;
endtask
```

任务调用如下：

```
my_task(v,w,x,y,z);
```

任务调用变量(v,w,x,y,z)和任务定义的I/O变量(a,b,c,d,e)之间是一一对应的。当任务启动时，由v、w和x传入的变量赋给了a、b和c，而当任务完成后的输出又通过c、d和e赋给了x、y和z。下面是一个具体的例子，用来说明怎样在模块的设计中使用任务，使程序容易读懂。

【例 7-34】 利用任务实现简单的交通灯调度。

```
module traffic_lights;
    reg clock,red,amber,green;
    parameter on=1,off=0,red_tics=350,
    amber_tics=30,green_tics=200;

//交通灯初始化
    initial    red=off;
    initial    amber=off;
    initial    green=off;

//交通灯控制时序
```

```
    always
        begin
            red=on;                              //开红灯
            light(red,red_tics);                 //调用等待任务
            green=on;                            //开绿灯
            light(green,green_tics);             //等待
            amber=on;                            //开黄灯
            light(amber,amber_tics);             //等待
        end

//定义交通灯开启时间的任务
task light(color,tics);
    output color;
    input[31:0] tics;
    begin
        repeat(tics) @ (posedge clock);          //等待 tics 个时钟的上升沿
        color=off;                               //关灯
    end
endtask

//产生时钟脉冲的 always 块
    always
        begin
            #100 clock=0;
            #100 clock=1;
        end
endmodule
```

这个例子描述了一个简单的交通灯的时序控制,并且该交通灯有它自己的时钟产生器。

3. function 说明语句

函数的目的是返回一个用于表达式的值。

定义函数的语法如下:

```
function<返回值的类型或范围>(函数名);
    <端口说明语句>
    <变量类型说明语句>
    begin
        <语句>
        ...
    end
endfunction
```

请注意<返回值的类型或范围>这一项是可选项,如果默认则返回值为一位寄存器类型数据。下面用例子说明。

【例 7-35】 函数使用举例。

```
function [7:0] getbyte;
    input [15:0] address;
    begin
        <说明语句>                           //从地址字中提取低字节的程序
        getbyte=result_expression;          //把结果赋予函数的返回字节
    end
endfunction
```

（1）从函数返回的值。

函数的定义蕴含声明了与函数同名的、函数内部的寄存器。如在函数的声明语句中<返回值的类型或范围>为默认，则这个寄存器是一位的，否则是与函数定义中<返回值的类型或范围>一致的寄存器。函数的定义把函数返回值所赋值寄存器的名称初始化为与函数同名的内部变量。下面的例子说明了这个概念：getbyte 被赋予的值就是函数的返回值。

（2）函数的调用。

函数的调用是通过将函数作为表达式中的操作数来实现的。其调用格式如下：

```
<函数名>(<表达式><,<表达式>>*)
```

其中，函数名作为确认符。下面的例子中通过对两次调用函数 getbyte 的结果值进行位拼接运算来生成一个字。

```
word=control?{getbyte(msbyte),getbyte(lsbyte)}:0;
```

（3）函数的使用规则。

与任务相比较函数的使用有较多的约束，下面给出的是函数的使用规则。

- 函数的定义不能包含有任何的时间控制语句，即任何用＃、@、或 wait 来标识的语句。
- 函数不能启动任务。
- 定义函数时至少要有一个输入参量。
- 在函数的定义中必须有一条赋值语句给函数中的一个内部变量赋以函数的结果值，该内部变量具有和函数名相同的名字。

下面的例子中定义了一个可进行阶乘运算的名为 factorial 的函数，该函数返回一个 32 位的寄存器类型的值，该函数可后向调用自身，并且打印出部分结果值。

【例 7-36】 阶乘运算函数 factorial。

```
module tryfact;
//函数的定义
    function[31:0]factorial;
        input[3:0]operand;
        reg[3:0]index;
        begin
```

```
            factorial=operand? 1: 0;
            for(index=2;index<=operand;index=index+1)
            factorial=index *  factorial;
        end
    endfunction
//函数的测试
    reg[31:0]result;
    reg[3:0]n;
    initial
        begin
            result=1;
            for(n=2;n<=9;n=n+1)
                begin
                    $display("Partial result n=% d result=% d",n,result);
                    result=n *  factorial(n)/((n* 2)+1);
                end
            $display("Finalresult=% d",result);
        end
endmodule                                           //模块结束
```

7.8　系统函数和任务

Verilog HDL 中共有以下一些系统函数和任务：$ bitstoreal，$ rtoi，$ display，$ setup，$ finish，$ skew，$ hold，$ setuphold，$ itor，$ strobe，$ period，$ time，$ printtimescale，$ timefoemat，$ realtime，$ width，$ real tobits，$ write，$ recovery。

在 Verilog HDL 中每个系统函数和任务前面都用一个标识符 $ 来加以确认。这些系统函数和任务提供了非常强大的功能。有兴趣的同学可以参阅 Verilog 语言参考手册。下面对一些常用的系统函数和任务加以介绍。

7.8.1　$display 和$write 任务

格式：

```
$display(p1,p2,…,pn);
$write(p1,p2,…,pn);
```

这两个函数和系统任务的作用是用来输出信息，即将参数 p2 到 pn 按参数 p1 给定的格式输出。参数 p1 通常称为格式控制，参数 p2～pn 通常称为输出表列。这两个任务的作用基本相同。$ display 自动地在输出后进行换行，$ write 则不是这样。如果想在一行里输出多个信息，可以使用 $ write。在 $ display 和 $ write 中，其输出格式控制是用双引号括起来的字符串，它包括两种信息：格式说明和普通字符。

1. 格式说明

格式说明由%和格式字符组成，它的作用是将输出的数据转换成指定的格式输出。

格式说明总是由%字符开始的。对于不同类型的数据用不同的格式输出。表 7.17 给出了常用的几种输出格式。

表 7.17 常用的输出格式

输出格式	说　　明
%h 或%H	以十六进制数的形式输出
%d 或%D	以十进制数的形式输出
%o 或%O	以八进制数的形式输出
%b 或%B	以二进制数的形式输出
%c 或%C	以 ASCII 码字符的形式输出
%v 或%V	输出网络型数据信号强度
%m 或%M	输出等级层次的名字
%s 或%S	以字符串的形式输出
%t 或%T	以当前的时间格式输出
%e 或%E	以指数的形式输出实型数
%f 或%F	以十进制数的形式输出实型数
%g 或%G	以指数或十进制数的形式输出实型数，无论何种格式都以较短的结果输出

2. 普通字符

普通字符即需要原样输出的字符，其中一些特殊的字符可以通过表 7.18 中的转换序列来输出。表 7.18 的字符形式用于格式字符串参数中，用来显示特殊的字符。

表 7.18 常用的格式字符

换码序列	功　　能
\n	换行
\t	横向跳格（即跳到下一个输出区）
\\	反斜杠字符\
\"	双引号字符"
\o	1～3 位八进制数代表的字符
%%	百分号%

在 $display 和 $write 的参数列表中，其输出表列是需要输出的一些数据，可以是表达式。下面举例说明。

【例 7-37】 输出显示使用举例 1。

```
module disp;
    initial
        begin
            $display("\\\t%%\n\"\123");
        end
endmodule
```

输出结果为：

```
\%
```

```
"S
```

从上面的这个例子中可以看到一些特殊字符的输出形式(八进制数 123 就是字符 S)。

【例 7-38】 输出显示使用举例 2。

```
module disp;
    reg[31:0] rval;
    pulldown(pd);
    initial
        begin
            rval=101;
            $display("rval=%h hex %d decimal",rval,rval);
            $display("rval=%o otal %b binary",rval,rval);
            $display("rval has %c ascii character value",rval);
            $display("pd strength value is %v",pd);
            $display("current scope is %m");
            $display("%s is ascii value for 101",101);
            $display("simulation time is %t",$ time);
        end
endmodule
```

输出结果为：

```
rval=00000065 hex 101 decimal
rval=00000000145 octal 00000000000000000000000001100101 binary
rval has e ascii character value
pd strength value is StX
current scope is disp
e is ascii value for 101
simulation time is 0
```

3. 输出数据的显示宽度

在 $ display 中,输出列表中数据的显示宽度是自动按照输出格式进行调整的。这样在显示输出数据时,在经过格式转换以后,总是用表达式的最大可能值所占的位数来显示表达式的当前值。在用十进制数格式输出时,输出结果前面的 0 值用空格来代替。对于其他进制,输出结果前面的 0 仍然显示出来。例如,对于一个值的位宽为 12 位的表达式,如按照十六进制数输出,则输出结果占 3 个字符的位置;如按照十进制数输出,则输出结果占 4 个字符的位置。这是因为这个表达式的最大可能值为 FFF(十六进制)、4095(十进制)。可以通过在%和表示进制的字符中间插入一个 0 自动调整显示输出数据宽度的方式。例如:

```
$display("d=%0h a=%0h",data,addr);
```

这样在显示输出数据时,在经过格式转换以后,总是用最少的位数来显示表达式的当前值。下面举例说明。

【例 7-39】 输出显示使用举例 3。

```
module printval;
    reg[11:0]r1;
    initial
        begin
            r1=10;
            $display("Printing with maximum size=%d=%h",r1,r1);
            $display("Printing with minimum size=%0d=%0h",r1,r1);
        end
enmodule
```

输出结果为：

```
Printing with maximum size=10=00a:
Printing with minimum size=10=a;
```

如果输出列表中表达式的值包含有不确定的值或高阻值，其结果输出遵循以下规则。

(1) 若输出格式为十进制。

- 如果表达式值的所有位均为不定值，则输出结果为小写的 x。
- 如果表达式值的所有位均为高阻值，则输出结果为小写的 z。
- 如果表达式值的部分位为不定值，则输出结果为大写的 X。
- 如果表达式值的部分位为高阻值，则输出结果为大写的 Z。

(2) 若输出格式为十六进制和八进制。

- 每 4 位二进制数为一组代表一位十六进制数，每 3 位二进制数为一组代表一位八进制数。
- 如果表达式值相对应的某进制数的所有位均为不定值，则该位进制数的输出结果为小写的 x。
- 如果表达式值相对应的某进制数的所有位均为高阻值，则该位进制数的输出结果为小写的 z。
- 如果表达式值相对应的某进制数的部分位为不定值，则该位进制数的输出结果为大写的 X。
- 如果表达式值相对应的某进制数的部分位为高阻值，则该位进制数的输出结果为大写的 Z。

(3) 对于二进制输出格式，表达式值的每一位的输出结果为 0、1、x、z。

下面举例说明。

```
$display("%d",1'bx);                              //输出结果为 x
$display("%h",14'bx0_1010);                       //输出结果为 xxXa
$display("%h %o",12'b001x_xx10_1x01,12'b001_xxx_101_x01);
                                                  //输出结果为 XXX 1x5X
```

注意：因为 $ write 在输出时不换行，要注意它的使用。可以在 $ write 中加入换行符\n，以确保明确的输出显示格式。

7.8.2　系统任务$monitor

格式：

```
$monitor(p1,p2,…,pn);
$monitor;
$monitoron;
$monitoroff;
```

任务 $monitor 提供了监控和输出参数列表中的表达式或变量值的功能。其参数列表中输出控制格式字符串和输出表列的规则和 $display 中的一样。当启动一个带有一个或多个参数的 $monitor 任务时，仿真器则建立一个处理机制，使得每当参数列表中变量或表达式的值发生变化时，整个参数列表中变量或表达式的值都将输出显示。如果同一时刻，两个或多个参数的值发生变化，则在该时刻只输出显示一次。但在 $monitor 中，参数可以是 $time 系统函数。这样参数列表中变量或表达式的值同时发生变化的时刻可以通过标明同一时刻的多行输出来显示。例如：

```
$monitor($time,,"rxd=%b txd=%b",rxd,txd);
```

在 $display 中也可以这样使用。注意在上面的语句中，“,,”代表一个空参数。空参数在输出时显示为空格。

$monitoron 和 $monitoroff 任务的作用是通过打开和关闭监控标志来控制监控任务 $monitor 的启动和停止，这样程序员可以很容易地控制 $monitor 何时发生。其中，$monitoroff 任务用于关闭监控标志，停止监控任务 $monitor；$monitoron 则用于打开监控标志，启动监控任务 $monitor。通常在通过调用 $monitoron 启动 $monitor 时，不管 $monitor 参数列表中的值是否发生变化，总是立刻输出显示当前时刻参数列表中的值，这用于在监控的初始时刻设定初始比较值。在默认情况下，控制标志在仿真的起始时刻就已经打开了。在多模块调试的情况下，许多模块中都调用了 $monitor，因为任何时刻只能有一个 $monitor 起作用，因此需配合 $monitoron 与 $monitoroff 使用，把需要监视的模块用 $monitoron 打开，在监视完毕后及时用 $monitoroff 关闭，以便把 $monitor 让给其他模块使用。$monitor 与 $display 的不同处还在于 $monitor 往往在 initial 块中调用，只要不调用 $monitoroff，$monitor 便不间断地对所设定的信号进行监视。

7.8.3　时间度量系统函数$time

在 Verilog HDL 中有两种类型的时间系统函数：$time 和 $realtime。用这两个时间系统函数可以得到当前的仿真时刻。

1. 系统函数 $time

$time 可以返回一个 64b 的整数来表示的当前仿真时刻值。该时刻是以模块的仿真时间尺度为基准的。下面举例说明。

【例 7-40】 $ timc 使用举例。

```
`timescale 10ns/1ns
module test;
    reg set;
    parameter p=1.6;
    initial
        begin
            $monitor($time,,"set=",set);
            #p set=0;
            #p set=1;
        end
endmodule
```

输出结果为：

```
0 set=x
2 set=0
3 set=1
```

在这个例子中，模块 test 想在时刻为 16ns 时设置寄存器 set 为 0，在时刻为 32ns 时设置寄存器 set 为 1。但是由 $ time 记录的 set 变化时刻却和预想的不一样。这是由下面两个原因引起的。

(1) $ time 显示时刻受时间尺度比例的影响。在上面的例子中，时间尺度是 10ns，因为 $ time 输出的时刻总是时间尺度的倍数，这样将 16ns 和 32ns 输出为 1.6 和 3.2。

(2) 因为 $ time 总是输出整数，所以在将经过尺度比例变换的数字输出时，要先进行取整。在上面的例子中，1.6 和 3.2 经取整后为 2 和 3 输出。注意：时间的精确度并不影响数字的取整。

2. $ realtime 系统函数

$ realtime 和 $ time 的作用是一样的，只是 $ realtime 返回的时间数字是一个实型数，该数字也是以时间尺度为基准的。下面举例说明。

【例 7-41】 $ realtime 使用举例。

```
`timescale10ns/1ns
module test;
    reg set;
    parameter p=1.55;
    initial
        begin
            $monitor($realtime,,"set=",set);
            #p set=0;
            #p set=1;
        end
endmodule
```

输出结果为：

```
0 set=x
1.6 set=0
3.2 set=1
```

从上面的例子可以看出，$ realtime 将仿真时刻经过尺度变换以后即输出，不需进行取整操作，所以 $ realtime 返回的时刻是实型数。

7.8.4 系统任务$ finish

格式：

```
$finish;
$finish(n);
```

系统任务 $ finish 的作用是退出仿真器，返回主操作系统，也就是结束仿真过程。任务 $ finish 可以带参数，根据参数的值输出不同的特征信息。如果不带参数，默认 $ finish 的参数值为 1。表 7.19 列出了对于不同的参数值系统输出的特征信息。

表 7.19 不同的参数值系统输出的特征信息

参数	说　明
0	不输出任何信息
1	输出当前仿真时刻和位置
2	输出当前仿真时刻，位置和在仿真过程中所用 memory 及 CPU 时间的统计

7.8.5 系统任务$stop

格式：

```
$stop;
$stop(n);
```

$ stop 任务的作用是把 EDA 工具(例如仿真器)置成暂停模式，在仿真环境下给出一个交互式的命令提示符，将控制权交给用户。这个任务可以带有参数表达式。根据参数值(0,1 或 2)的不同，输出不同的信息。参数值越大，输出的信息越多。

7.8.6 系统任务$readmemb 和$readmemh

在 Verilog HDL 程序中有两个系统任务 $ readmemb 和 $ readmemh，用来从文件中读取数据到存储器中。这两个系统任务可以在仿真的任何时刻被执行使用，其使用格式共有以下 6 种：

```
$readmemb("<数据文件名>",<存储器名>);
$readmemb("<数据文件名>",<存储器名>,<起始地址>);
$readmemb("<数据文件名>",<存储器名>,<起始地址>,<结束地址>);
$readmemh("<数据文件名>",<存储器名>);
$readmemh("<数据文件名>",<存储器名>,<起始地址>);
```

```
$readmemh("<数据文件名>",<存储器名>,<起始地址>,<结束地址>);
```

在这两个系统任务中,被读取的数据文件的内容只能包含空白位置[空格,换行,制表格(tab)和form-feeds]、注释行(//形式的和/*…*/形式的都允许)、二进制或十六进制的数字。数字中不能包含位宽说明和格式说明,对于$readmemb系统任务,每个数字必须是二进制数字;对于$readmemh系统任务,每个数字必须是十六进制数字。数字中不定值x或X、高阻值z或Z和下画线(_)的使用方法及代表的意义与一般Verilog HDL程序中的用法及意义是一样的。另外,数字必须用空白位置或注释行来分隔开。

在下面的讨论中,地址一词指对存储器建模的数组的寻址指针。当数据文件被读取时,每一个被读取的数字都被存放到地址连续的存储器单元中去。存储器单元的存放地址范围由系统任务声明语句中的起始地址和结束地址来说明,每个数据的存放地址在数据文件中进行说明。当地址出现在数据文件中,其格式为字符@后跟上十六进制数。例如:

```
@hh…h
```

在这个十六进制的地址数中允许大写和小写的数字。在字符@和数字之间不允许存在空白位置。可以在数据文件里出现多个地址。当系统任务遇到一个地址说明时,系统任务将该地址后的数据存放到存储器中相应的地址单元中去。

对于上面6种系统任务格式,需补充说明以下5点。

(1) 如果系统任务声明语句中和数据文件里都没有进行地址说明,则默认的存放起始地址为该存储器定义语句中的起始地址。数据文件里的数据被连续存放到该存储器中,直到该存储器单元存满为止或数据文件里的数据存完。

(2) 如果系统任务中说明了存放的起始地址,没有说明存放的结束地址,则数据从起始地址开始存放,存放到该存储器定义语句中的结束地址为止。

(3) 如果在系统任务声明语句中,起始地址和结束地址都进行了说明,则数据文件里的数据按该起始地址开始存放到存储器单元中,直到该结束地址,而不考虑该存储器的定义语句中的起始地址和结束地址。

(4) 如果地址信息在系统任务和数据文件里都进行了说明,那么数据文件里的地址必须在系统任务中地址参数声明的范围之内。否则将提示错误信息,并且装载数据到存储器中的操作被中断。

(5) 如果数据文件里的数据个数和系统任务中起始地址及结束地址暗示的数据个数不同,也要提示错误信息。

下面举例说明。

先定义一个有256个地址的字节存储器mem:

```
reg[7:0] mem[1:256];
```

下面给出的系统任务以各自不同的方式装载数据到存储器mem中。

```
initial $readmemh("mem.data",mem);
initial $readmemh("mem.data",mem,16);
initial $readmemh("mem.data",mem,128,1);
```

第一条语句在仿真时刻为0时，将装载数据到以地址是1的存储器单元为起始存放单元的存储器中去。第二条语句将装载数据到以单元地址是16的存储器单元为起始存放单元的存储器中去，一直到地址是256的单元为止。第三条语句将从地址是128的单元开始装载数据，一直到地址为1的单元。在第三种情况中，当装载完毕，系统要检查在数据文件里是否有128个数据，如果没有，系统将提示错误信息。

7.8.7 系统任务$random

这个系统函数提供了一个产生随机数的手段。当函数被调用时返回一个32b的随机数。它是一个带符号的整型数。

$ random一般的用法是：

```
$ramdom %b
```

其中b>0。它给出了一个范围在(－b+1)～(b－1)中的随机数。下面给出一个产生随机数的例子：

```
reg[23:0] rand;
rand=$random%60;
```

上面的例子给出了一个范围在－59～59之间的随机数。下面的例子通过位并接操作产生一个值在0～59之间的数。

```
reg[23:0] rand;
rand={$random}%60;
```

利用这个系统函数可以产生随机脉冲序列或宽度随机的脉冲序列，以用于电路的测试。下面例子中的Verilog HDL模块可以产生宽度随机的随机脉冲序列的测试信号源，在电路模块的设计仿真时非常有用。实际使用中可以根据测试的需要，模仿下例，灵活使用$ random系统函数编制出与实际情况类似的随机脉冲序列。

【例7-42】 使用$ random产生随机脉冲序列。

```
`timescale 1ns/1ns
module random_pulse(dout);
    output [9:0] dout;
    reg dout;
    integer delay1,delay2,k;
    initial
        begin
            #10 dout=0;
            for (k=0; k<100; k=k+1)
                begin
                    delay1=20 *  ({$random} %6);
                            //delay1在0～100ns间变化
                    delay2=20 *  (1+{$random} %3);
                            // delay2在20～60ns间变化
```

```
                #delay1 dout=1<<({$random}%10);
                    //dout 的 0～9 位中随机出现 1,并出现的时间在 0～100ns 间变化
                #delay2 dout=0;
                    //脉冲的宽度在 20～60ns 间变化
            end
    end
endmodule
```

7.9 编译预处理

Verilog HDL 和 C 语言一样也提供了编译预处理的功能。编译预处理是 Verilog HDL 编译系统的一个组成部分。Verilog HDL 允许在程序中使用几种特殊的命令(它们不是一般的语句)。Verilog HDL 编译系统通常先对这些特殊的命令进行预处理,然后将预处理的结果和源程序一起在进行通常的编译处理。

在 Verilog HDL 中,为了和一般的语句相区别,这些预处理命令以符号“`”开头(注意这个符号是不同于单引号“ ' ”的)。这些预处理命令的有效作用范围为定义命令之后到本文件结束或到其他命令定义替代该命令之处。Verilog HDL 提供了以下预编译命令：`accelerate,`autoexpand_vectornets,`celldefine,`default_nettype,`define,`else,`endcelldefine,`endif,`endprotect,`endprotected,`expand_vectornets,`ifdef,`include,`noaccelerate,`noexpand_vectornets,`noremove_gatenames,`noremove_netnames,`nounconnected_drive,`protect,`protecte,`remove_gatenames,`remove_netnames,`reset,`timescale,`unconnected_drive。

在这一小节里只对常用的`define、`include、`timescale 进行介绍,其余的请查阅参考书。

7.9.1 宏定义 `define

用一个指定的标识符(即名字)来代表一个字符串,它的一般形式为：

```
`define 标识符(宏名) 字符串(宏内容)
```

例如：

```
`define signal string
```

它的作用是指定用标识符 signal 来代替 string 这个字符串,在编译预处理时,把程序中在该命令以后所有的 signal 都替换成 string。这种方法使用户能以一个简单的名字代替一个长的字符串,也可以用一个有含义的名字来代替没有含义的数字和符号,因此把这个标识符(名字)称为宏名。在编译预处理时将宏名替换成字符串的过程称为宏展开。`define 是宏定义命令。

【例 7-43】 宏定义。

```
`define WORDSIZE 8
module
```

```
reg[1:`WORDSIZE] data;          //这相当于定义 reg[1:8] data;
```

关于宏定义,有以下 8 点说明。

(1) 宏名可以用大写字母表示,也可以用小写字母表示。建议使用大写字母,以与变量名相区别。

(2) `define 命令可以出现在模块定义里面,也可以出现在模块定义外面。宏名的有效范围为定义命令之后到原文件结束。通常,`define 命令写在模块定义的外面,作为程序的一部分,在此程序内有效。

(3) 在引用已定义的宏名时,必须在宏名的前面加上符号"`",表示该名字是一个经过宏定义的名字。

(4) 使用宏名代替一个字符串,可以减少程序中重复书写某些字符串的工作量。而且记住一个宏名要比记住一个无规律的字符串容易,这样在读程序时能立即知道它的含义,当需要改变某一个变量时,可以只改变 `define 命令行,一改全改。如例 7-43 中,先定义 WORDSIZE 代表常量 8,这时寄存器 data 是一个 8 位的寄存器。如果需要改变寄存器的大小,只需把该命令行改为`define WORDSIZE 16。这样寄存器 data 则变为一个 16 位的寄存器。由此可见,使用宏定义可以提高程序的可移植性和可读性。

(5) 宏定义是用宏名代替一个字符串,也就是做简单的置换,不做语法检查。预处理时照样代入,不管含义是否正确。只有在编译已被宏展开后的源程序时才报错。

(6) 宏定义不是 Verilog HDL 语句,不必在行末加分号。如果加了分号会连分号一起进行置换,如例 7-44 所示。

【例 7-44】 宏定义与宏展开。

```
module test;
    reg a,b,c,d,e,out;
    `define expression a+b+c+d;
    assign out=`expression+e;
    ...
endmodule
```

经过宏展开以后,该语句为:

```
assign out=a+b+c+d;+e;
```

显然出现语法错误。

(7) 在进行宏定义时,可以引用已定义的宏名,可以层层置换,如例 7-45 所示。

【例 7-45】 宏定义嵌套。

```
module test;
    reg a,b,c;
    wire out;
    `define aa a+b
    `define cc c+`aa
    assign out=`cc;
```

```
endmodule
```

这样经过宏展开以后，assign语句为：

```
assign out=c+a+b;
```

（8）宏名和宏内容必须在同一行中进行声明。如果在宏内容中包含有注释行，注释行不会作为被置换的内容，如例7-46所示。

【例7-46】 含注释的宏定义。

```
module
    `define typ_nand nand #5      //define a nand with typical delay
    `typ_nand g121(q21,n10,n11);
    ...
endmodule
```

经过宏展开以后，该语句为：

```
nand #5 g121(q21,n10,n11);
```

宏内容可以是空格，在这种情况下，宏内容被定义为空的。当引用这个宏名时，不会有内容被置换。

注意：组成宏内容的字符串不能够被以下的语句记号分隔开：注释行、数字、字符串、确认符、关键词、双目和三目字符运算符。例如下面的宏定义声明和引用是非法的：

```
`define first_half "start of string
$display(`first_half end of string");
```

在使用宏定义时要注意以下情况。

（1）对于某些EDA软件，在编写源程序时，使用和预处理命令名相同的宏名会发生冲突，因此建议不要使用和预处理命令名相同的宏名。

（2）宏名可以是普通的标识符（变量名）。例如signal_name和`signal_name的意义是不同的。但是这样容易引起混淆，建议不要这样使用。

7.9.2 文件包含处理`include

所谓文件包含处理是一个源文件可以将另外一个源文件的全部内容包含进来，即将另外的文件包含到本文件之中。Verilog HDL提供了`include命令用来实现文件包含的操作。其一般形式为：

```
`include "文件名"
```

文件包含命令是很有用的，它可以节省程序设计人员的重复劳动，可以将一些常用的宏定义命令或任务（task）组成一个文件，然后用`include命令将这些宏定义包含到自己所写的源文件中，相当于工业上的标准元件拿来使用。另外，在编写Verilog HDL源文件时，一个源文件可能经常要用到另外几个源文件中的模块，遇到这种情况即可用`include命令将所需模块的源文件包含进来。

【例 7-47】 文件包含使用举例 1。

(1) 文件 aaa. v。

```
module aaa(a,b,out);
    input a,b;
    output out;
    wire out;
    assign out=a^b;
endmodule
```

(2) 文件 bbb. v。

```
`include "aaa.v"
module bbb(c,d,e,out);
    input c,d,e;
    output out;
    wire out_a;
    wire out;
    aaa aaa(.a(c),.b(d),.out(out_a));
    assign out=e&out_a;
endmodule
```

在上面的例子中,文件 bbb. v 用到了文件 aaa. v 中的模块 aaa 的实例器件,通过文件包含处理来调用。模块 aaa 实际上是作为模块 bbb 的子模块来被调用的。在经过编译预处理后,文件 bbb. v 实际相当于下面的程序文件 bbb. v:

```
module aaa(a,b,out);
    input a,b;
    output out;
    wire out;
    assign out=a^b;
endmodule

module bbb(c,d,e,out);
    input c,d,e;
    output out;
    wire out_a;
    wire out;
    aaa aaa(.a(c),.b(d),.out(out_a));
    assign out=e & out_a;
endmodule
```

关于文件包含处理有以下 4 点说明。

(1) 一个`include 命令只能指定一个被包含的文件,如果要包含 n 个文件,要用 n 个`include 命令。注意下面的写法是非法的。

```
`include "aaa.v" "bbb.v"
```

（2）`include 命令可以出现在 Verilog HDL 源程序的任何地方，被包含文件名可以是相对路径名，也可以是绝对路径名。例如：

```
`include "parts/count.v"
```

（3）可以将多个`include 命令写在一行，在`include 命令行，只可以出空格和注释行。例如下面的写法是合法的：

```
`include "fileB" `include "fileC"          //including fileB and fileC
```

（4）如果文件1包含文件2，而文件2要用到文件3的内容，则可以在文件1用两个`include 命令分别包含文件2和文件3，而且文件3应出现在文件2之前。例如在下面的例子中，即在 file1.v 中定义了对 file3.v 和 file2.v 的包含。

【例 7-48】 文件包含使用举例2。

```
`include "file3.v"
`include "file2.v"

module test(a,b,out);
    input[1:`size2] a,b;
    output[1:`size2] out;
    wire[1:`size2] out;
    assign out=a+b;
endmodule
```

file2.v 的内容为：

```
`define size2 `size1+1
    ...
```

file3.v 的内容为：

```
`define size1 4
    ...
```

这样，file1.v 和 file2.v 都可用到 file3.v 的内容，file2.v 中不必再用 `include "file3.v"。在一个被包含文件中又可以包含另一个被包含文件，即文件包含是可以嵌套的。

7.9.3 时间尺度 `timescale

`timescale 命令用来说明跟在该命令后的模块的时间单位和时间精度。使用`timescale 命令可以在同一个设计里包含采用不同的时间单位的模块。例如，一个设计中包含了两个模块，其中一个模块的时间延迟单位为 ns，另一个模块的时间延迟单位为 ps。EDA 工具仍然可以对这个设计进行仿真测试。

`timescale 命令的格式如下：

```
`timescale<时间单位>/<时间精度>
```

在这条命令中，时间单位参量是用来定义模块中仿真时间和延迟时间的基准单位的。时间精度参量是用来声明该模块的仿真时间的精确程度的，该参量被用来对延迟时间值进行取整操作（仿真前），因此该参量又可以被称为取整精度。如果在同一个程序设计里，存在多个`timescale 命令，则用最小的时间精度值来决定仿真的时间单位。另外，时间精度至少要和时间单位一样精确，时间精度值不能大于时间单位值。

在`timescale 命令中，用于说明时间单位和时间精度参量值的数字必须是整数，其有效数字为 1、10、100，单位为秒（s）、毫秒（ms）、微秒（μs）、纳秒（ns）、皮秒（ps）、毫皮秒（fs）。这几种单位的意义说明如表 7.20 所示。

表 7.20　时间单位

时间单位	定　义	时间单位	定　义
s	秒(1s)	ns	十亿分之一秒(10^{-9}s)
ms	千分之一秒(10^{-3}s)	ps	万亿分之一秒(10^{-12}s)
μs	百万分之一秒(10^{-6}s)	fs	千万亿分之一秒(10^{-15}s)

下面举例说明`timescale 命令的用法。

【例 7-49】 `timescale 使用举例 1。

```
`timescale 1ns/1ps
```

在这个命令之后，模块中所有的时间值都表示是 1ns 的整数倍。这是因为在`timescale 命令中，定义了时间单位是 1ns。模块中的延迟时间可表达为带三位小数的实型数，因为`timescale 命令定义时间精度为 1ps。

【例 7-50】 `timescale 使用举例 2。

```
`timescale 10us/100ns
```

在这个例子中，`timescale 命令定义后，模块中时间值均为 10μs 的整数倍。因为`timescale 命令定义的时间单位是 10μs。延迟时间的最小分辨度为十分之一微秒（100ns），即延迟时间可表达为带一位小数的实型数。

【例 7-51】 `timescale 使用举例 3。

```
`timescale 10ns/1ns
module test;
    reg set;
    parameter d=1.55;
    initial
        begin
            #d set=0;
            #d set=1;
        end
endmodule
```

在这个例子中，`timescale命令定义了模块test的时间单位为10ns、时间精度为1ns。因此在模块test中，所有的时间值应为10ns的整数倍，且以1ns为时间精度。这样经过取整操作，存在参数d中的延迟时间实际是16ns(即1.6×10ns)，这意味着在仿真时刻为16ns时寄存器set被赋值0，在仿真时刻为32ns时寄存器set被赋值1。

仿真时刻值是按照以下步骤来计算的。

(1) 根据时间精度，参数d值被从1.55取整为1.6。

(2) 因为时间单位是10ns，时间精度是1ns，所以延迟时间#d作为时间单位的整数倍为16ns。

(3) EDA工具预定在仿真时刻为16ns的时候给寄存器set赋值0(即语句 #d set=0;执行时刻)，在仿真时刻为32ns的时候给寄存器set赋值1(即语句 #d set=1;执行时刻)。

注意：如果在同一个设计里，多个模块中用到的时间单位不同，需要用到以下时间结构。

(1) 用`timescale命令来声明本模块中所用到的时间单位和时间精度。

(2) 用系统任务$printtimescale来输出显示一个模块的时间单位和时间精度。

(3) 用系统函数$time和$realtime及%t格式声明来输出显示EDA工具记录的时间信息。

7.9.4 条件编译命令`ifdef、`else、`endif

一般情况下，Verilog HDL源程序中所有的行都将参加编译。但是有时希望对其中的一部分内容只有在满足条件才进行编译，也就是对一部分内容指定编译的条件，这就是条件编译。有时，希望当满足条件时对一组语句进行编译，而当条件不满足是则编译另一部分。

条件编译命令有以下几种形式：

```
`ifdef 宏名 (标识符)
    程序段 1
`else
    程序段 2
`endif
```

它的作用是当宏名已经被定义过(用`define命令定义)，则对程序段1进行编译，程序段2将被忽略；否则编译程序段2，程序段1被忽略。其中`else部分可以没有，即

```
`ifdef 宏名 (标识符)
    程序段 1
`endif
```

这里的宏名是一个Verilog HDL的标识符，程序段可以是Verilog HDL语句组，也可以是命令行。这些命令可以出现在源程序的任何地方。注意：被忽略掉不进行编译的程序段部分也要符合Verilog HDL程序的语法规则。

通常在 Verilog HDL 程序中用到`ifdef、`else、`endif 编译命令的情况有以下几种。

(1) 选择一个模块的不同代表部分。

(2) 选择不同的时序或结构信息。

(3) 对不同的 EDA 工具,选择不同的激励。

7.10 小结

Verilog HDL 的语法与 C 语言的语法有许多类似的地方,但也有许多不同的地方。学习 Verilog HDL 语法要善于找到不同点,着重理解如阻塞(blocking)和非阻塞(non-blocking)赋值的不同;顺序块和并行块的不同;块与块之间的并行执行的概念;task 和 function 的概念。Verilog HDL 还有许多系统函数和任务也是 C 语言中没有的,如 $monitor、$readmemb 和 $stop 等,而这些系统任务在调试模块的设计中是非常有用的,只有通过查阅 Verilog 语言参考手册、阅读大量的 Verilog 调试模块实例并经过长期的实践才能逐步掌握。

第8章 Quartus Ⅱ的使用方法

8.1 Quartus Ⅱ介绍

Quartus Ⅱ是一套专门针对 Altera 公司生产的 CPLD 或 FPGA 芯片进行逻辑电路设计的集成开发环境。Altera 公司开发的 Quartus Ⅱ软件功能强大、自动化程度高、人机界面友好，深受广大电子工程师与电子爱好者欢迎。Quartus Ⅱ能够为逻辑电路设计提供如下支持。

(1) 多种设计实体输入方式：电路原理图，AHDL，VHDL，Verilog HDL 等。

(2) 设计逻辑综合。

(3) 功能仿真、时序仿真与时序分析。

(4) 平面布图编辑。

(5) 自带编译器和工程管理器，自动错误定位、器件适配。

(6) 器件编程与下载等。

(7) 利用 SignalTap Ⅱ Logic Analyzer 进行嵌入式逻辑分析。

(8) 利用 SOPC Builder 建立硬核等。

利用 Quartus Ⅱ开发环境进行复杂逻辑可编程器件开发的基本过程如图 8.1 所示，可分为设计输入、综合、适配、仿真与下载等基本步骤。

在 Quartus Ⅱ中输入为原理图或 HDL 文本。既可以向工程文件中添加已有文本，也可以在工程中新建文本。原理图输入主要是利用基本的逻辑单元(如与非门、异或门等)直接搭建逻辑电路。这种方法简单、直观，不需要逻辑综合，但搭建功能复杂的逻辑电路效率十分低下。HDL 文本输入与传统软件语言编辑输入方法基本一致，主要采用硬件描述语言(如 Verilog HDL 或 VHDL 等)按照一定规范，对电路的功能、结构、行为及数据等进行描述或编辑。总体上看，纯粹的 HDL 输入设计仍然是最基本、最有效和最通用的输入方法。

综合只针对 HDL 文本进行。在 Quartus Ⅱ中主要由分析器/综合器来完成。该模块主要完成的工作包括：对 HDL 文本进行语法分析，检查设计是否符合语法规范；将符合规范的电路高级语言转化为低级的、可与 FPGA/CPLD 的基本结构相映射的网表文件或程序，最终获得门级甚至线路级的电路网表描述文件。

适配由适配器(也称结构综合器)完成。其主要功能是将由综合器产生的网标文件配置于指定的目标器件中，使之产生最终的下载文件。Quartus Ⅱ的适配器模块主要完成的操作包括底层器件配置、逻辑分割、逻辑优化、逻辑布局布线操作。

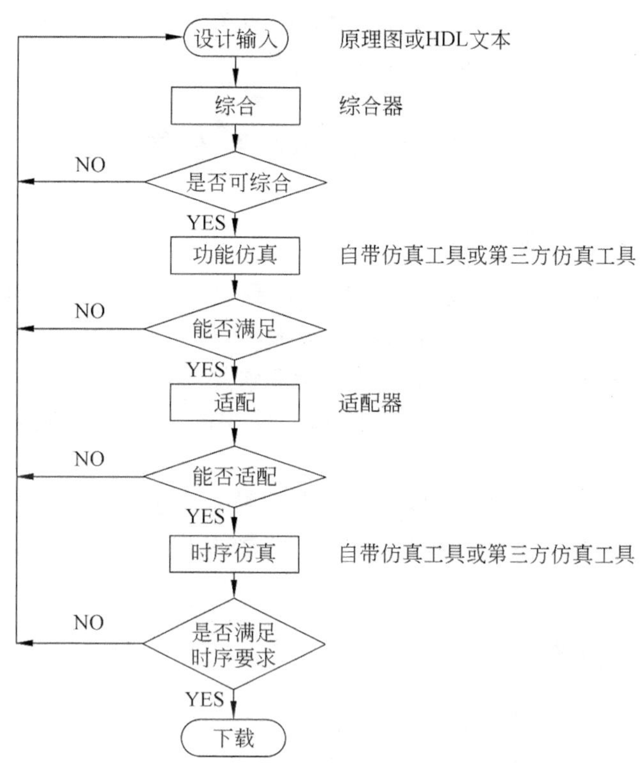

图 8.1 开发的基本过程图

仿真可分为功能仿真与时序仿真。功能仿真是直接针对 HDL 或原理图描述，进行测试模拟，其主要目的是为了验证设计在功能上是否满足原设计的要求，并不涉及与器件的适配、逻辑门的时延等。因此，功能仿真通常在综合之后进行。时序仿真则是逼近器件实际运行的仿真，往往针对适配后的网表文件进行。仿真文件中包含器件特性，逻辑门时延等信息，因而仿真度高。时序仿真通常在是配置后进行。若仿真结果无法满足设计要求，则需要重新调整设计。Quartus Ⅱ 9.0 版中自带仿真工具(Simulator Tool)，通过新建、编辑向量波形文本(Vector Waveform File)可以完成对一些简单设计的功能仿真与时序仿真。Quartus Ⅱ还可以通过自动连接一些专业仿真分析软件，完成设计的仿真工作，如 ModelSim 等。利用 ModelSim AE(ModelSim 的 Altera 版)完成仿真工作，需针对设计编写仿真测试文件。

适配后生成的下载文件或配置文件需通过编程器或编程电缆下载到目标芯片中。这一过程通常称作编程(Program)，由编程器(Programmer)模块完成。Quartus Ⅱ支持主动串行模式(AS)、被动串行模式(PS)及 JTAG 模式 3 种配置方式。目前，较多采用 JTAG 方式配置。

Quartus Ⅱ具有强大且灵活的自动编译功能。自带模块化的编译器，包括分析/综合器(Analysis/Synthesis)、适配器(Fitter)、装配器(Assembler)、时序分析器(Timing Analyzer)、设计辅助模块(Design Assistant)、EDA 网表文件生成器(EDA Netlist Writers)和编译数据接口(Compiler Database Interface)等，能够实现逻辑综合、自动适

配、生成网表等多项功能。既可以通过选择“开始编译(start compilation)”一次完成所有编译工作，也可以在Task任务窗中选择某项执行。

8.2 Quartus Ⅱ安装

8.2.1 Quartus Ⅱ安装准备

Quartus Ⅱ有各种版本，各版本软件均可以到Altera公司官方网站(www.altera.com)的下载中心下载。其中，Web版为免费版本，无须许可证书，但只支持部分器件；专业版需要购买许可证书，具有完整功能，支持全部软件。作为Quartus Ⅱ的普通用户，如果您只是为了体验Quartus Ⅱ软件的使用，或所使用的是常见低速器件，Web版就足以满足您的基本需求。

Quartus Ⅱ可以使用CD安装，也可以下载安装。本书以Quartus Ⅱ 9.0为例介绍Quartus Ⅱ的安装及使用。安装Quartus Ⅱ之前，需从官方网站下载或从正规途径购买Quartus Ⅱ 9.0安装包。

8.2.2 Quartus Ⅱ软件安装

在下面的介绍中，假设您已下载好软件安装包(90_quartus_windows)，安装环境为Windows 7 SP1。您无须担心，安装环境的不同不会对您的软件安装产生影响，Quartus Ⅱ对于各种版本的Windows系统均有很好的适应。

首先，找到软件安装包所在位置，双击90_quartus_windows安装包，会出现自解压文件对话框。单击Install按钮，释放安装文件，如图8.2所示。

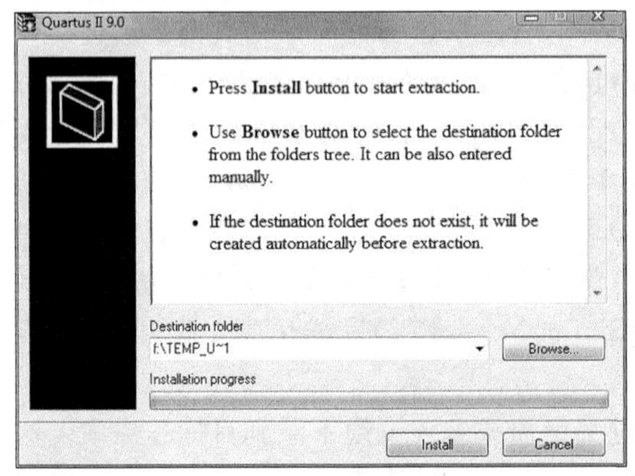

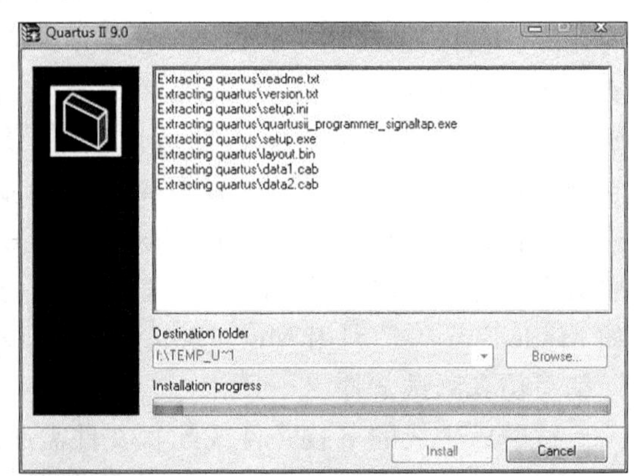

图8.2 释放安装文件

自解压完成后，进入Quartus Ⅱ 9.0 Setup安装界面，如图8.3所示。

单击Next按钮进入License Agreement界面，如图8.4所示。选择“I accept the terms of the license agreement”单选按钮，单击Next按钮。

进入Customer Information界面，填写好个人信息，单击Next按钮，如图8.5所示。

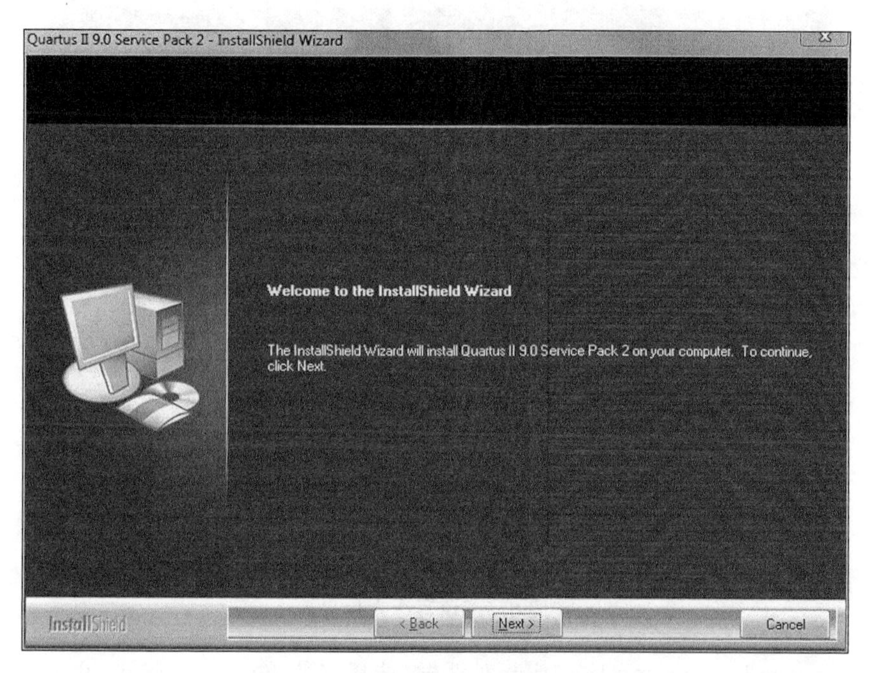

图 8.3 Quartus Ⅱ 9.0 Setup 界面

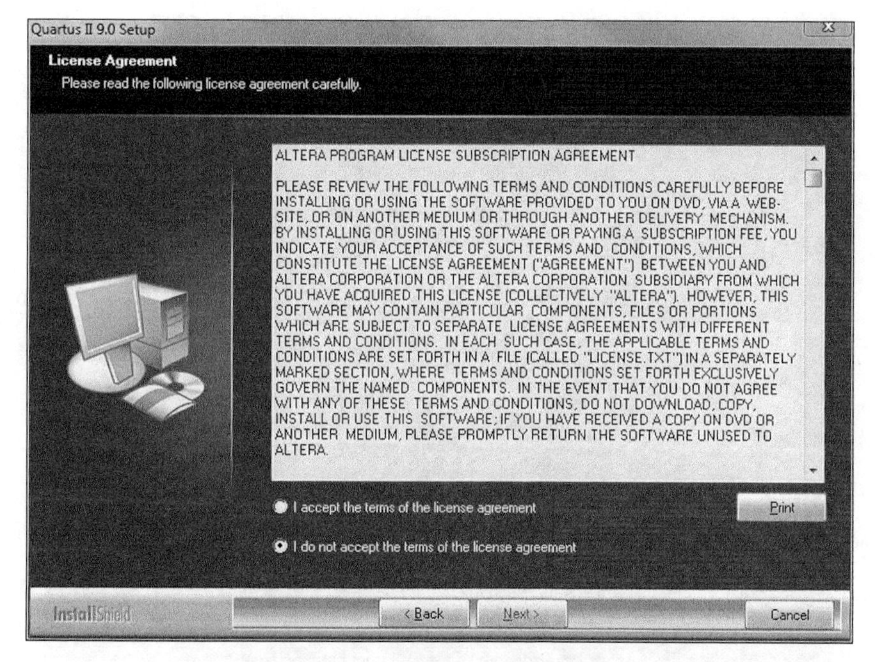

图 8.4 License Agreement 界面

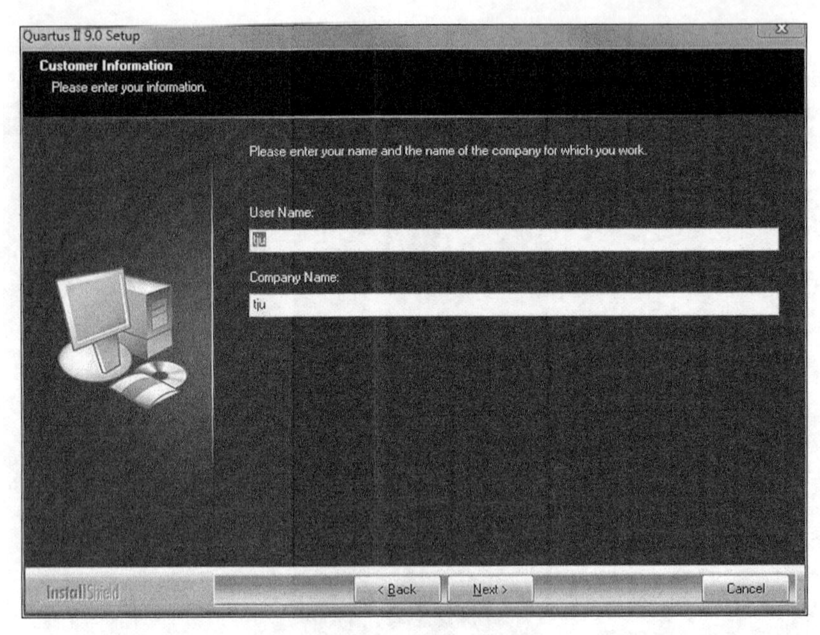

图 8.5　填写个人信息

进入 Choose Destination Location 对话框，选择安装路径。Quartus Ⅱ可以安装在默认路径下，也可以安装在硬盘的其他位置。但需要注意的是，Quartus Ⅱ的安装路径只能由字母与下画线组成。这里我们选择安装在默认位置，如图 8.6 所示。

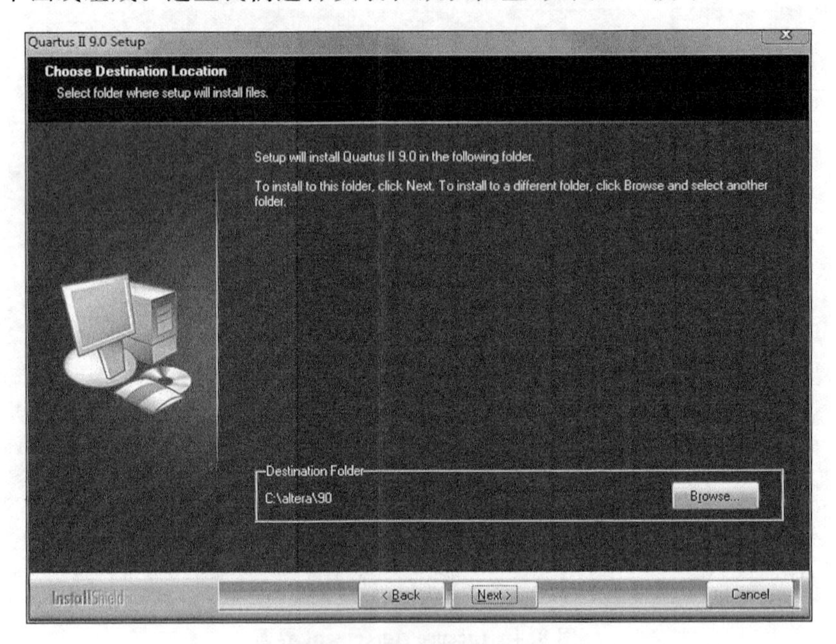

图 8.6　选择安装路径

单击 Next 按钮，为存放安装文件的文件夹命名（如图 8.7 所示），通常选择默认，单击 Next 按钮，选择安装方式（如图 8.8 所示）。Complete 为完整安装，安装 Quartus Ⅱ的所

有组件;Custom 方式,可以依据用户习惯选择组件。

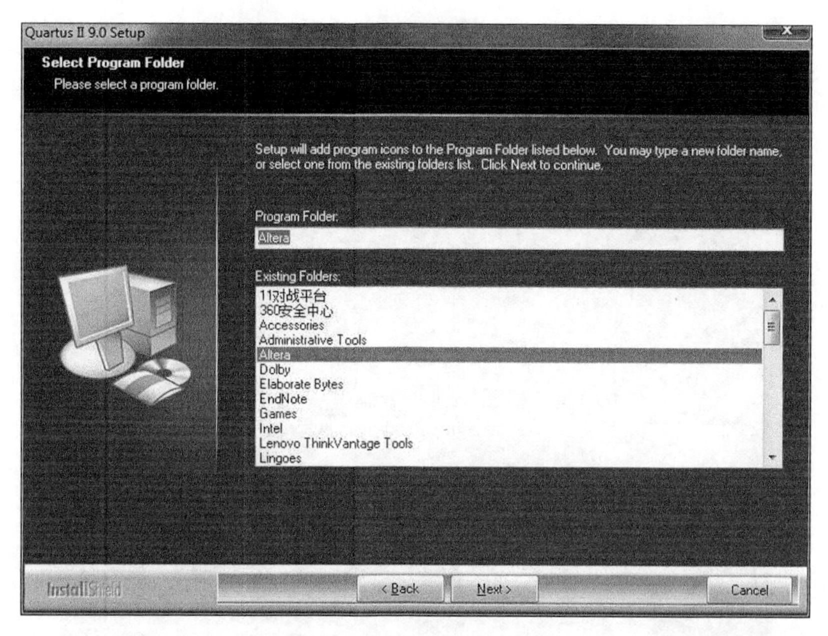

图 8.7　命名安装文件夹

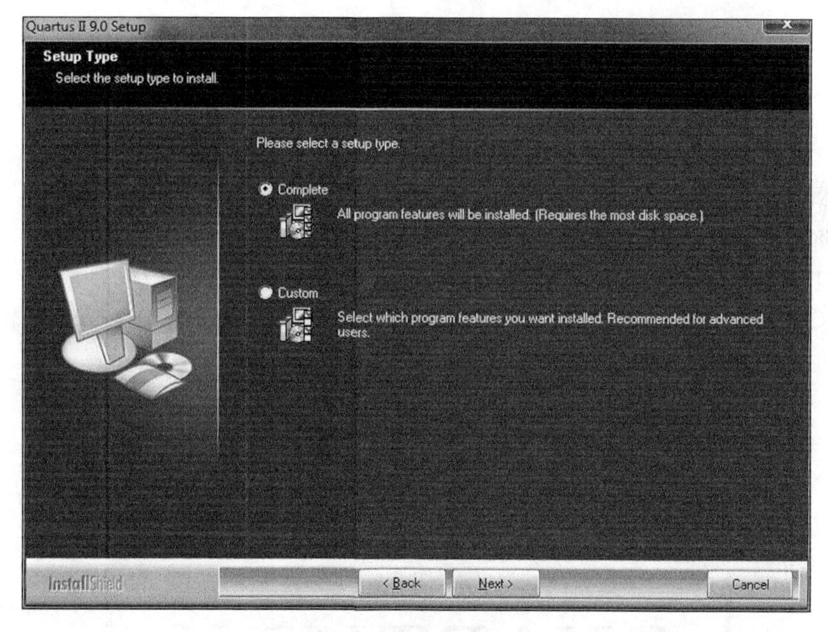

图 8.8　选择安装方式

这里我们选择完整安装。然后,单击 Next 按钮,直到显示 Installing,即安装中进度条,正式进入安装状态,如图 8.9 所示。Quartus Ⅱ软件规模较大,组件与模块较多,因此安装时间较长。用户需耐心等待一段时间,直到安装完成,如图 8.10 所示。

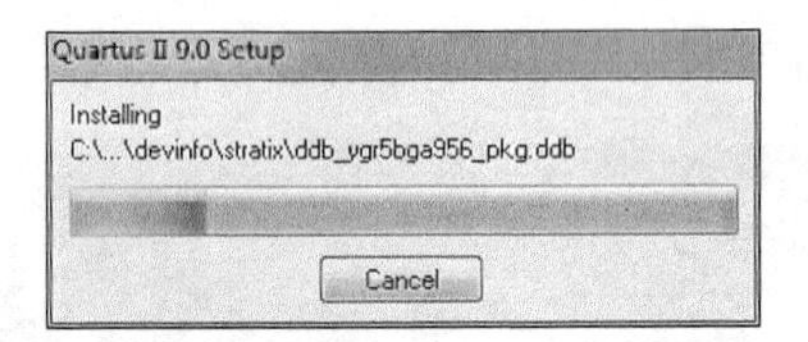

图 8.9 安装中

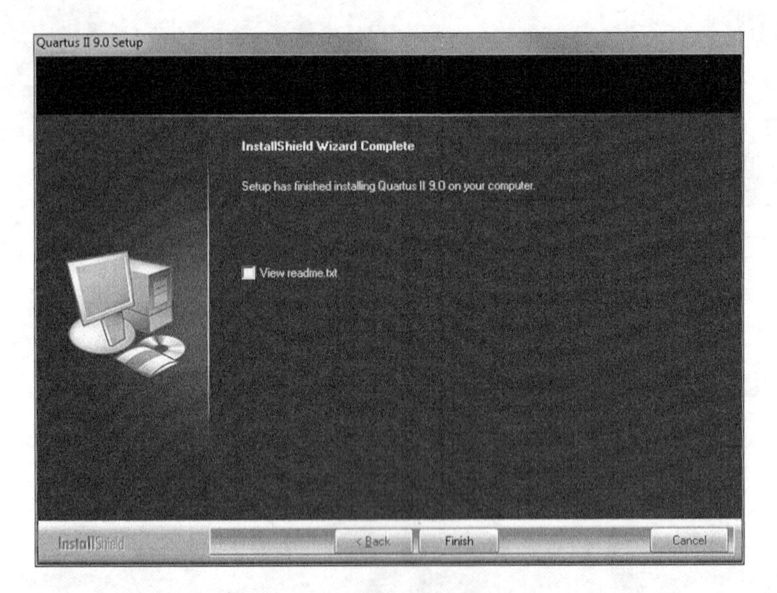

图 8.10 安装完成

8.3 Quartus Ⅱ设计示例

本节将以十六进制计数器为例，讲解 Quartus Ⅱ的使用的一般步骤。

(1) 启动 Quartus Ⅱ软件，创建名为 counter16 的工程文件。

启动 Quartus Ⅱ软件，如图 8.11 所示，进入如图 8.12 所示的 Quartus Ⅱ软件界面。

图 8.11 启动 Quartus Ⅱ软件

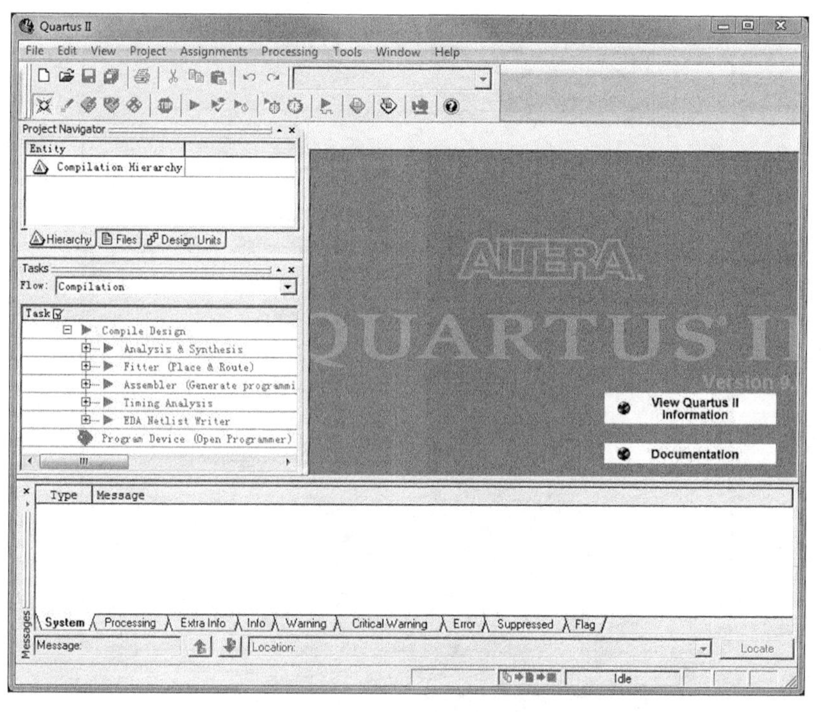

图 8.12 Quartus Ⅱ软件界面

进入软件界面后，选择 File→New Project Wizard，如图 8.13 所示，启动工程向导对话框，如图 8.14 所示。

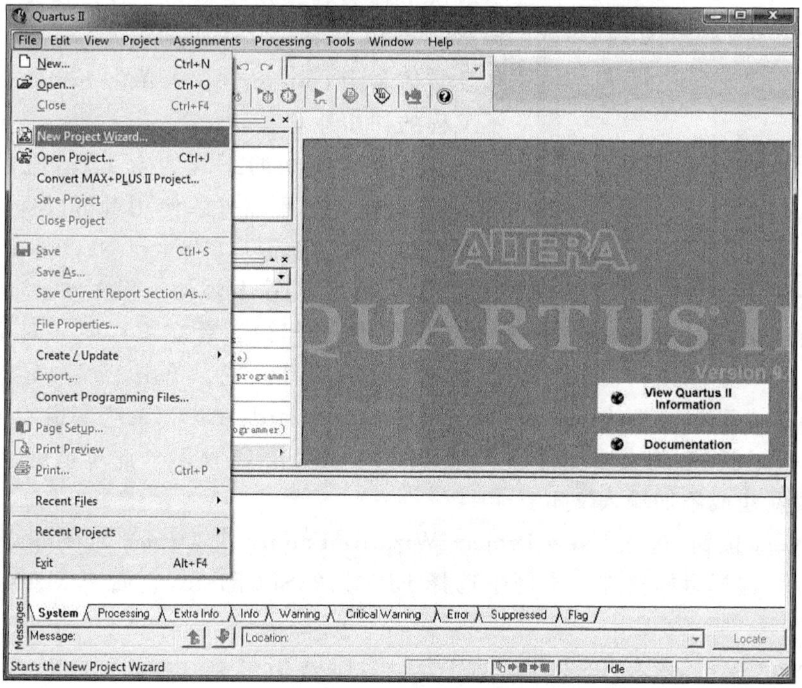

图 8.13 启动文件向导

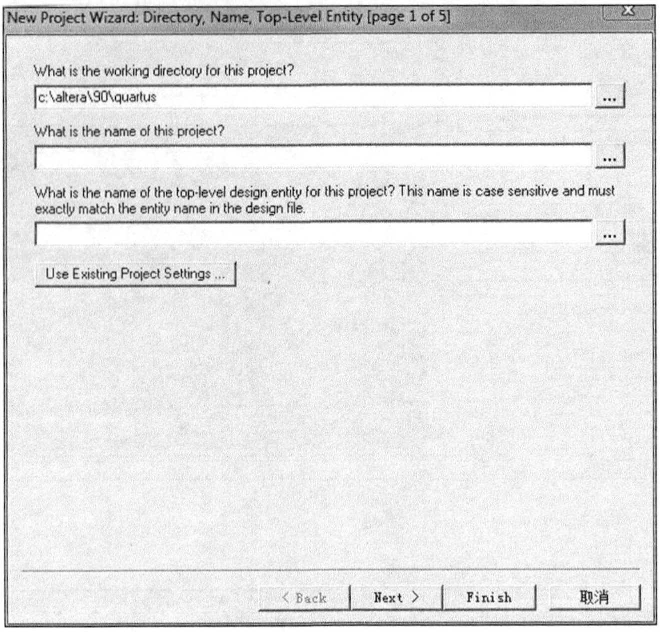

图 8.14　工程向导对话框

（2）建立工程。

在工程向导对话框中为新建工程指定工程所在位置、工程名称及顶层实体名称。这里要注意，目前 Quartus Ⅱ不支持中文命名及中文路径，且不能含有空格。在 Quartus Ⅱ中默认工程名与顶层实体名一致。这里我们指定工程路径为 C:\altera\myProjects \counter16，工程名称及实体名为 counter16。若单击 Finish 按钮就完成了工程的初步建立。

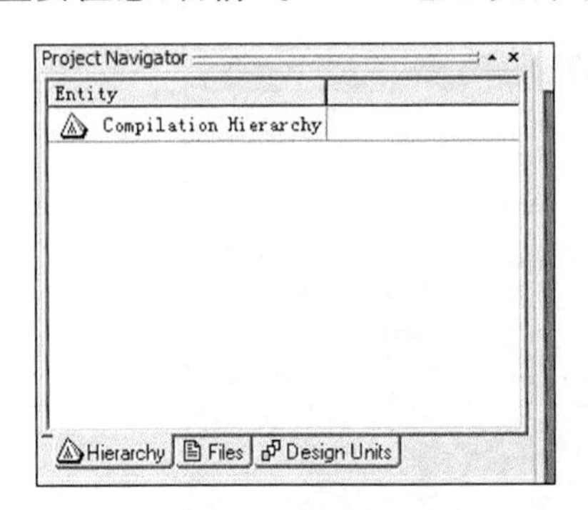

图 8.15　工程导航窗口

但这时所建立的工程为空工程，既没有输入文本，也没有指定适配器件。使用者可以通过软件主界面左侧的工程导航窗口(Project Navigator，如图 8.15 所示)完成相关设置，及添加工程文件。

但我们更推荐初学者在工程向导对话框的引导下完成工程的所有设置。单击工程向导对话框中的 Next 按钮，进入工程设置的下一步“New Project Wizard：Add/files”。指定输入文本的路径，单击 Add 按钮，将文本文件加入到工程中，如图 8.16 所示。此步也可跳过，随后根据工程需要新建或添加输入文本。

单击 Next 按钮，进入“New Project Wizard：Family & Device Settings”对话框，如图 8.17 所示，选择目标器件。本例中选择 EPM7128SLC84-15，它属于 MAX7000S 系列 CPLD 芯片。

单击 Next 按钮，进入“New Project Wizard：EDA Tool Settings”对话框，如图 8.18 所示。该对话框主要完成对 EDA 工具的一些设置。在本例中，各选项采用默认设置即可。

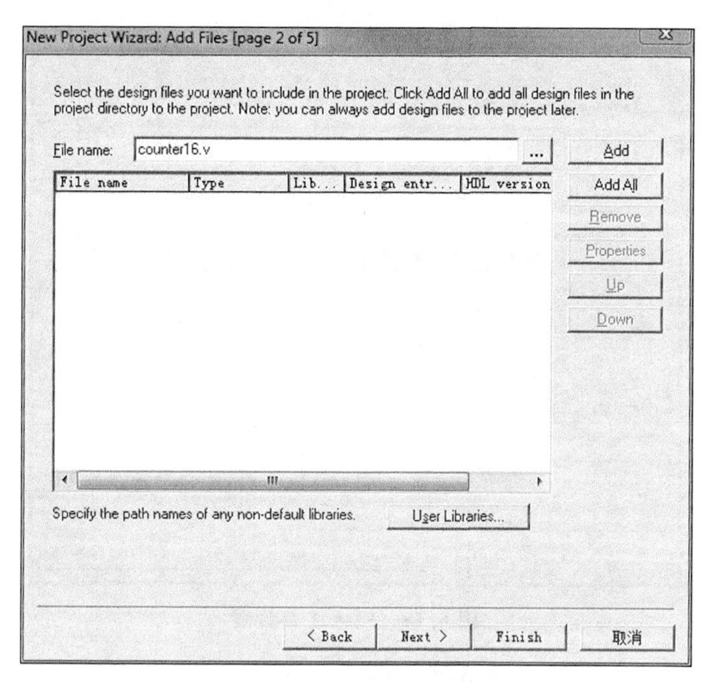

图 8.16　指定输入文本

New Project Wizard: Family & Device Settings [page 3 of 5]

Select the family and device you want to target for compilation.

Device family

Family: MAX7000S

Devices: All

Target device

Auto device selected by the Fitter

Specific device selected in 'Available devices' list

Show in 'Available device' list

Package: Any

Pin count: Any

Speed grade: Any

Show advanced devices

HardCopy compatible only

Available devices:

Name	Core v...	Macro...
EPM7064STI100-7	5.0V	64
EPM7128SLC84-6	5.0V	128
EPM7128SLC84-7	5.0V	128
EPM7128SLC84-10	5.0V	128
EPM7128SLC84-15	5.0V	128
EPM7128SLI84-10	5.0V	128
EPM7128SQC100-6	5.0V	128
EPM7128SQC100-7	5.0V	128
EPM7128SQC100-10	5.0V	128

Companion device

HardCopy:

Limit DSP & RAM to HardCopy device resources

< Back　Next >　Finish　取消

图 8.17　选择目标器件

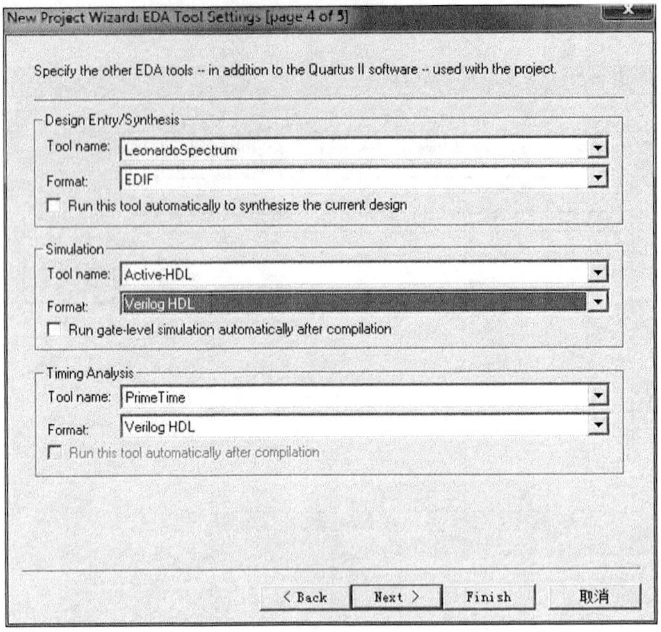

New Project Wizard: EDA Tool Settings [page 4 of 5]

Specify the other EDA tools -- in addition to the Quartus II software -- used with the project.

Design Entry/Synthesis
Tool name: LeonardoSpectrum
Format: EDIF
Run this tool automatically to synthesize the current design

Simulation
Tool name: Active-HDL
Format: Verilog HDL
Run gate-level simulation automatically after compilation

Timing Analysis
Tool name: PrimeTime
Format: Verilog HDL
Run this tool automatically after compilation

< Back　Next >　Finish　取消

图 8.18　EDA 工具设置

最后可以看到工程设置的情况汇总（“New Project Wizard：Summary”对话框），如图 8.19 所示。

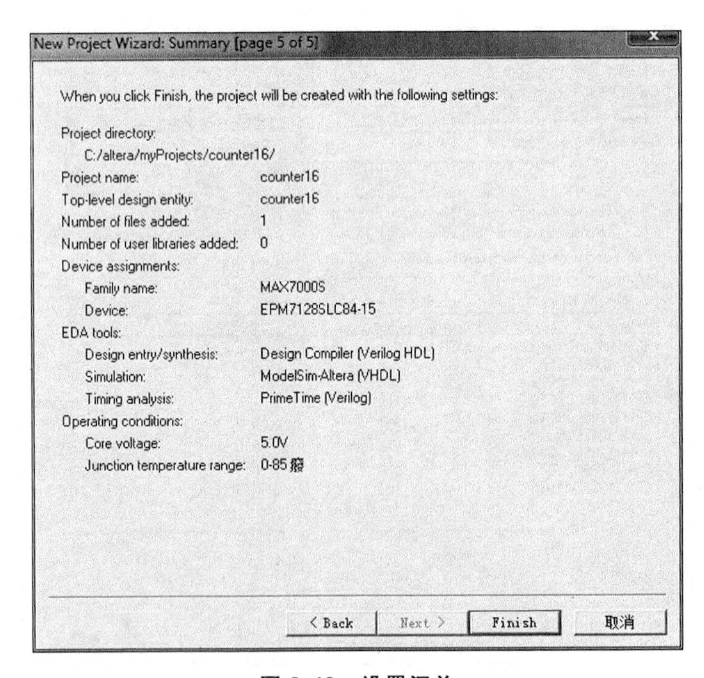

图 8.19　设置汇总

（3）设计输入。

若设计文件已经存在，或已使用其他文本编辑工具完成，可以将目标文件添加到本工程中。添加方法有两种：可以在新建工程时添加，如步骤(2)中所示；也可以在 Project Navigator 中选择 File 选项卡，右击 Files，在弹出的快捷菜单中选择 Add/Remove Files in Project，如图 8.20 所示。

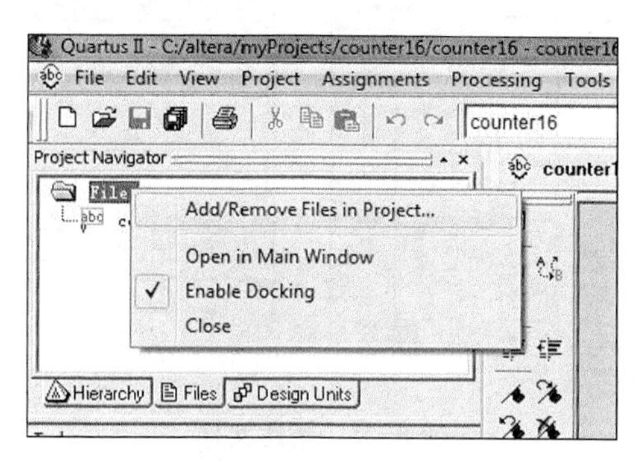

图 8.20 在工程中添加/删除文件

此时出现如图 8.21 所示的向工程添加已有文件的对话框，选取相应的设计文件，选中后单击 Add 按钮即可将其加入工程中。在这里同样可以将工程中原有文件从工程中移除。

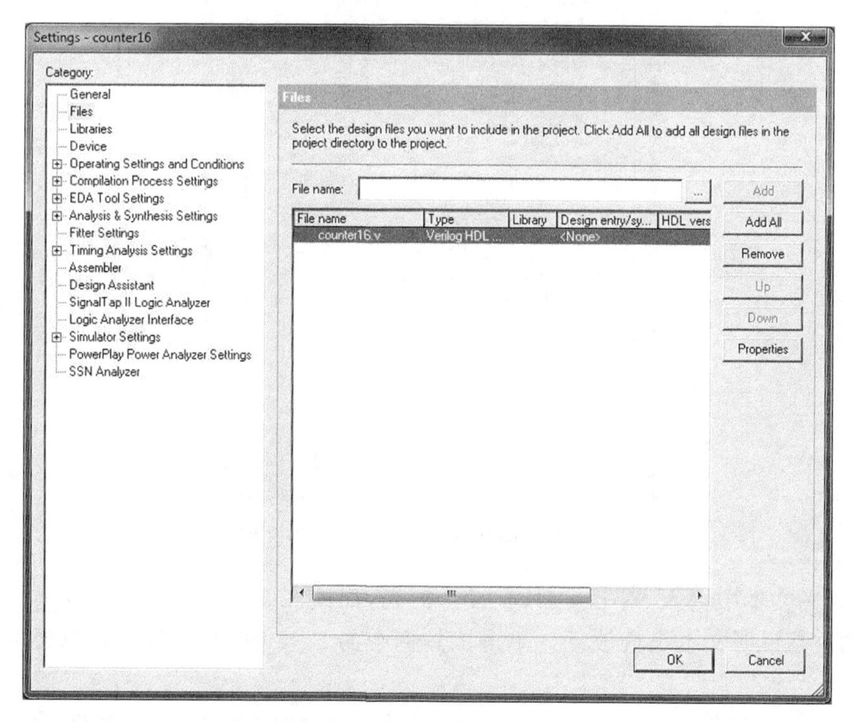

图 8.21 向工程添加已有文件

也可以在 Quartus Ⅱ中新建输入文本，完成设计。方法是选择 File→New(或者在工具栏中单击 New 按钮)，出现 New 对话框，如图 8.22 所示。

在新建文件过程中，可以根据需要选择文件类型。本例需新建设计文件，采用

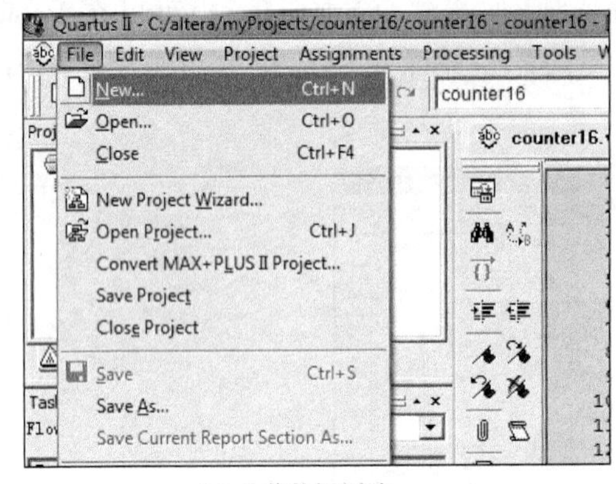

(a) 从菜单栏新建

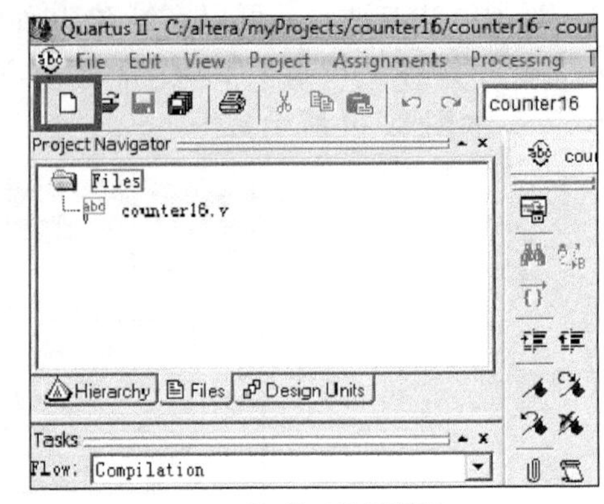

(b) 从工具栏新建

图 8.22　新建文件

Verilog HDL，故选择 Verilog HDL File，如图 8.23 所示。

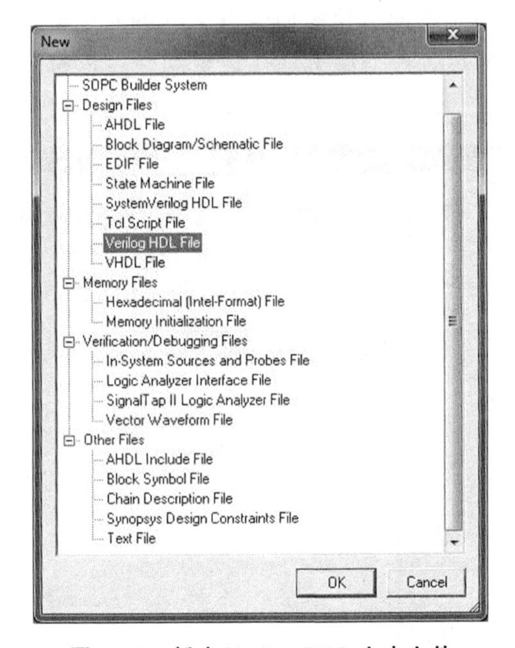

图 8.23　新建 Verilog HDL 文本文件

在新建的文本中输入 Verilog HDL 设计源码，如图 8.24 所示。这时，文本 Verilog1.v 处出现 *，这是说明文本出现改动。单击工具栏中的 Save 图标按钮，保存修改，如图 8.25 所示。

单击 Save 图标按钮之后会弹出“另存为”对话框，如图 8.26 所示。将 verilog1 改为 counter16，单击“保存”按钮。

(4) 将输入文件设置为顶层模块。

复杂的设计往往由多个模块组成。一个工程只能有一个顶层模块。顶层模块类似于主函数，是整个工程的核心。

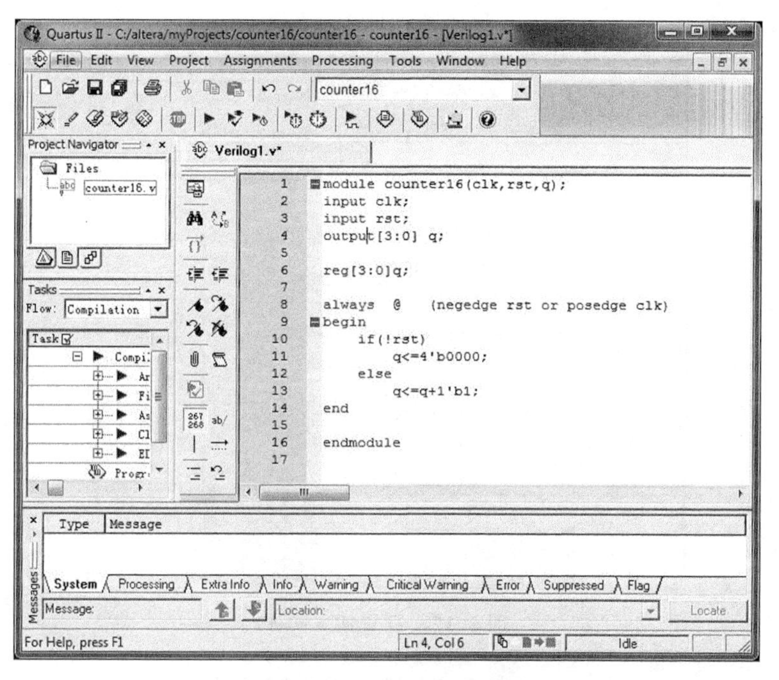

图 8.24　输入 Verilog 设计源码

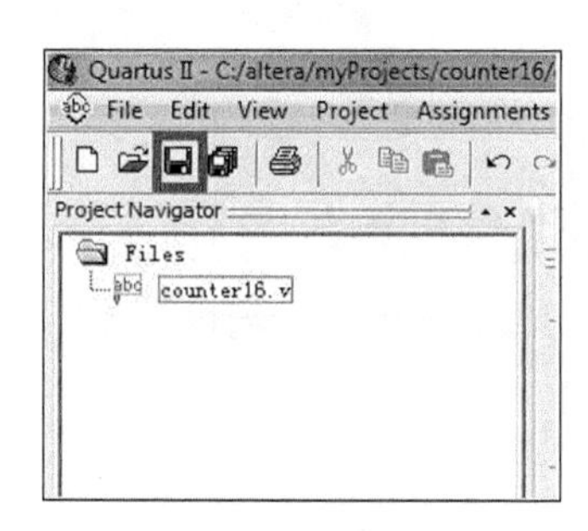

图 8.25　保存修改

图 8.26　"另存为"对话框

设置顶层实体的方法为在工程导航窗口中选择 Files 选项卡，右击将要设置为顶层实体的文本（本例中为 counter16），在弹出的快捷菜单中选择 Set as Top-Level Entity，如图 8.27 所示。

（5）编译。

编译主要是对工程进行综合与适配。可以单独完成，也可以一次性完成。软件主界

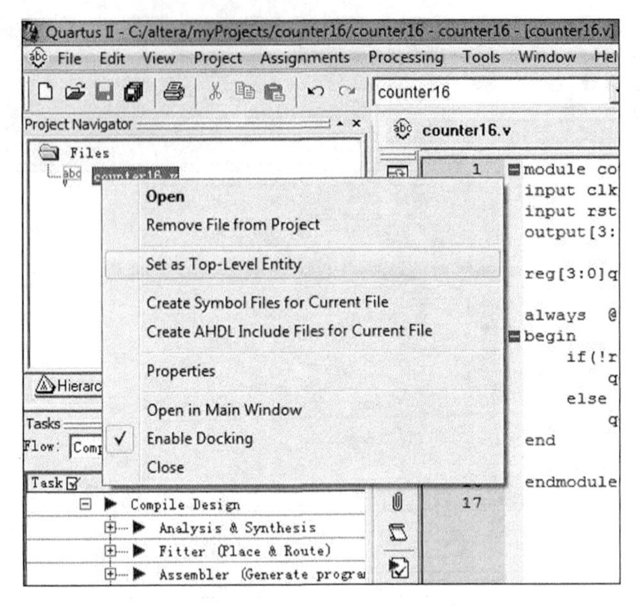

图 8.27 设置顶层实体

面左侧的 Task 窗口（如图 8.28(a)所示）展示了编译器模块的所有子模块。可以单击 Compile Design 或工具栏中的“编译”按钮（如图 8.28(b)所示）一次性完成所有编译工作；若只关心某一步骤，也可以单击 Compile Design 中对应的子按钮完成该步工作。

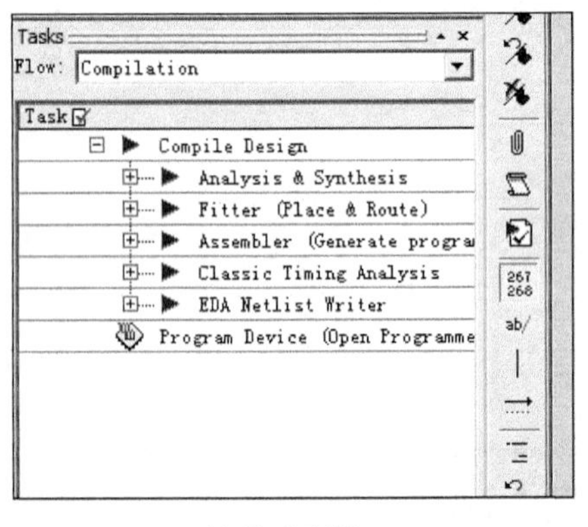

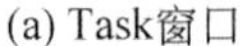
(a) Task窗口

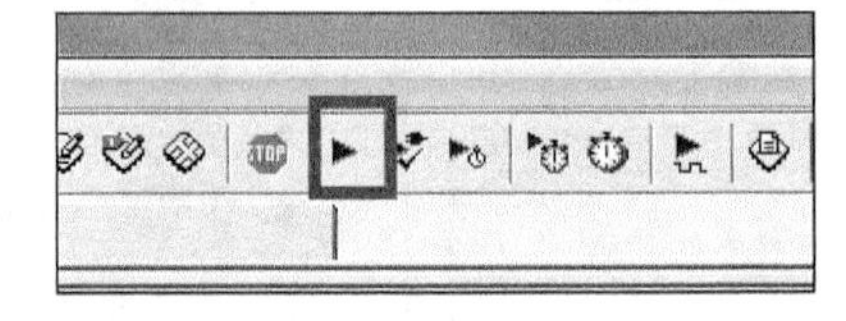

(b)“编译”按钮

图 8.28 设计编译

单击“编译”按钮完成编译工作。编译完全通过后，会生成 Flow Summary，给出一些资源占用的汇总信息，Task 中 Compile Design 的全部子项前都会显示√，并弹出 Full Compilation was successful(3 warnings)的信息提示框，如图 8.29 所示。

若某步出现错误，则会在 Compile Design 对应的子项前出现×，弹出 Full Compilation was NOT successful(3 errors)的信息提示框，并在信息提示 Message 窗口显示错误信息，如图 8.30 所示。需要依据错误提示信息修改设计文本，直到编译通过。

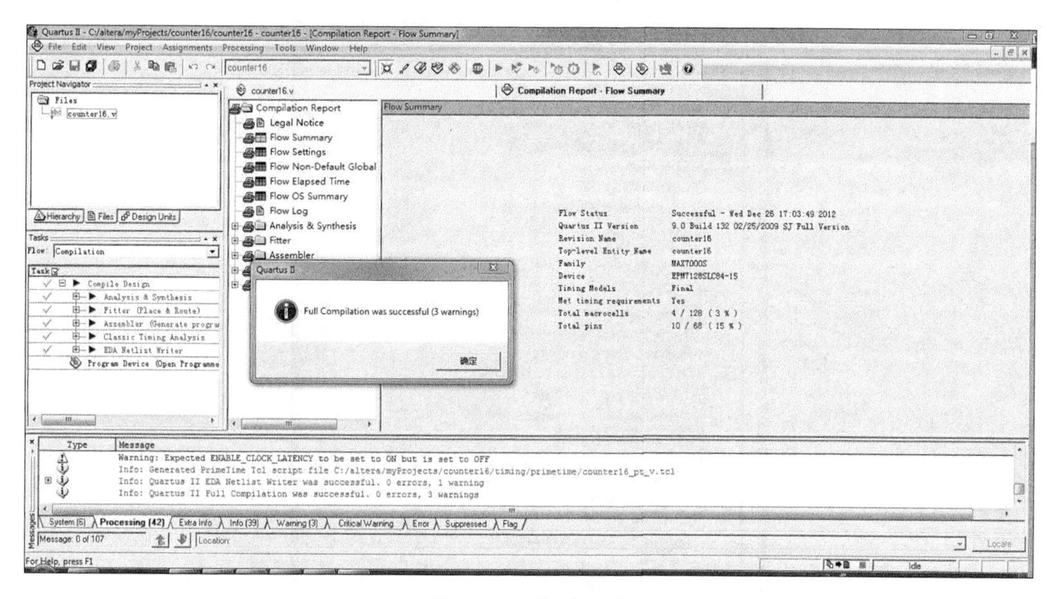

图 8.29 编译通过

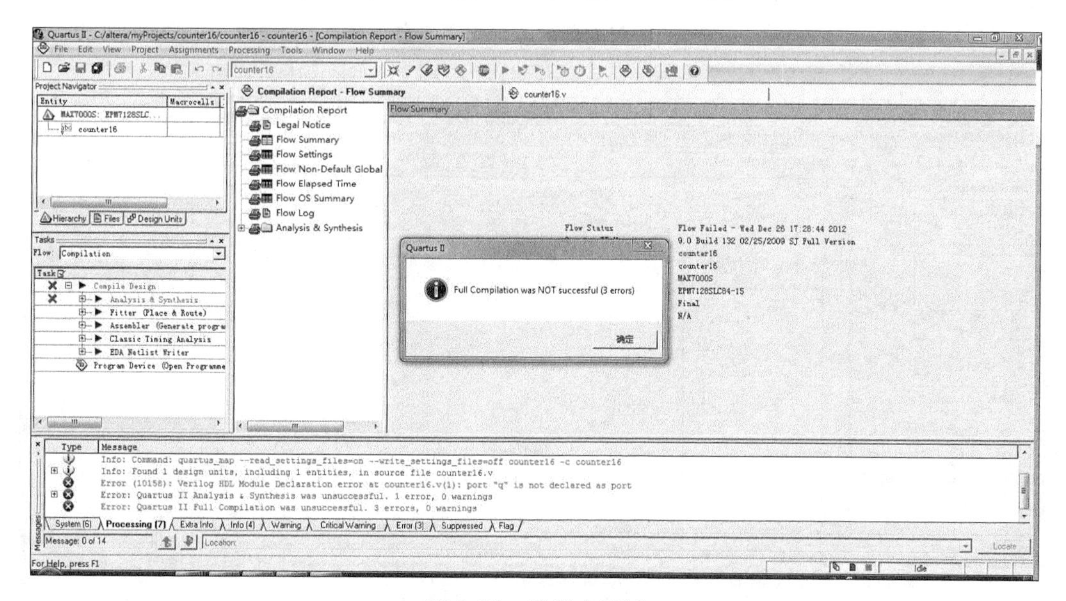

图 8.30 编译未通过

（6）仿真。

对于比较复杂的设计，需要通过关联专门的仿真软件完成仿真，如 ModelSim AE。简单的设计可采用 Quartus Ⅱ自带仿真模块完成。本节中的示例较为简单，采用自带仿真模块进行仿真即可。

① 新建波形仿真文件。

单击 New 按钮，选择 Vector Waveform File，如图 8.31 所示，新建一个波形仿真文件(.vwf 文件)，如图 8.32 所示。

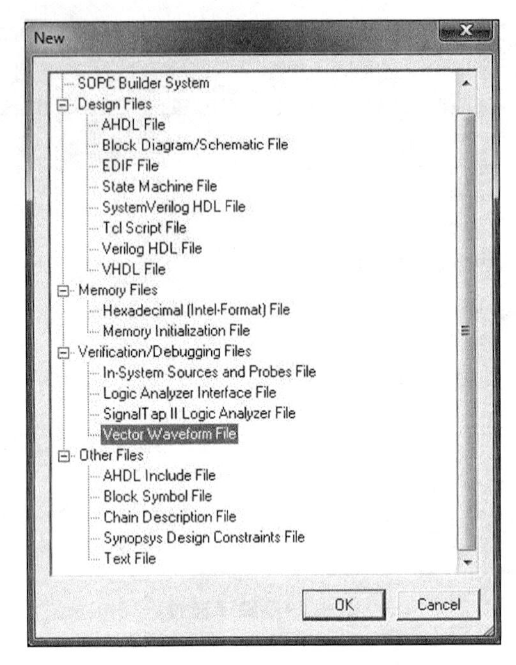

图 8.31　新建波形仿真文件

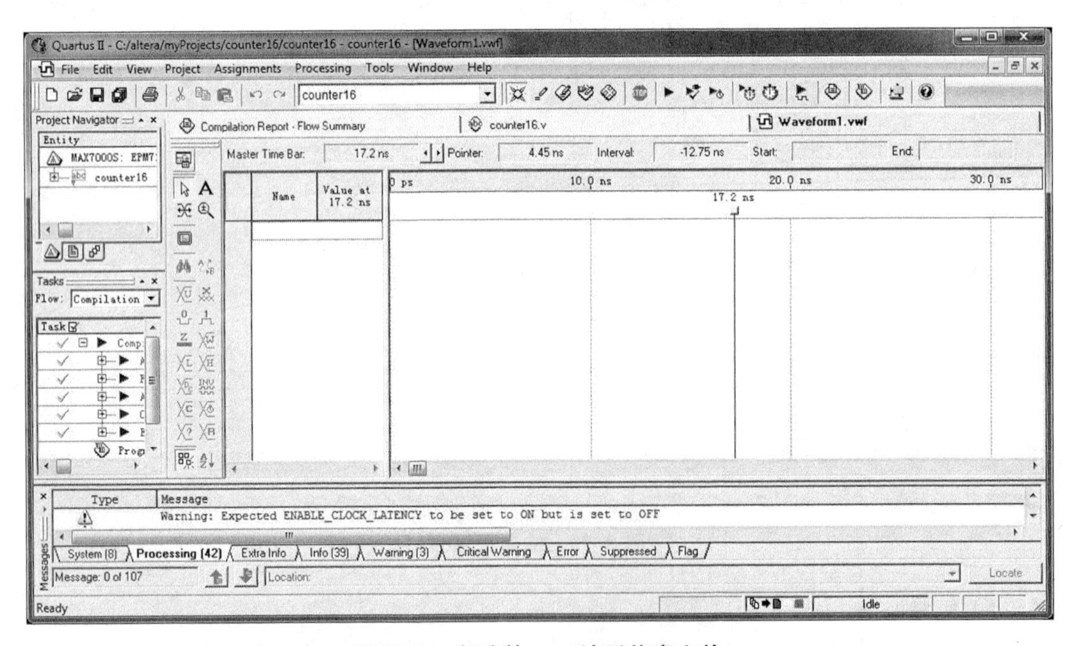

图 8.32　新建的.vwf 波形仿真文件

② 编辑仿真文件。

在波形文件的 Name 一栏空白处右击，在弹出的快捷菜单中选择 Insert→Insert Node or Bus，如图 8.33 所示，弹出 Insert Node or Bus 对话框，如图 8.34 所示。单击 Node Finder 按钮，弹出 Node Finder 对话框，如图 8.35 所示。

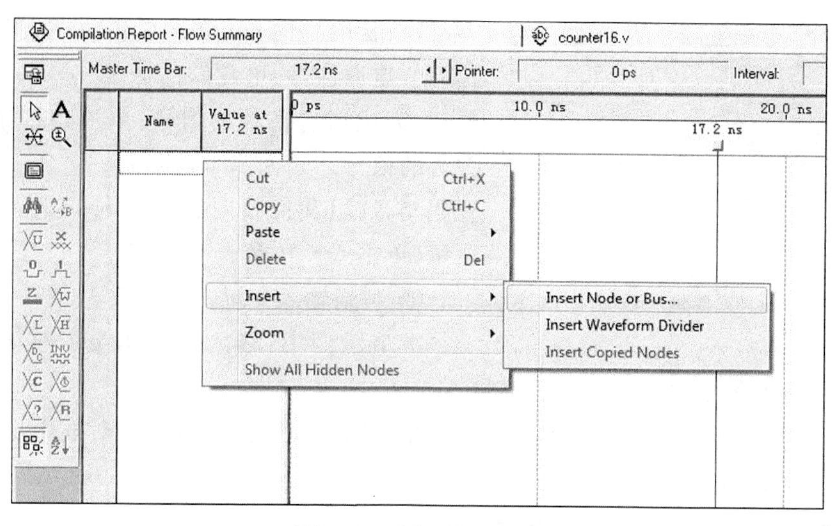

图 8.33 插入信号节点

图 8.34 Insert Node or Bus 对话框

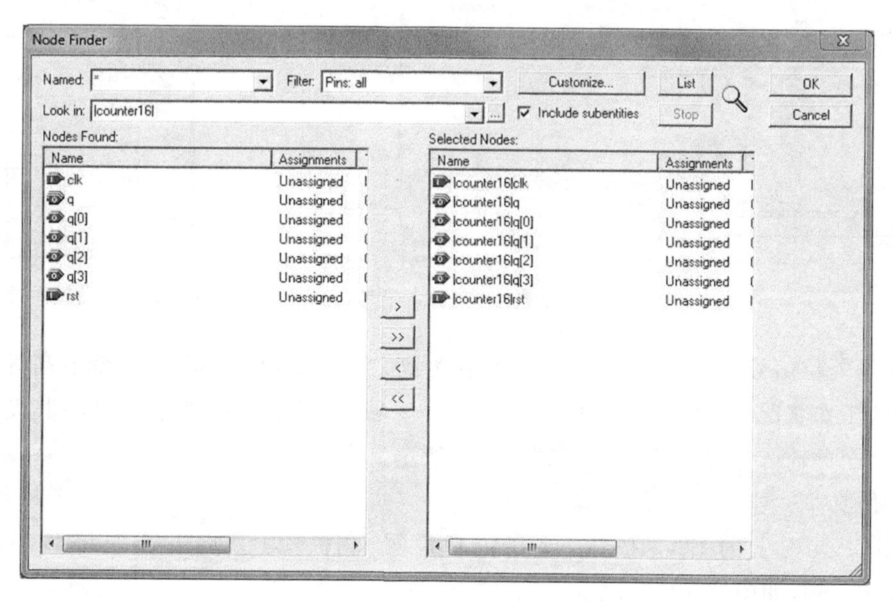

图 8.35 Node Finder 对话框

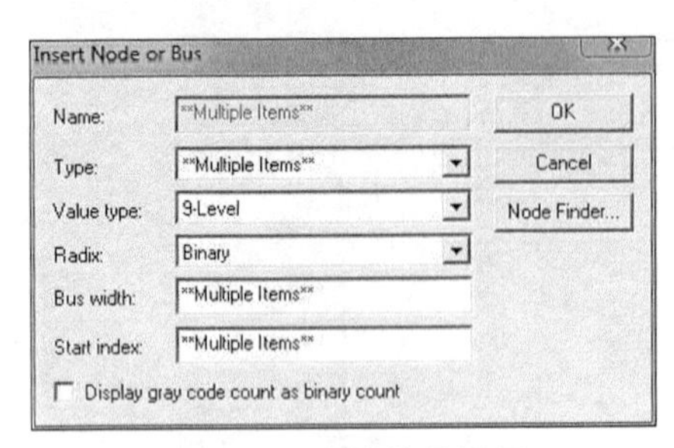

图 8.36　完成信号设置

Look in 指向 counter16，Filter 选择所关心的信号节点属性，这里我们选择 Pin：all。单击 List 按钮，列出所有条件的信号；单击＞按钮，选择所关心的信号。返回 Insert Node or Bus 对话框设置码型，这里我们暂时默认各种设置，如图 8.36 所示，单击 OK 按钮。

③ 编辑输入变量。

本节示例中，输入信号为 clk 与 rst 两个信号，其中 clk 为时钟信号，rst 为复位信号。

选中 clk，选择 Edit→Value→Clock，如图 8.37 所示，在弹出的对话框中设置时钟信号的周期等参数，如图 8.38 所示。

图 8.37　设置时钟信号

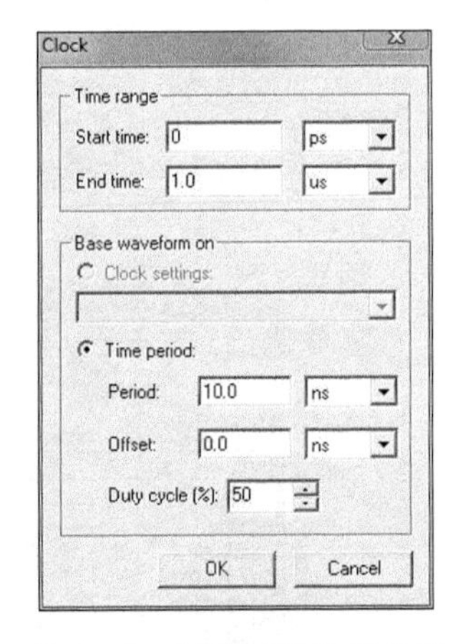

图 8.38　设置时钟信号参数

rst 是复位信号，我们需要考查其分别在为高、为低以及由高变低、由低变高等情况下计数器的工作状况，因此，选中高信号的某部分区域，按照仿真的要求分别将其设为高或低即可。至此输入信号设置完成，如图 8.39 所示。

④ 仿真。

单击工具栏上的 Save 按钮，保存仿真设置文件。为了便于管理将名字命名为 counter16. vwf，如图 8.40 所示。

选择 Processing→Simulator Tool，启动仿真器，如图 8.41 所示。

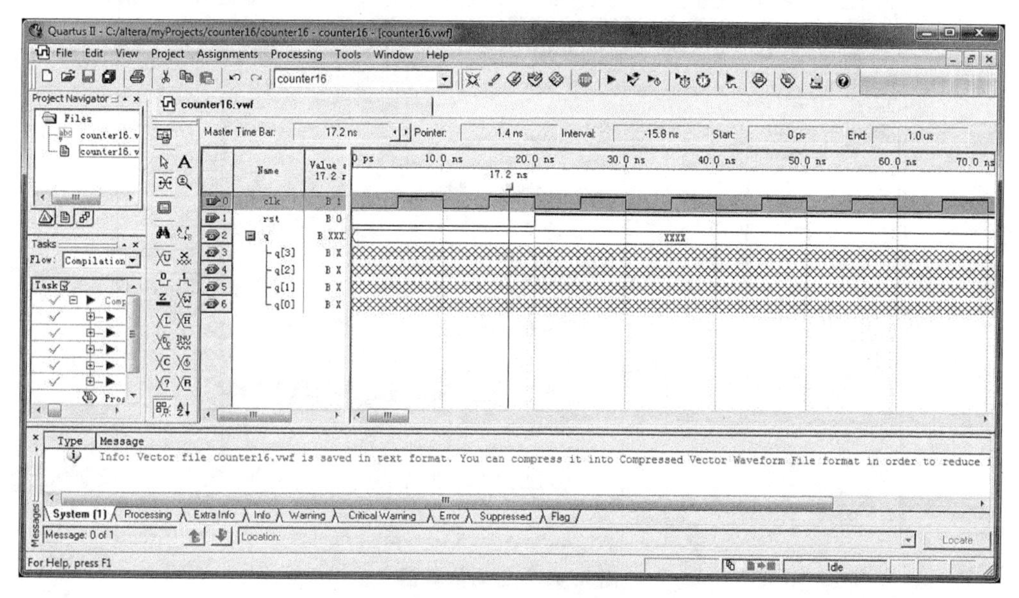

图 8.39 输入信号设置完成

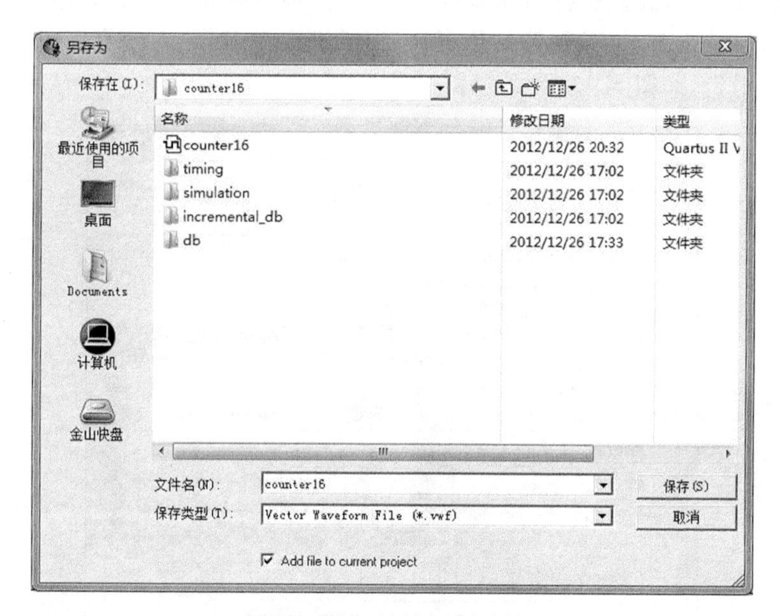

图 8.40 保存仿真设置文件

在 Simulator Tool 对话框中完成仿真设置，如图 8.42 所示。Simulation mode 主要用于设置仿真模式，时序仿真或功能仿真，我们选择时序仿真(Timing)；Simulation input

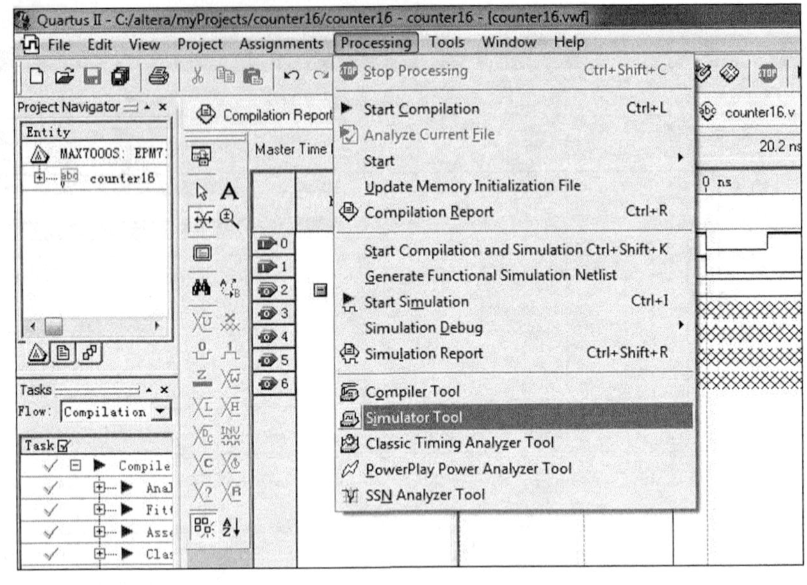

图 8.41　启动仿真器

中添加仿真设置文件，我们选择 counter16. vwf。其他可依据仿真的具体情况自行设定。设置完成后即可单击 Start 按钮开始仿真，待完成进度为 100%时仿真完成。单击 Report 按钮查看仿真报告，如图 8.43 所示。

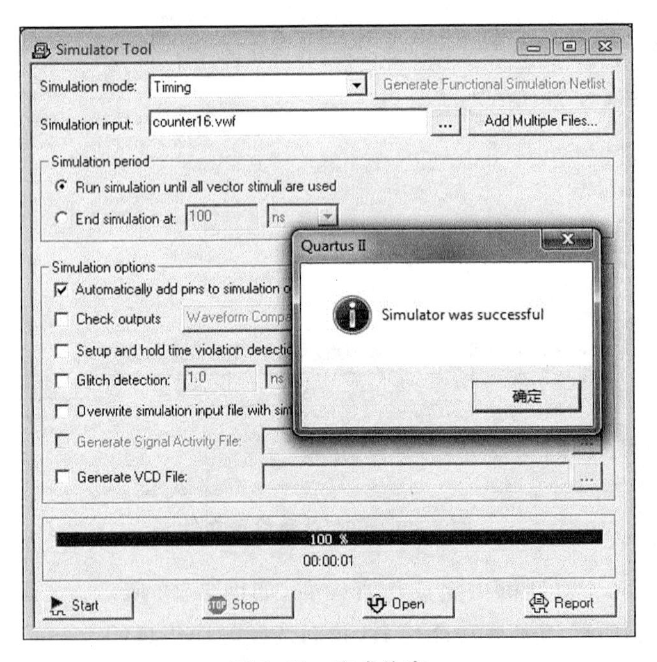

图 8.42　完成仿真

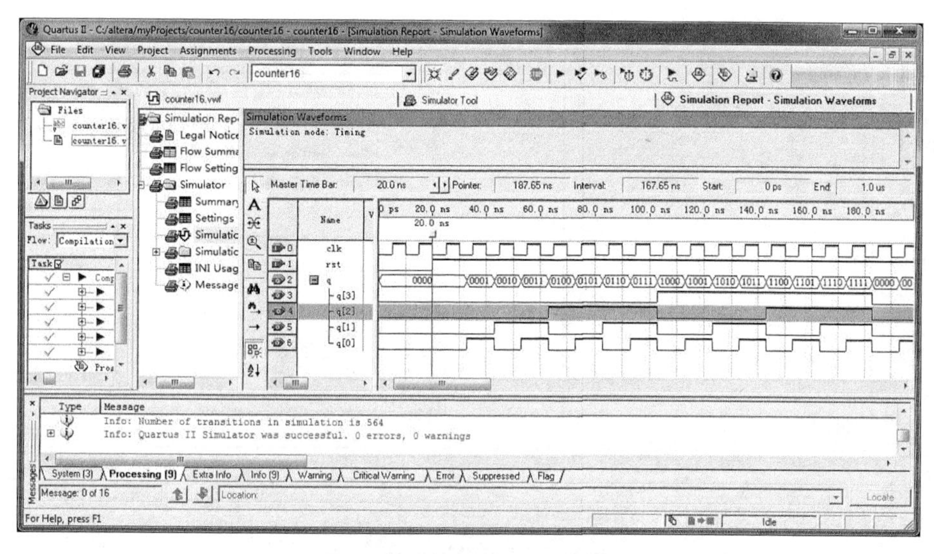

图 8.43 查看仿真结果报告

对于简单的设计，通过功能仿真验证了设计的功能后就可以进行引脚配置、下载编程了。但是对于较复杂的设计，还需要通过时序仿真分析所设计电路的时序特性，确保设计结果满足需要。

(7) 配置引脚。

编译、仿真通过以后，需要将设计结果下载到芯片中，设计中的输入输出将分别对应芯片的某引脚，这个工作可以由软件自动完成，但是很多情况下外围电路已经设计完成，因此需要将输入、输出引脚与芯片引脚进行指定。

如图 8.44 所示，选择 Assignments→Pin Planner，在如图 8.45 所示的引脚配置对话框中进行引脚指定。

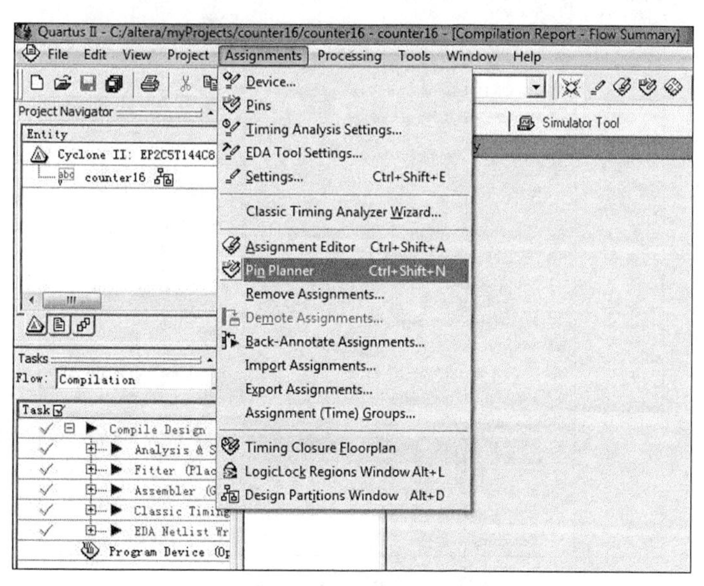

图 8.44 启动 Pin Planner

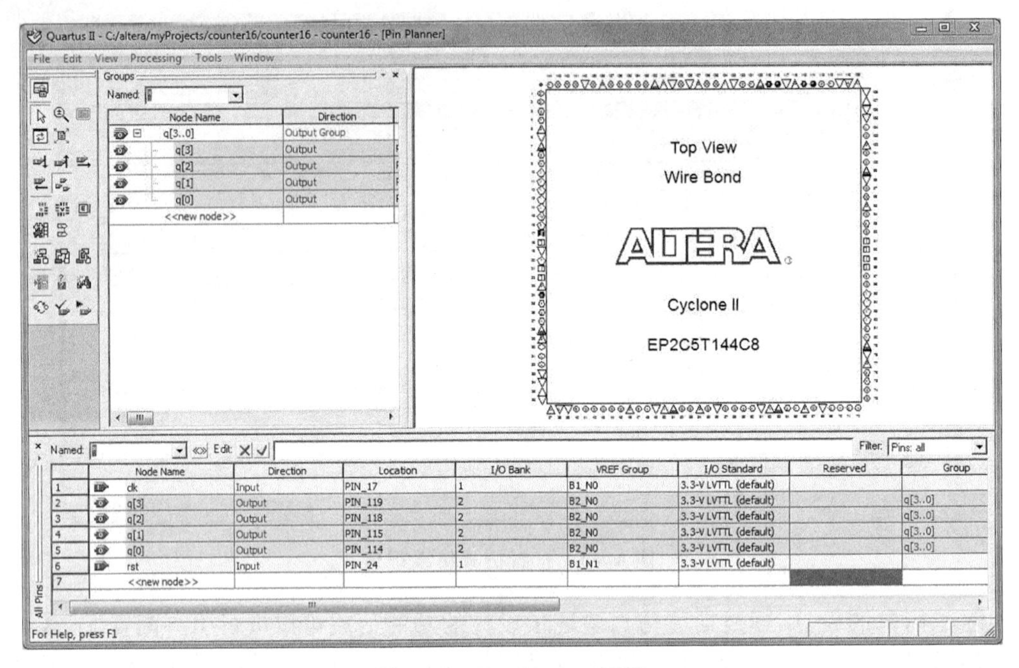

图 8.45　Pin Planner 配置

（8）下载。

首先通过下载电缆(本例中使用 USB-Blaster)将目标芯片与计算机连接。TEC-8 系统具备在系统编程功能，因此只需要使用 USB-Blaster 将 TEC-8 与计算机相连，打开实验箱电源即可。如图 8.46 所示，选择 Tools→Programmer，启动编程器，弹出如图 8.47 所示的 Programmer 对话框。

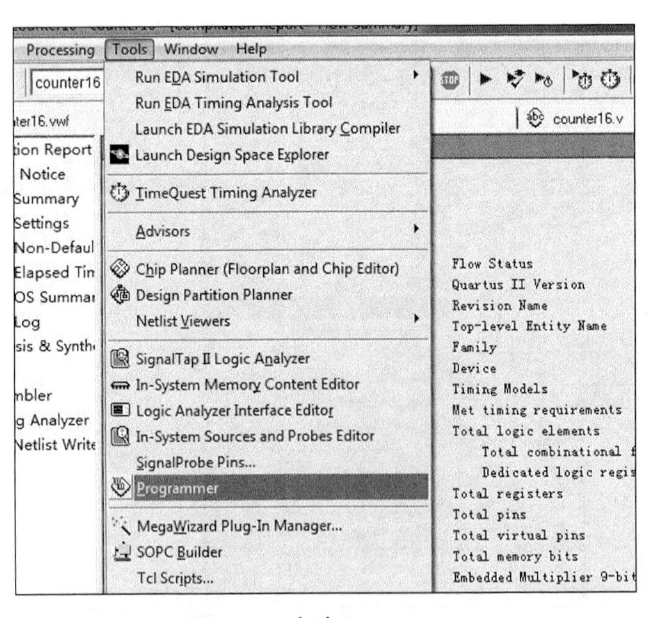

图 8.46　启动 Programmer

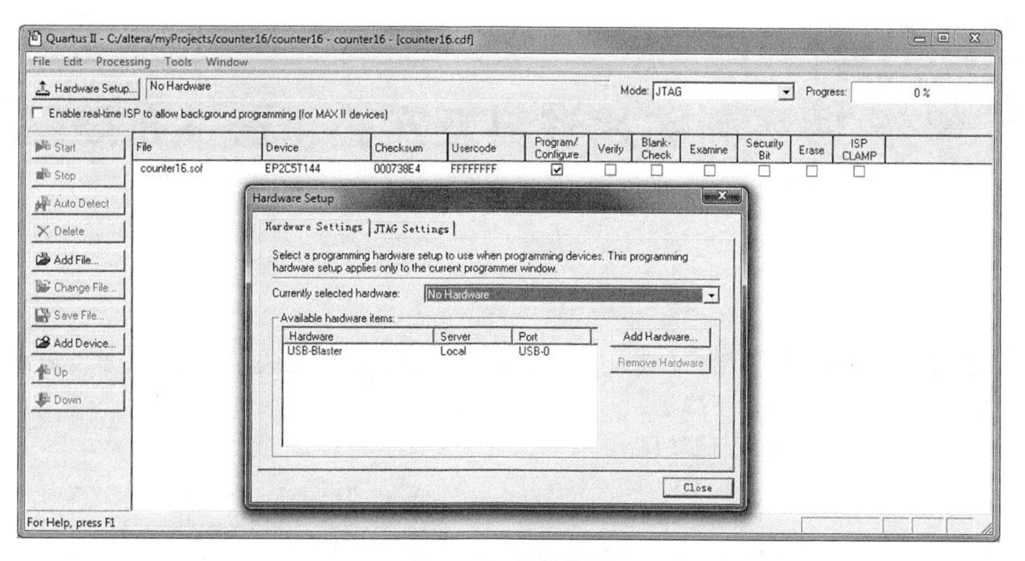

图 8.47　下载设置

在 Programmer 对话框中，需设置硬件设备。Quartus Ⅱ会自动识别连接到计算机的下载设备。本例中使用的是 USB-Blaster，单击 Hardware Setup，选择 USB-Blaster，如图 8.47 所示。单击 Start 按钮开始下载，当 Progress 为 100%时，下载完成，如图 8.48 所示。

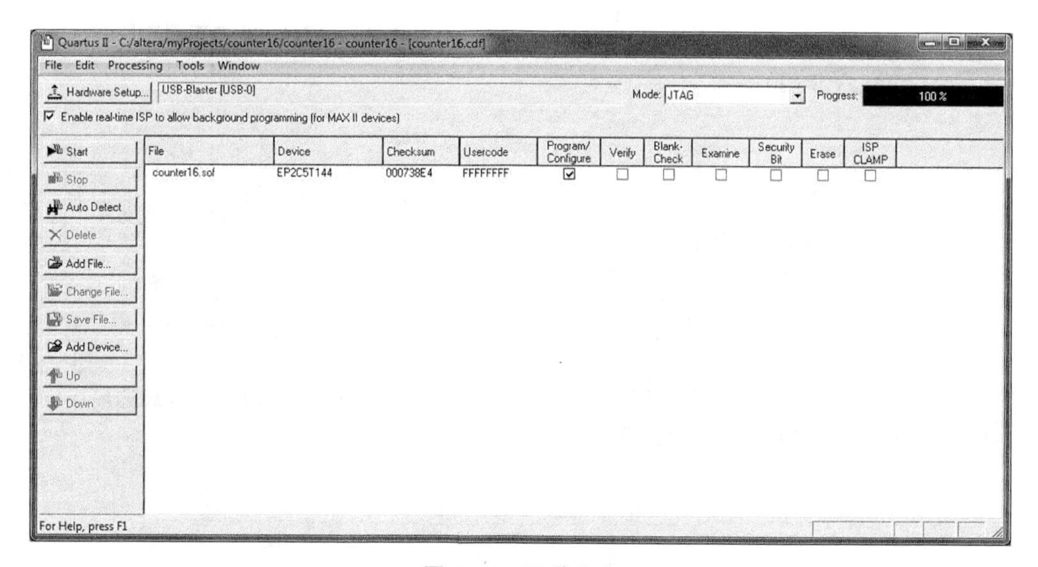

图 8.48　下载完成

附录A 部分74系列芯片资料及实验箱器件布局图

说明：下列各真值表中，H 表示高电平，L 表示低电平，X 表示任意值，Z 表示高阻态，↑表示上升沿，↓表示下降沿。

1. 74LS00（四 2 输入与非门）

表 A.1　$Y=\overline{A\ \&\ B}$真值表

A	B	Y
L	L	H
L	H	H
H	L	H
H	H	L

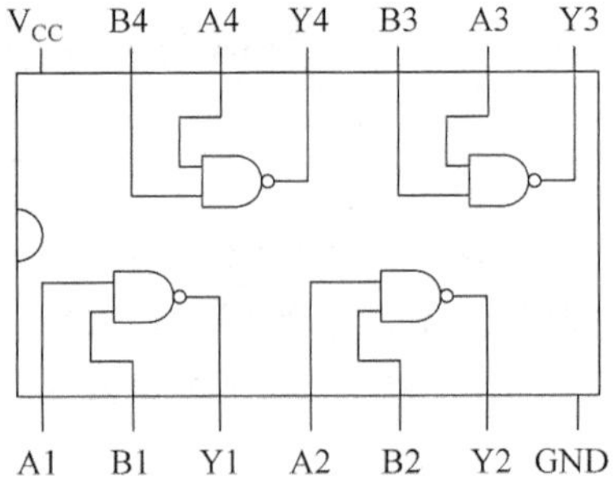

图 A.1　74LS00 内部逻辑连线

2. 74LS04（六非门）

表 A.2　$Y=\overline{A}$ 真值表

A	Y
L	H
H	L

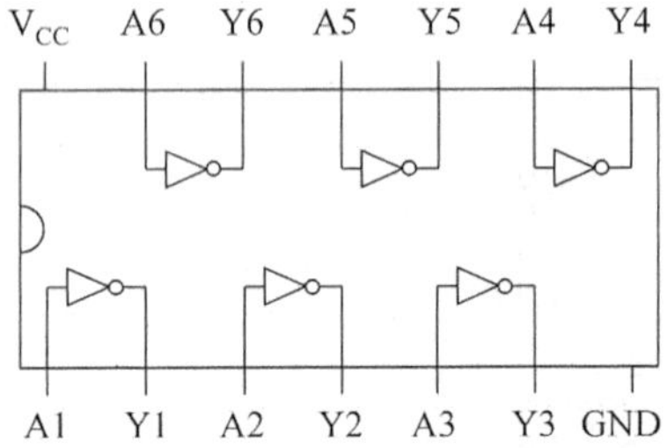

图 A.2　74LS04 内部逻辑连线

3. 74LS06（集电极开路的六路缓冲器）

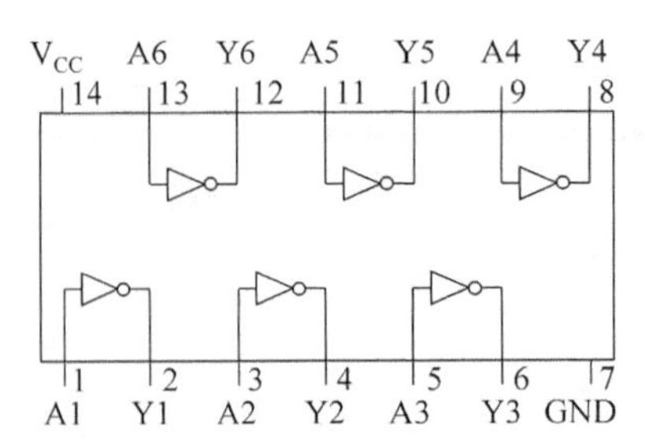

图 A.3　74LS06 内部逻辑连线

注：集电极开路输出需外接上拉电阻。

4. 74HC08(四2输入端与门)

表A.3　Y=A & B真值表

A	B	Y
L	L	L
L	H	L
H	L	L
H	H	H

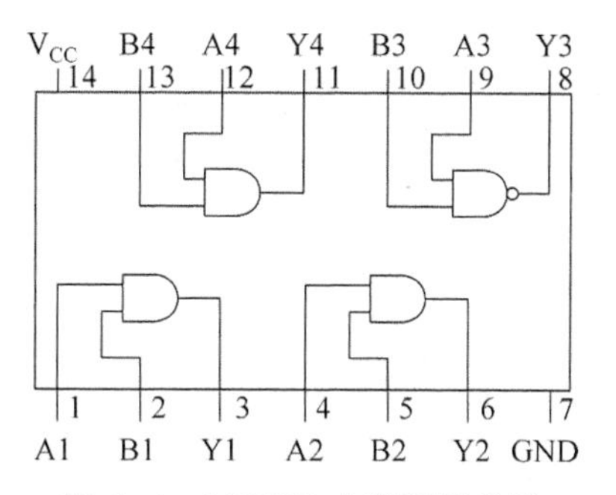

图A.4　74HC08内部逻辑连线

5. 74LS28(四2输入或非门)

表A.4　$Y=\overline{A \# B}$真值表

A	B	Y
L	L	H
L	H	L
H	L	L
H	H	L

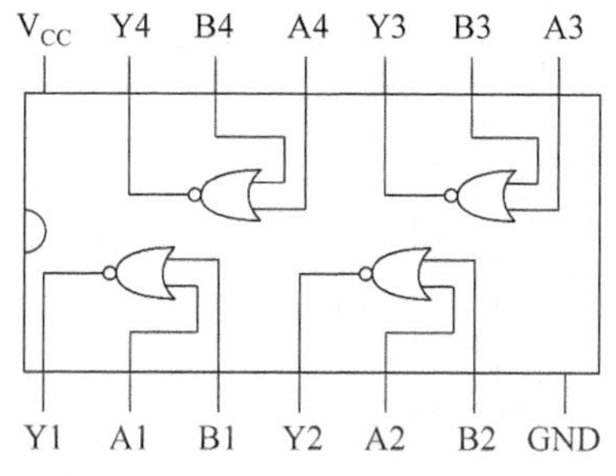

图A.5　74LS28内部逻辑连线

6. 74LS30(8输入与非门)

表A.5　$Y=\overline{A\&B\&C\&D\&E\&F\&G\&H}$真值表

输　　入	输 出
A～H	Y
所有输入为高	L
1个或多个为低	H

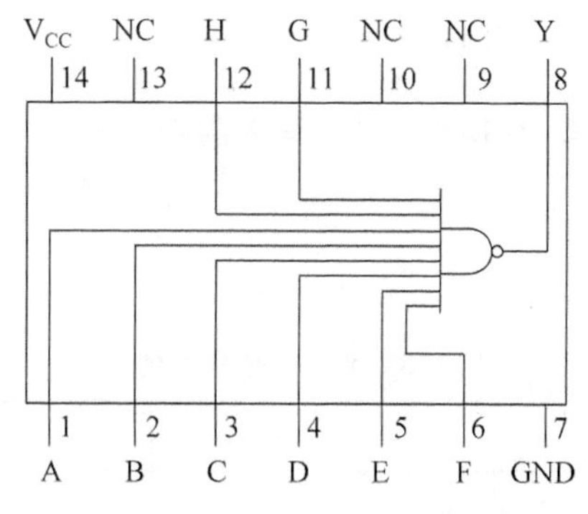

图A.6　74LS30内部逻辑连线

7. 74HC32(四2输入端或门)

表A.6　Y=A # B真值表

A	B	Y
L	L	L
L	H	H
H	L	H
H	H	H

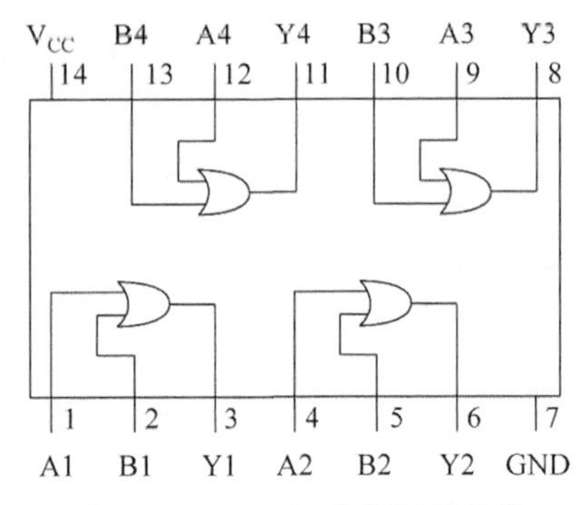

图 A.7 74HC32 内部逻辑连线

8. 74LS74（带置位/清零端的上边沿触发的双-D 触发器）

表 A.7 74LS74 真值表

输 入				输 出	
PR	CLR	CLK	D	Q	$\overline{Q}$
L	H	×	×	H	L
H	L	×	×	L	H
L	L	×	×	H[注]	H[注]
H	H	↑	H	H	L
H	H	↑	L	L	H
H	H	L	×	Q_0	$\overline{Q_0}$

注：该状态不稳定，最终取决于 PR 和 CLR 谁先回到高电平。

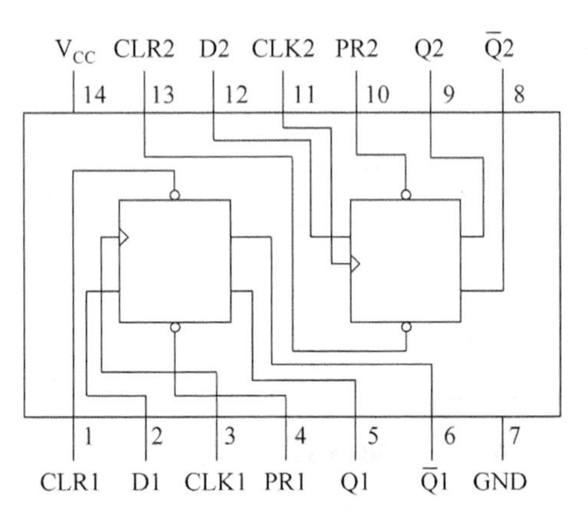

图 A.8 74LS74 内部逻辑连线

9. 74LS86（四 2 输入异或门）

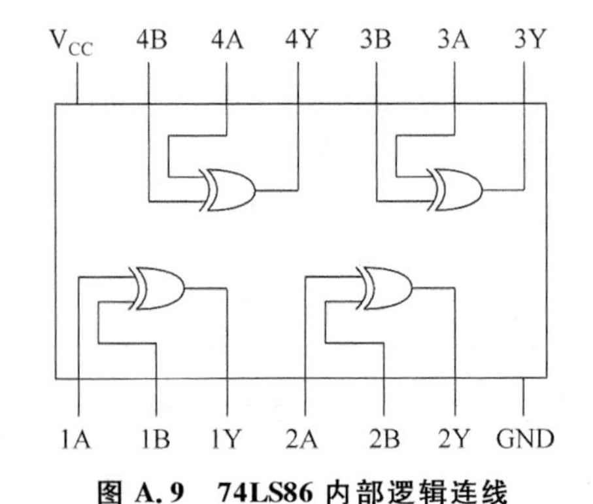

图 A.9 74LS86 内部逻辑连线

表 A.8 Y=A⊕B 真值表

A	B	Y
L	L	L
L	H	H
H	L	H
H	H	L

10. 74107（具有清零端的双 J-K 触发器）

表 A.9 74107 真值表

输 入				输 出	
CLR#	J	K	CK	Q	Q#
L	×	×	×	L	H

续表

输　入				输　出	
H	L	L	↓	Q_n	Q_n#
H	L	H	↓	L	H
H	H	L	↓	H	L
H	H	H	↓	Q_n#	Q_n
H	×	×	↑	Q_n	Q_n#

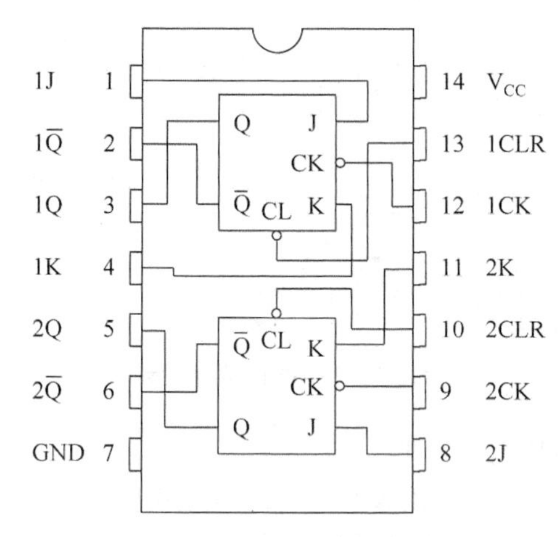

图 A.10　74107 内部逻辑连线

11. 74125(三态输出4总线缓冲门)

表 A.10　74125 真值表

输　入	输　出	
A	C	Y
L	L	L
H	L	H
×	H	Z

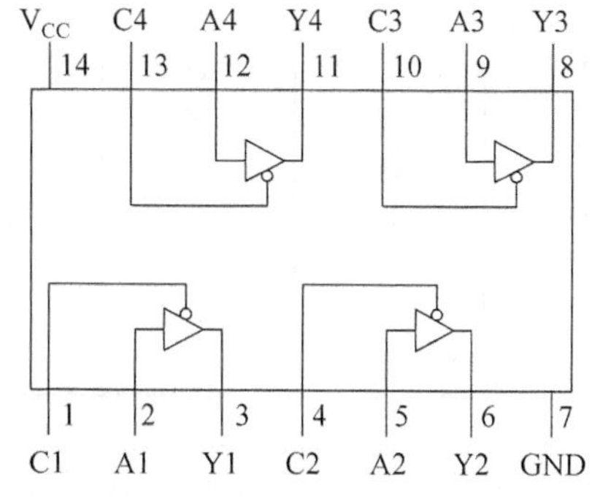

图 A.11　74125 内部逻辑连线

12. 74139(双2-4译码器)

表 A.11　74139 真值表

输　入			输　出			
使　能	选　择					
G#	B	A	Y_0	Y_1	Y_2	Y_3
H	×	×	H	H	H	H
L	L	L	L	H	H	H
L	L	H	H	L	H	H

续表

输　入			输　出			
使　能	选　择					
L	H	L	H	H	L	H
L	H	H	H	H	H	L

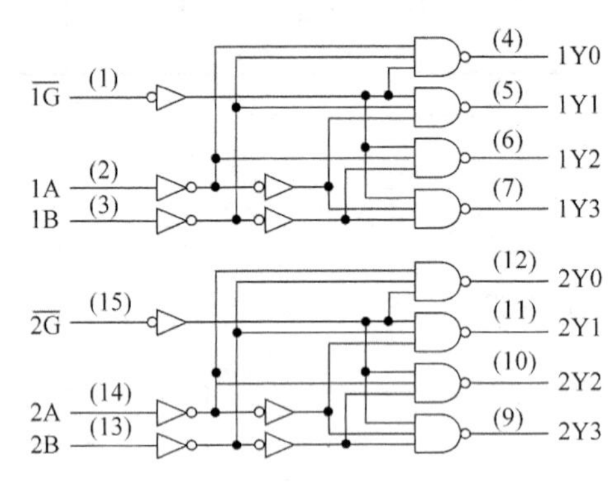

图 A.12　74139 内部逻辑连线

13. 74153（双四选一数据选择器）

表 A.12　74153 真值表

串行输入		数据输入				使能	输出
B	A	C_0	C_1	C_2	C_3	G	Y
×	×	×	×	×	×	×	L
L	L	L	×	×	×	×	L
L	L	H	×	×	×	×	H
L	H	×	L	×	×	×	L
L	H	×	H	×	×	×	H
H	L	×	×	L	×	×	L
H	L	×	×	H	×	×	H
H	H	×	×	×	L	×	L
H	H	×	×	×	H	×	H

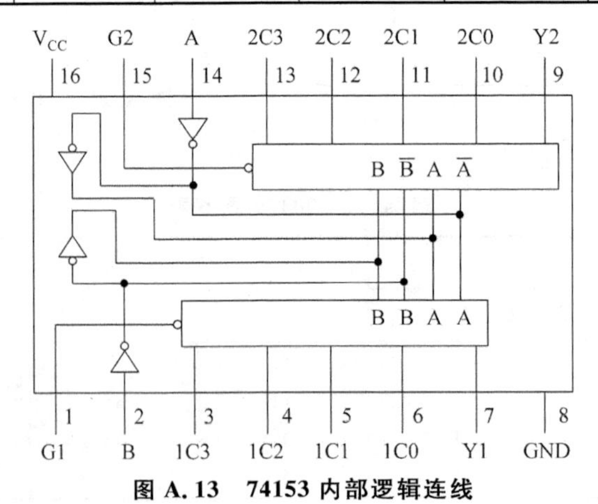

图 A.13　74153 内部逻辑连线

14. 74162(同步十进制计数器)

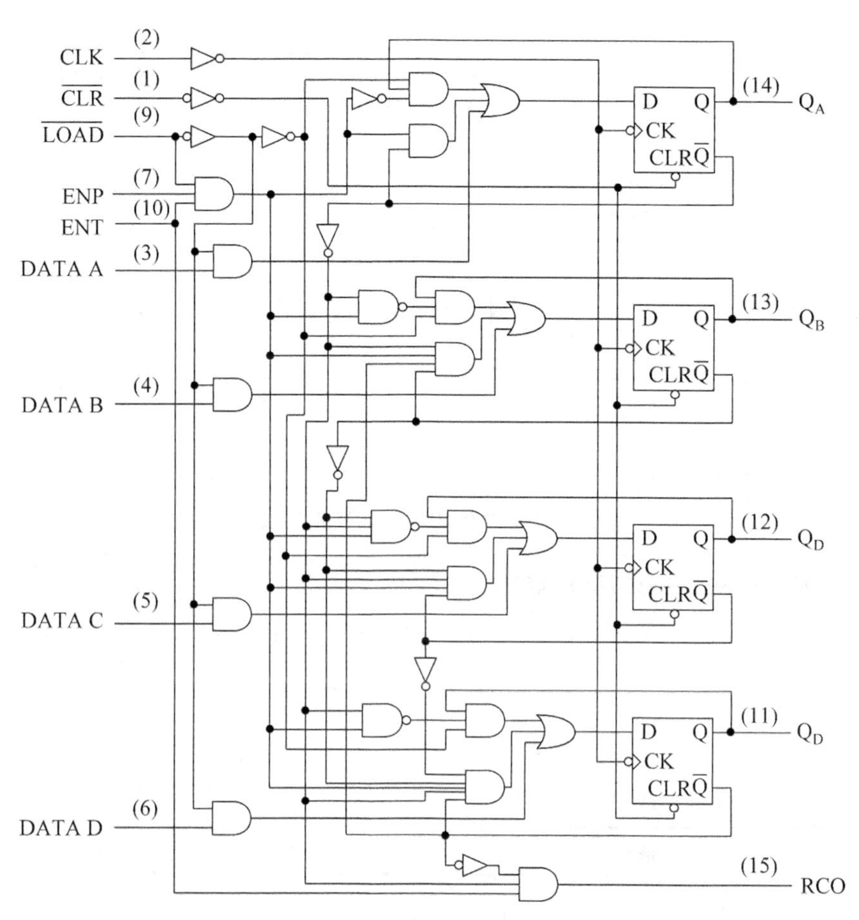

图 A.14 74162 内部逻辑连线

15. 74HC174(带复位端的六 D 型锁存器)

表 A.13 74HC174 真值表

输 入		输 出	
复位	时钟	D	Q
L	X	X	L
H	↑	H	H
H	↑	L	L
H	L	X	Q0

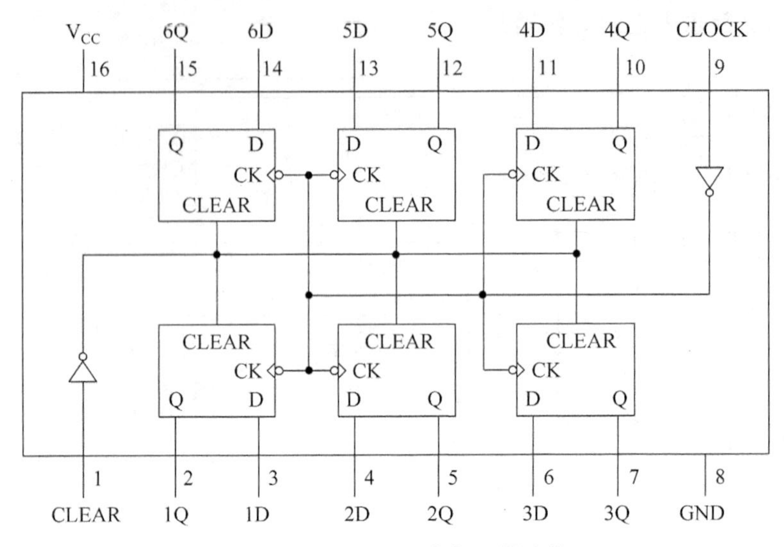

图 A.15　74HC174 内部逻辑连线

16. 74240（八路三态总线驱动器）

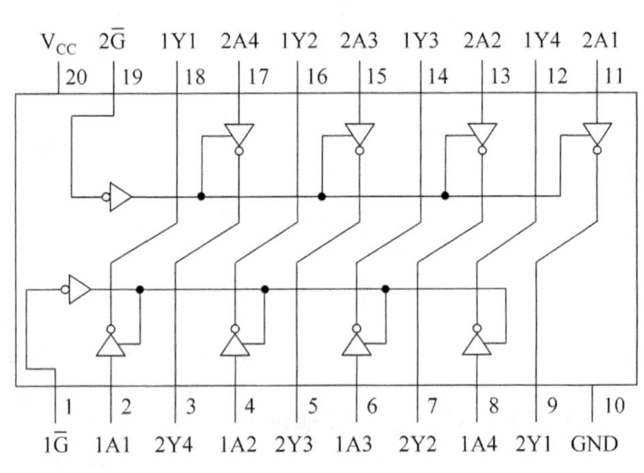

图 A.16　74240 内部逻辑连线

表 A.14　74240 真值表

输　　入		输出
G#	A	Y
L	L	H
L	H	L
H	×	Z

17. 74HC244（八三态缓冲器）

表 A.15　74HC244 真值表

1G̅	1A	1Y	2G̅	2A	2Y
L	L	L	L	L	L
L	H	H	L	H	H
H	L	Z	H	L	Z
H	H	Z	H	H	Z

注：H=高电平，L=低电平，Z=高阻态。

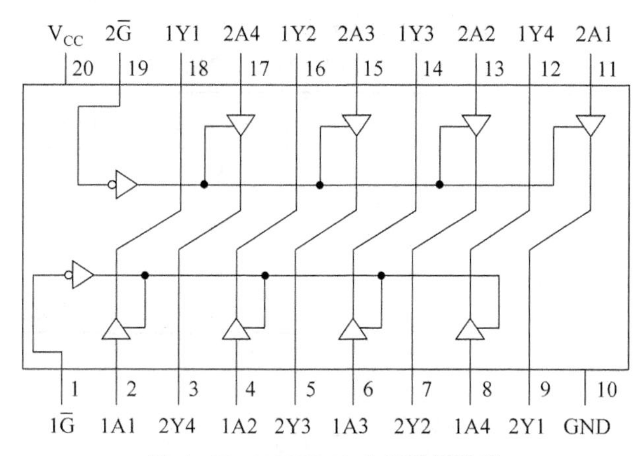

图 A.17　74HC244 内部逻辑连线

18. 74HC273（带复位端八路 D 触发器）

表 A.16　74HC273 真值表

输入			输出
复位	时钟	D	Q
L	X	X	L
H	↑	H	H
H	↑	L	L
H	L	X	Q0

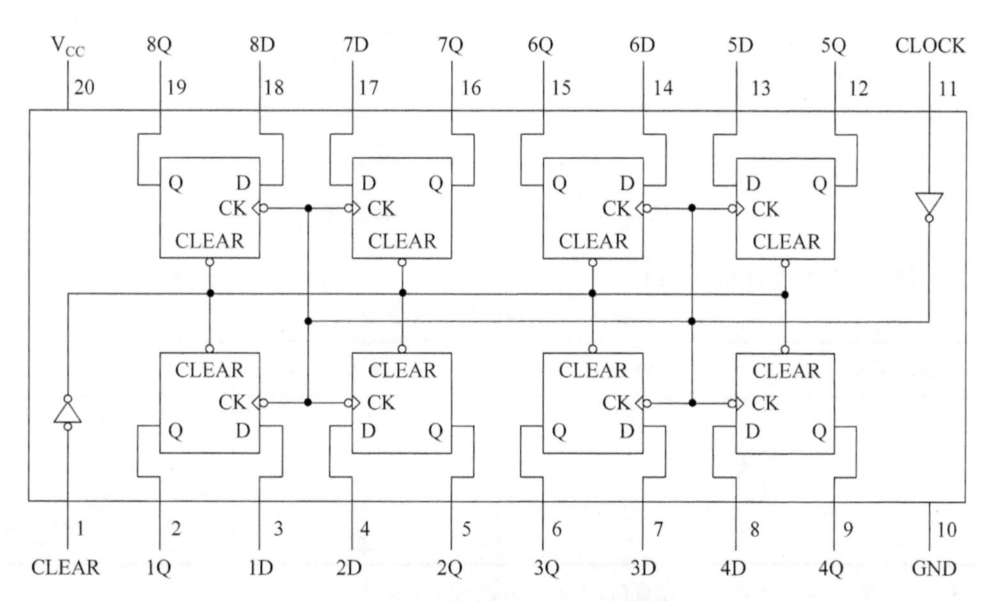

图 A.18　74HC273 内部逻辑连线

19. 74HC298(四2输入多路带存储开关)

表 A.17　74HC298 真值表

输入		输出			
状态选择	时钟	Q_A	Q_B	Q_C	Q_D
L	↓	a1	b1	c1	d1
H	↓	a2	b2	c2	d2
X	H	Q_{A0}	Q_{B0}	Q_{C0}	Q_{D0}

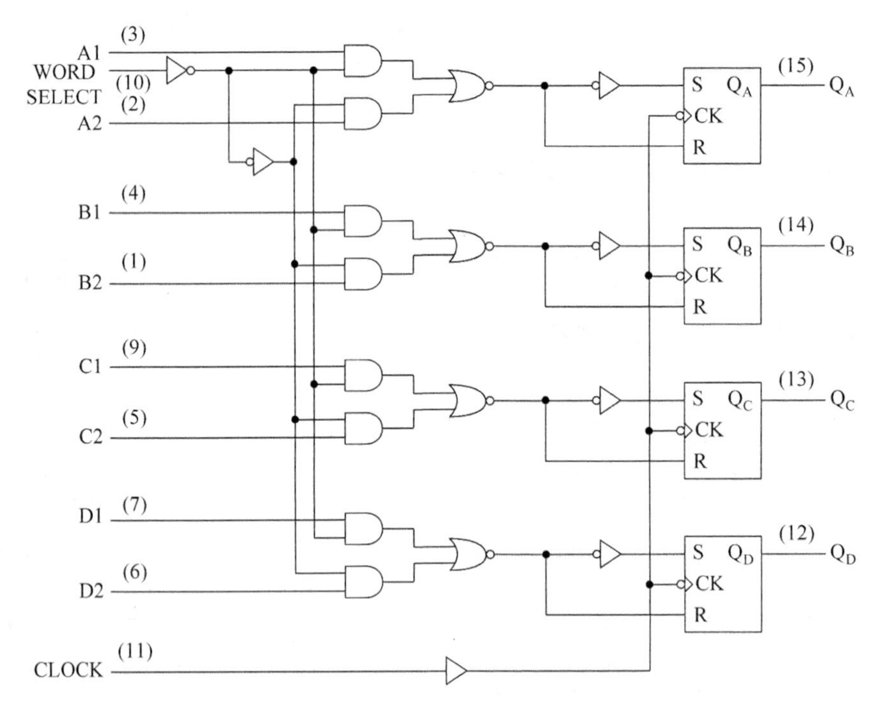

图 A.19　74HC298 内部逻辑连线

20. 74HC374(八D触发器)

表 A.18　74HC374 真值表

输出控制	时钟	输入	输出
L	↑	H	H
L	↑	L	L
L	L	X	Q0
H	X	X	Z

H=高电平，L=低电平，X=任意值，↑=上升沿，Z=高阻态

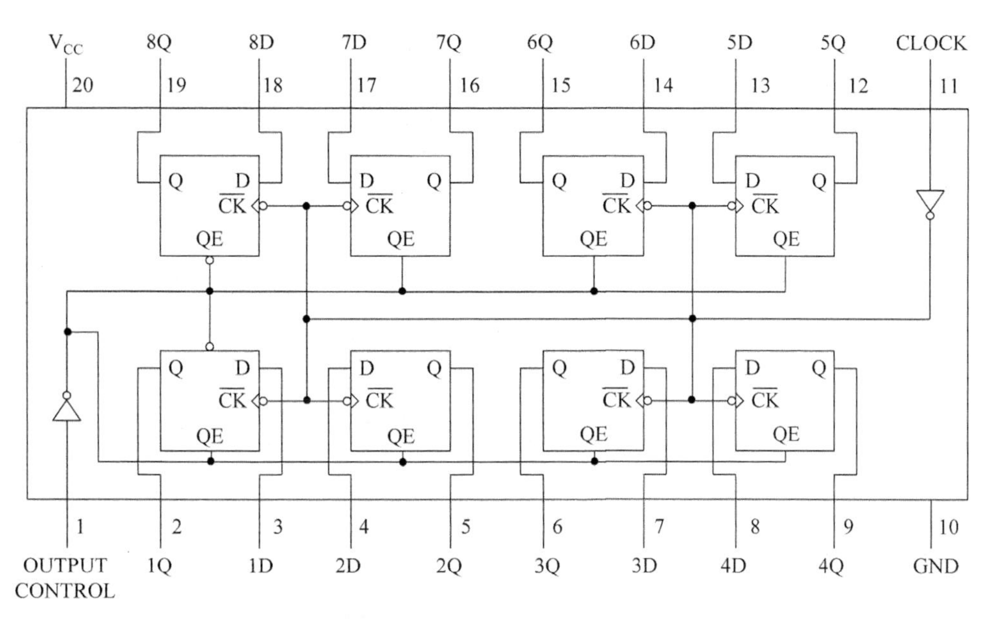

图 A.20　74HC374 内部逻辑连线

21. HN58C65 和 IDT7132 引脚封装图

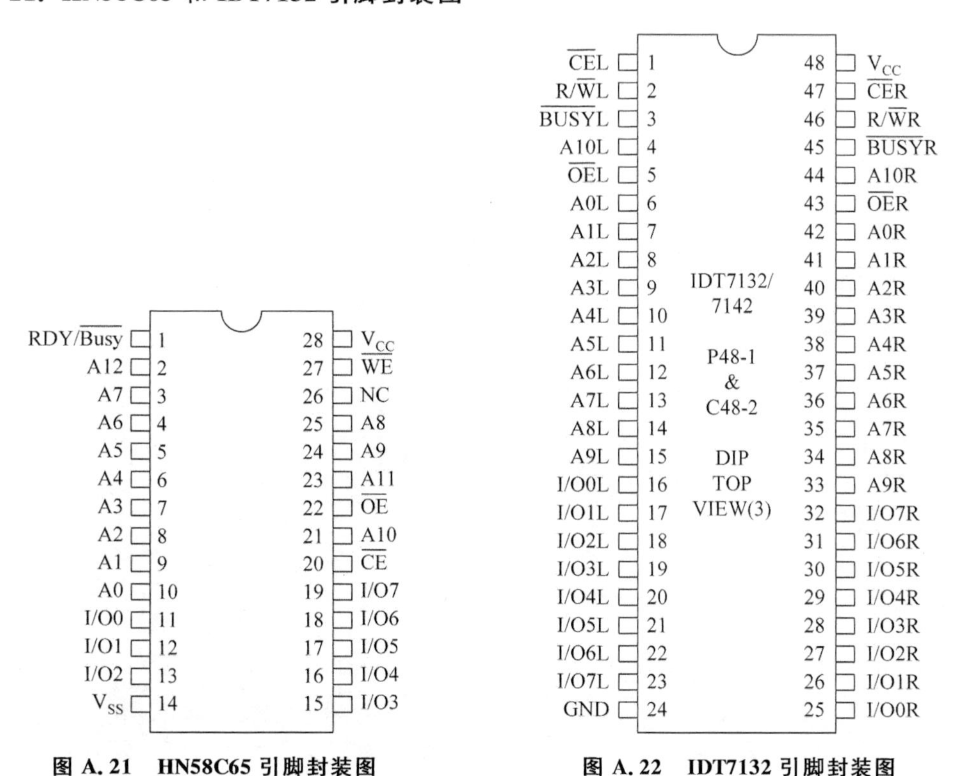

图 A.21　HN58C65 引脚封装图　　**图 A.22　IDT7132 引脚封装图**

22. TEC-8 计算机硬件综合实验系统器件布局图

见图 A.23。

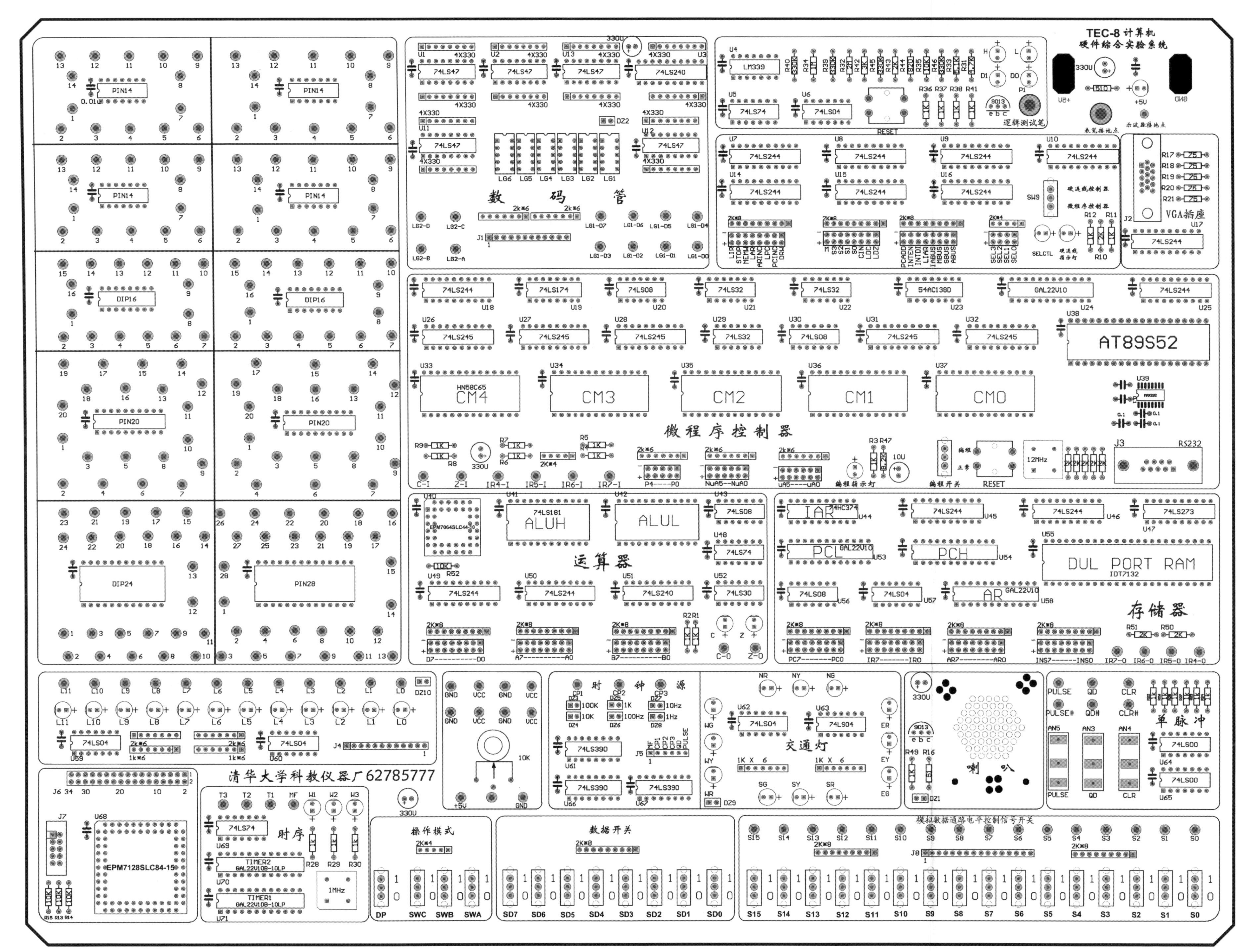

图 A. 23　TEC-8 计算机硬件综合实验系统器件布局图